普通高等教育"十三五"电工电子基础课程规划教材

电路分析基础

主　编　董翠莲
副主编　宋婀娜　穆秀春
参　编　赵承滨　郭静华　李　娜
主　审　郭明良

机械工业出版社

本书由多年从事电路分析基础教学和研究工作的教师团队共同编写完成。书中内容经过精心组织，注重电路分析的基础性、结构的系统性，强调知识的逻辑性与连贯性。

全书共 14 章，包括电路元件和基尔霍夫定律、线性电阻电路、电路定理、电容元件和电感元件、正弦稳态电路、含有耦合电感的电路、三相电路、频率特性和谐振电路、线性动态电路暂态过程的时域分析、线性动态电路暂态过程的复频域分析、非正弦周期电流电路、非线性电路、电路方程的矩阵形式、二端口网络。每章附有小结和习题。附录包括 Multisim 概要和研究生入学试题选及部分试题答案，可帮助学习者更好地掌握电路分析基础。

本书可作为高等学校自动化、电气工程、电子信息工程、测控技术与仪器、通信工程等专业的理论教材，也可供其他从事电气与电子技术工作的工程技术人员参考。

图书在版编目（CIP）数据

电路分析基础/董翠莲主编 . —北京：机械工业出版社，2019. 6
（2023. 6 重印）

普通高等教育"十三五"电工电子基础课程规划教材
ISBN 978-7-111-62761-6

Ⅰ . ①电…　Ⅱ . ①董…　Ⅲ . ①电路分析—高等学校—教材
Ⅳ . ①TM133

中国版本图书馆 CIP 数据核字（2019）第 102625 号

机械工业出版社（北京市百万庄大街 22 号　邮政编码 100037）
策划编辑：王玉鑫　责任编辑：王玉鑫　张珂玲　刘丽敏
责任校对：杜雨霏　封面设计：张　静
责任印制：邓　博
北京盛通商印快线网络科技有限公司印刷
2023 年 6 月第 1 版第 3 次印刷
184mm×260mm · 14. 75 印张 · 384 千字
标准书号：ISBN 978-7-111-62761-6
定价：37. 00 元

电话服务　　　　　　　　　网络服务
客服电话：010-88361066　　机 工 官 网：www. cmpbook. com
　　　　　010-88379833　　机 工 官 博：weibo. com/cmp1952
　　　　　010-68326294　　金 书 网：www. golden-book. com
封底无防伪标均为盗版　机工教育服务网：www. cmpedu. com

前　言

"电路分析基础"课程是高等学校电子与电气信息类专业的重要基础课，是所有强电专业和弱电专业的必修课。通过本课程的学习，读者可以掌握电路的基本理论、基本分析方法及电路实验、仿真的初步技能，并为后续课程的学习提供必要的电路理论知识和分析方法。

随着电气、电子信息技术的迅猛发展，对电气信息类专业创新人才的培养、课程体系的改革、课程内容的更新都提出了更高的要求。在高等院校加强通识教育、素质教育的大背景下，我们在构建电气信息类专业基础课程体系的过程中，结合电路分析课程的改革实践编写了本书。

在编写过程中，特别考虑了以下问题：

（1）强调理论和应用相结合。电路是一门理论性和工程性都非常强的学科，而电路分析课程又是电气信息类各专业必修的一门专业基础课。我们在内容上力求讲清楚电路分析的方法，以及理论基础。对一些较难、不宜在课堂上讲授，但对读者深入理解和掌握电路分析方法有帮助的内容，我们将借助计算机辅助分析的方法，力求使内容做到图文并茂，使读者更轻松地理解和掌握。

同时，在本书中有针对性地编入一些电路理论应用的内容，如谐振电路、功率因数的提高、最大功率传输等，以培养读者的工程应用意识。

（2）难度适中，既注重基本概念、基本理论的阐述，又强调解题的技巧和灵活性。在编写过程中，详细阐述了电路分析的基本概念、基本理论和基本方法，同时根据电路分析题型多变、灵活的特点，适当强调解题的技巧性和灵活性。

（3）以电路分析方法为主线，便于读者掌握电路分析的方法。全书编写结构如下图所示。

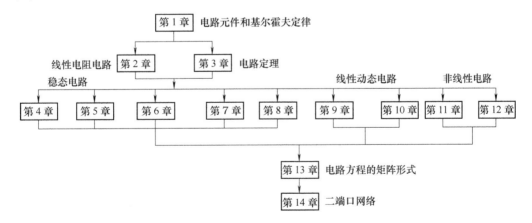

本书第1章主要介绍电路基本元件、基本定律。第2、3章开始介绍电路基本的分析方法和电路定理，并将这些分析方法和定理应用到正弦稳态电路（第5章）、含有耦合电感的电路（第6章）、三相电路（第7章）、谐振电路（第8章）。将电容元件和电感元件单独在第4章中阐述，是为了在讲授这些元件之后即可得到应用，增强了内容的连贯性。对动态电路的分析，将其基本概念和基本方法分在第9章和第10章中阐述，引导读者尽快理解和掌握动态电

路分析中所面对的问题及相应的分析方法,在这两章中,以动态电路的时域分析、复频域分析、状态变量分析进行分节编排,让读者理解和掌握动态电路分析方法的概貌。在第 11 章中对非正弦周期电流电路的概念和分析方法进行阐述,使读者对非正弦电流电路分析有一定的了解。在第 12 章中对非线性电路进行阐述,使读者掌握非线性动态电路暂态分析的方法。电路网络图论、网络矩阵内容放在本书的第 13 章,降低了起点难度,便于读者在知识的掌握上进行取舍。第 14 章对二端口网络的参数、特性、等效和连接进行了阐述,为将来读者从事滤波器的分析和设计做好知识准备。

(4)强调可读性,精选例题和习题。通过例题读者可以更好地掌握电路分析方法,本书特别注重例题的选取。每章都配置了丰富的习题,通过这些习题,读者可以进一步巩固和掌握电路的基本知识和基本分析方法。

(5)适当加入计算机辅助分析的内容。电路的计算机辅助分析是电路分析重要而实用的方法,读者应该掌握。为了让读者了解和掌握电路的计算机辅助分析方法,而又不降低对电路分析的基本概念、基本原理和基本方法的掌握效果,我们选用 Multisim 作为电路分析的辅助工具,在书中插入各种电路分析程序,供读者学习和揣摩。

本书由多位编者分工撰写,董翠莲任本书的主编,负责全书的整体规划与统稿工作,宋婀娜、穆秀春任副主编,参与编写工作的还有赵承滨、郭静华、李娜。其中电路元件和基尔霍夫定律及线性电阻电路由赵承滨编写,电路定理、电容元件和电感元件由宋婀娜编写,正弦稳态电路和含有耦合电感的电路由郭静华编写,三相电路、频率特性和谐振电路由李娜编写,线性动态电路暂态过程的时域分析、线性动态电路暂态过程的复频域分析和非正弦周期电流电路及附录由董翠莲编写,非线性电路、电路方程的矩阵形式和二端口网络由穆秀春编写。全书由郭明良主审。在本书编写过程中,郭明良提出了许多宝贵意见,在此向他表示衷心的感谢!

由于水平有限,书中难免会有疏漏和不足之处,希望广大读者予以批评指正。

编 者

目　　录

第1章　电路元件和基尔霍夫定律

■内容提要

随着现代科技的飞速发展，越来越多的电子设备使我们的生活丰富多彩，许多电子设备伴随着我们的学习生活，这些电子设备遍布工农业、国防以及生产生活的各个领域，而所有的电子设备都是由各种基本电路组成的，因此，电路的基础知识、分析方法是工科院校学生应首先学习的内容，下面首先从电路和电路模型讲起。

1.1　电路和电路模型

1.1.1　电路的概念

1. 电路及其组成

通俗地讲，电路是电流通过的路径。实际电路通常是由各种电气元器件（如电源、电阻、电容、电感、二极管、晶体管等）组成。每一种元器件都具有各自不同的电磁特性和功能，按照人们的需要，把相关电路元器件按一定方式进行组合，就构成了一个个电路。如果某个电路元器件数量很多且电路结构又较为复杂时，通常又把这些电路称为网络。

在现实生活中有许多电路，如图1-1所示。最简单的电路可能就是带有电池、开关和一个小灯泡的手电筒电路了。较复杂的电路是荧光灯电路、扬声器电路等，更复杂的比如电动机电路、雷达导航设备电路、计算机电路等。不管简单还是复杂，电路的基本组成部分都是三个基本环节：电源、负载和中间环节。

图1-1　手电筒和扬声器电路

1）电源：提供电能的装置，其作用是将其他形式的能量转换成电能。

2）负载：接收电能的装置，其作用是将电能转换成其他形式的能量。

3）中间环节：电源和负载之间不可缺少的连接和控制部件，起着传输和分配能量、控制和保护电气设备的作用。

2. 电路的功能及种类

工程应用中的实际电路，按照功能的不同可概括为两大类：一是完成电能的传输、分配与转换。例如照明电路中电池通过导线将电能传递给灯泡，灯泡将电能转化为光能和热能。这类电路的特点是大功率、大电流；二是实现信号的传递、变换、储存和处理的电路，如教室用的扬声器电路。传声器将声音的振动信号转换为电信号即相应的电压和电流，经过放大处理后，通过电路传递给扬声器，再由扬声器还原为声音。这类电路的特点是小功率、小电流。

1.1.2 理想元件与电路模型

我们将实际电路元件理想化（即只考虑元件的主要电磁特性，忽略次要因素）而得到只
具有某种单一电磁性质的元件，称为理
想电路元件，简称为电路元件，常见的
电路元件有电阻元件、电容元件、电感
元件、电压源与电流源等，其表示符号
如图1-2所示。

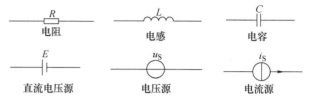

由于实际电路的电磁过程是相当复
杂的，难以进行有效的理论分析和计算。

图1-2 理想电路元件的符号

在电路理论中，为了便于实际电路的分析和计算，我们通常在工程实际允许的条件下对实际电
路进行模型化处理，这样抽象出实际电路元件的"电路模型"，即由理想电路元件相互连接组
成的电路称为电路模型。手电筒的实际电路、原理图和电路模型如图1-3所示。

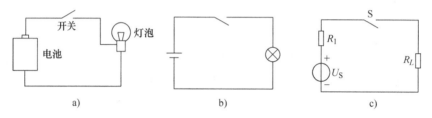

图1-3 手电筒实际电路、原理图和电路模型

a）实际电路 b）原理图 c）电路模型

1.2 电流、电压及其参考方向

电路中的变量是电流和电压。研究电路时应该首先弄清电流与电压的概念及其参考方向，
这对进一步掌握电路的分析与计算方法是十分重要的。

1.2.1 电流及其参考方向

1. 电流

电荷的定向移动形成电流。电流的大小用电流强度来衡量，其定义为：单位时间内通过导
体横截面的电荷量，用公式表示为

$$i = \frac{\mathrm{d}q}{\mathrm{d}t} \tag{1-1}$$

式中，i 是随时间变化的电流；$\mathrm{d}q$ 是在 $\mathrm{d}t$ 时间内通过导体横截面的电量。

在国际单位制中，电流的单位为安培，简称安（A）。实际应用中，大电流用千安（kA）
表示，小电流用毫安（mA）表示或者用微安（μA）表示。它们的换算关系是

$$1\mathrm{kA} = 10^3\mathrm{A} = 10^6\mathrm{mA} = 10^9\mu\mathrm{A}$$

在外电场的作用下，正电荷将沿着电场方向运动，而负电荷将逆着电场方向运动（金属导
体内是自由电子在电场力的作用下定向移动形成电流），习惯上规定电流的实际方向为：正电

荷运动的方向或者自由电子运动的反方向。

电流有交流和直流之分，大小和方向都随时间变化的电流称为交流电流。方向不随时间变化的电流称为直流电流；大小和方向都不随时间变化的电流称为稳恒直流。

2. 电流的参考方向

由于自由电子很抽象不可见，一般很难判断出电流的实际方向，而列方程、进行定量计算时需要对电流有一个约定的方向；对于交流电流，电流的方向随时间改变，无法用一个固定的方向表示，因此引入电流的"参考方向"。

电流的参考方向是可以任意设定的电流的假定正方向，电流参考方向的表示方法有两种，如图 1-4 所示。用箭头表示（图 1-4a）和用带双下标的字母表示（图 1-4b），其中 i_{ab} 表示电流 i 的参考方向由 a 指向 b。

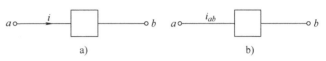

图 1-4　电流的参考方向

当电流的实际方向与参考方向一致时，电流的数值就为正值（即 $i > 0$）；当电流的实际方向与参考方向相反时，电流的数值就为负值（即 $i < 0$），如图 1-5 所示。需要注意的是，未规定电流的参考方向时，电流的正负没有任何意义。

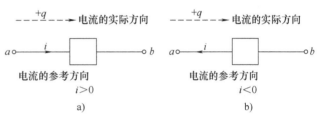

图 1-5　电流及其参考方向

1.2.2　电压及其参考方向

1. 电压

在电场力的作用下，正电荷要从电源正极 a 经过导线和负载流向负极 b（实际上是带负电的电子由负极 b 经负载流向正极 a），形成电流，而电场力就对电荷做了功。电场力把单位正电荷从 a 点经外电路（电源以外的电路）移送到 b 点所做的功，叫作 a、b 两点之间的电压，记作 U_{ab}。如图 1-6 所示。因此，电压是衡量电场力做功本领大小的物理量。

若电场力将正电荷 dq 从 a 点经外电路移送到 b 点所做的功是 dw，则 a、b 两点间的电压为

$$u_{ab} = \frac{dw}{dq} \qquad (1-2)$$

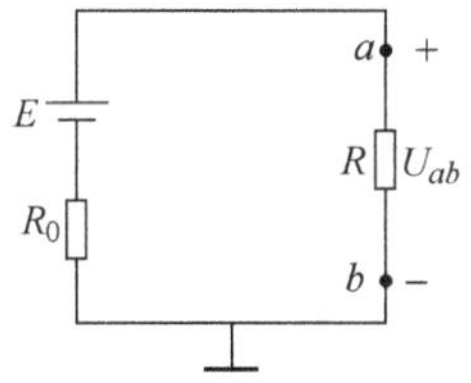

图 1-6　电压的定义

在国际单位制中，电压的单位为伏特，简称伏（V）。实际应用中，大电压用千伏（kV）表示，小电压用毫伏（mV）表示或者用微伏（μV）表示。它们的换算关系是

$$1kV = 10^3 V = 10^6 mV = 10^9 \mu V$$

电压的实际方向规定为从高电位指向低电位，在电路图中可用"+""–"表示，也可用箭头来表示。

2. 电压的参考方向

复杂电路通常不容易确定电路中任意两点间的电压，为了分析和计算方便，与电流的方向规定类似，在分析计算电路之前必须对电压标以极性（正、负号），或标以方向（箭头），这

种标法就是参考方向,如图 1-7 所示。如果采用双下标 u_{ab} 标记时,意味着电压的参考方向从 a 指向 b,若电压参考方向选 b 点指向 a 点,则应写成 u_{ba},两者仅差一个负号,即 $u_{ab} = -u_{ba}$。

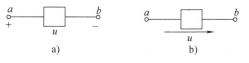

图 1-7　电压的参考方向

分析求解电路时,先按选定的电压参考方向进行分析、计算,再由计算结果中电压值的正负来判断电压的实际方向与任意选定的电压参考方向是否一致;即电压值为正,则实际方向与参考方向相同,电压值为负,则实际方向与参考方向相反。

显然,假设了参考方向之后,电流和电压都变成了代数量。由于电压和电流的参考方向都是任意指定的,对于同一元件,电压与电流参考方向的关系有两种可能性——两者一致或相反,前者称电流与电压为关联参考方向,后者称电流与电压为非关联参考方向,如图 1-8 所示。

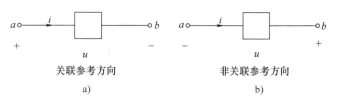

图 1-8　关联参考方向与非关联参考方向

1.3　电功率与能量

1.3.1　电功率

电流通过电路时传输或转换电能的速率,即单位时间内电场力所做的功,称为电功率,简称功率。数学描述为

$$p = \frac{\mathrm{d}w}{\mathrm{d}t} \tag{1-3}$$

式中,p 表示功率。国际单位制中,功率的单位是瓦特(W),规定元件 1s 内提供或消耗 1J 能量时的功率为 1W。常用的功率单位还有毫瓦(mW)和千瓦(kW)。换算关系为

$$1\mathrm{kW} = 1000\mathrm{W} = 10^6\mathrm{mW}$$

将式(1-3)等号右边分子、分母同乘以 $\mathrm{d}q$ 后,变为

$$p = \frac{\mathrm{d}w}{\mathrm{d}t} = \frac{\mathrm{d}w}{\mathrm{d}q} \times \frac{\mathrm{d}q}{\mathrm{d}t} = ui \tag{1-4}$$

可见,元件吸收或发出的功率等于元件上的电压乘以元件上的电流。

当 u、i 为关联参考方向时

$$p = ui(\text{直流功率 } P = UI) \tag{1-5a}$$

当 u、i 为非关联参考方向时

$$p = -ui(\text{直流功率 } P = -UI) \tag{1-5b}$$

无论关联与否,只要计算结果 $p>0$,则该元件就是在吸收功率,即消耗功率,该元件是负载;若 $p<0$,则该元件是在发出功率,即产生功率,该元件是电源。

根据能量守恒定律,对一个完整的电路,发出功率的总和应正好等于吸收功率的总和。

例 1-1　计算图 1-9 中各元件的功率,指出是吸收还是发出功率,并求整个电路的功率。

已知电路为直流电路，$U_1 = 1\text{V}$，$U_2 = -2\text{V}$，$U_3 = 3\text{V}$，$I = 2\text{A}$。

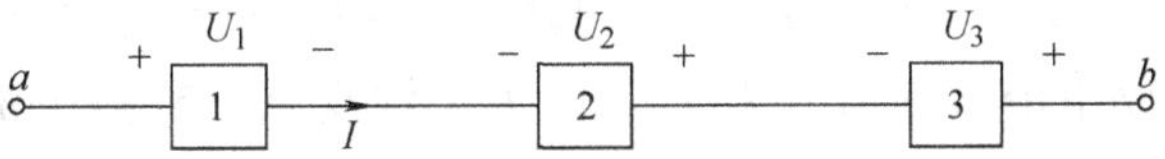

图 1-9　例 1-1 电路图

解　在图中，元件 1 电压与电流为关联参考方向，由式（1-5a）得

$$P_1 = U_1 I = 1 \times 2\text{W} = 2\text{W}$$

故元件 1 吸收功率。

元件 2 和元件 3 电压与电流为非关联参考方向，由式（1-5b）得

$$P_2 = -U_2 I = -(-2) \times 2\text{W} = 4\text{W}$$

$$P_3 = -U_3 I = -3 \times 2\text{W} = -6\text{W}$$

故元件 2 吸收功率，元件 3 发出功率。

整个电路功率为

$$P = P_1 + P_2 + P_3 = (2 + 4 - 6)\text{W} = 0$$

本例中，元件 1 和元件 2 的电压与电流实际方向相同，两者吸收功率；元件 3 的电压与电流实际方向相反，发出功率。由此可见，当电压与电流实际方向一致时，电路一定是吸收功率，是负载；反之（当电压与电流实际方向相反时）则发出功率，是电源。

1.3.2　电能

电路在一段时间内消耗或提供的能量称为电能。电路元件在 t_0 到 t 时间内消耗或提供的能量为

$$W = \int_{t_0}^{t} p\,\mathrm{d}t \tag{1-6}$$

在国际单位制中，电能的单位是焦耳（J）。1J 等于 1W 的用电设备在 1s 内消耗的电能。通常电业部门用"度"作为单位测量用户消耗的电能，"度"是千瓦·时（kW·h）的简称。1 度（或 1kW·h）电等于功率为 1kW 的元件在 1h 内消耗的电能。即

$$1\text{ 度} = 1\text{kW} \cdot \text{h} = 10^3 \times 3600\text{J} = 3.6 \times 10^6\text{J}$$

如果通过实际元件的电流过大，会由于温度升高使元件的绝缘材料损坏，甚至使导体熔化；如果电压过大，会使绝缘击穿，所以必须加以限制。

电气设备或元件长期正常运行的电流允许值称为额定电流，其长期正常运行的电压允许值称为额定电压；额定电压和额定电流的乘积为额定功率。通常电气设备或元件的额定值标在产品的铭牌上，如一白炽灯标有"220V、40W"，表示它的额定电压为 220V，额定功率为 40W。

1.4　基尔霍夫定律

电路中各元件的电压与电流除受自身的伏安关系约束外，还受元件之间连接方式的制约。这种由电路结构所形成的约束关系，可用基尔霍夫定律（Kirchhoff's Law）来描述，它是分析电路的基本定律，包括基尔霍夫电流定律和基尔霍夫电压定律两条。

基尔霍夫定律（Kirchhoff's Law）是描述电路中电压、电流遵循的最基本规律。在介绍基尔霍夫定律之前，首先结合图 1-10 介绍若干表述电路结构的名词。

支路：由单个或若干个元件串联组成的分支称为电路的一个支路。含有电源元件的支路称为有源支路，不含电源元件的支路称为无源支路。一条支路流过同一个电流，称为支路电流。

图 1-10 中共有三条支路，其中 *acb* 和 *adb* 为有源支路，支路电流分别为 I_1 和 I_2，*ab* 为无源支路，支路电流为 I_3。

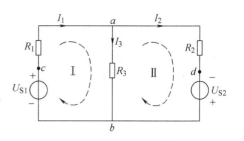

图 1-10 支路、回路与结点

结点：电路中由三条或三条以上支路交汇的点称为结点（也可称为节点）。图 1-10 中共有两个结点，分别为 *a* 结点和 *b* 结点，而 *c* 点和 *d* 点都不是结点。由图 1-10 还可以看出，每一条支路都是连接在两个结点之间的。两个结点之间的电压，称为结点电压。任一个结点可列出一个电流方程，但并非所有结点列出的电流方程都是独立的电流方程。

回路：电路中由一条或多条支路所组成的任一闭合路径，称为回路。在图 1-10 中共有 3 条回路，分别为 *acba*、*adba* 和 *acbda*。任一回路可列出一个电压方程，但并非所有回路列出的方程都是独立的电压方程。

网孔：在平面电路中，不包围任何支路的单孔回路称网孔。网孔一定是回路，而回路不一定是网孔，图 1-10 中共有 2 个网孔，分别为网孔 I 和网孔 II。每个网孔所列出的电压方程均为独立方程，故网孔也称为独立回路。

基尔霍夫定律是分析电路的基本定律，包括基尔霍夫电流定律和基尔霍夫电压定律两条，先讨论电流定律。

1.4.1 基尔霍夫电流定律

基尔霍夫电流定律（Kirchhoff's Current Law，KCL）又称第一定律。它是基于电荷守恒定律和电流连续性，描述连接于电路同一结点的各支路电流之间关系的定律。KCL 指出，在任一时刻，流入电路中任一结点的电流总和等于由该结点流出的电流总和。即

$$\sum I_{入} = \sum I_{出} \tag{1-7}$$

在图 1-10 所示电路中对结点 *a* 可以写出 $I_1 = I_2 + I_3$，整理后，还可以写成 $I_1 - I_2 - I_3 = 0$。基尔霍夫电流定律也可以这样描述：在任一时刻，流入（或流出）结点电流的代数和恒等于零。即

$$\sum I_{入} = 0 \tag{1-8}$$

在这里，对电流的"代数和"做出这样的规定：如果以流入结点的电流为"+"，则流出结点的电流为"−"（反之亦然）。

KCL 不仅适用于电路中的任一结点，也可推广应用于广义结点，即包围部分电路的任一闭合面。可以证明流入或流出任一闭合面电流的代数和为 0。如图 1-11 所示电路中，虚线闭合面围成的电路，有 3 条支路穿过该闭合面，支路电流分别为 I_1、I_2 和 I_3。根据基尔霍夫电流定律可以得出闭合面电流方程式为

$$I_1 + I_2 + I_3 = 0 \tag{1-9}$$

例 1-2　如图 1-12 所示电桥电路，已知 $I_1 = 25\text{mA}$，$I_3 = 16\text{mA}$，$I_4 = 12\text{mA}$，试求其余电阻中的电流 I_2、I_5、I_6。

解　在结点 *a* 上：$I_1 = I_2 + I_3$，则 $I_2 = I_1 - I_3 = 9\text{mA}$

在结点 *d* 上：$I_1 = I_4 + I_5$，则 $I_5 = I_1 - I_4 = 13\text{mA}$

在结点 *b* 上：$I_2 = I_6 + I_5$，则 $I_6 = I_2 - I_5 = -4\text{mA}$

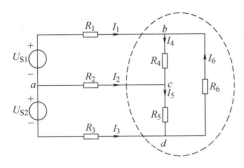

图 1-11　广义 KCL

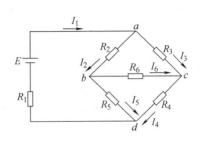

图 1-12　例 1-2 图

例 1-3　求图 1-13 所示电路中的电流 I_2。

解　本题主要练习 KCL 的应用。在列写方程时应该注意，KCL 即适用于结点，也适用于广义结点（闭合面）。

方法 1：根据 KCL 先对结点 a 列写方程

$$4 - 6 - I_1 = 0 \Rightarrow I_1 = -2\text{A}$$

再对结点 b 列写方程

$$5 + 3 + I_1 - I_2 = 0 \Rightarrow I_2 = 6\text{A}$$

方法 2：将图 1-13 中的虚线闭合面看成一个广义结点，对该闭合面列写 KCL 方程为

$$4 + 5 - 6 + 3 - I_2 = 0 \Rightarrow I_2 = 6\text{A}$$

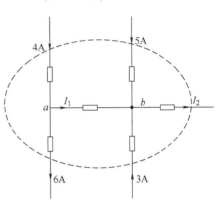

图 1-13　例 1-3 图

1.4.2　基尔霍夫电压定律

基尔霍夫电压定律（Kirchhoff's Voltage Law，KVL）又称第二定律。它是能量守恒定理在电路中的体现，反映了电路中电位的单值性，它给出了电路中组成回路的各部分电压之间的约束关系。KVL 指出，在任一时刻，沿任一闭合回路循行一周，回路中各部分电压降的总和恒等于各部分电压升的总和。即

$$\sum U_{降} = \sum U_{升} \tag{1-10}$$

基尔霍夫电压定律也可以这样描述：在任一时刻，沿着一定的循行方向绕行一周，各段电压的代数和恒为零。其数学表达式为

$$\sum U = 0 \tag{1-11}$$

应用式（1-10）列 KVL 的电压方程时，首先应假设出回路中各元件电压的参考方向，并且选定一个绕行方向。回路的绕行方向可以选择顺时针方向，也可以选择逆时针方向，如图 1-10 中网孔 Ⅰ 和网孔 Ⅱ 虚线所示。当电压的参考方向与回路的绕行方向一致时，该元件上的电压称为电压降；反之，电压的参考方向与回路的绕行方向相反时的电压称为电压升。根据这一规定，在图 1-10 中网孔 Ⅰ 和网孔 Ⅱ 分别沿着顺时针方向绕行，网孔 Ⅰ 和网孔 Ⅱ 的 KVL 电压方程分别为

$$网孔 Ⅰ：I_1 R_1 + I_3 R_3 = U_{S1} \tag{1-12}$$

$$网孔 Ⅱ：I_2 R_2 = U_{S2} + I_3 R_3 \tag{1-13}$$

同理，应用 KVL 定律，也可以列出 $adbca$ 回路的电压方程为

$$I_1 R_1 + I_2 R_2 = U_{S1} + U_{S2} \tag{1-14}$$

应用式（1-11）时，当参考方向与回路的绕行方向一致时取"+"，当参考方向与回路的绕行方向相反时取"−"，此时网孔 I 和网孔 II 的 KVL 电压方程分别为

$$网孔 \text{ I}: I_1R_1 + I_3R_3 - U_{S1} = 0 \tag{1-15}$$

$$网孔 \text{ II}: I_2R_2 - U_{S2} - I_3R_3 = 0 \tag{1-16}$$

KVL 不仅适用于闭合回路，也可以推广应用到非闭合电路（开口电路）。如图 1-14 所示电路是一个开口电路，若在 ab 开口两端假想存在一个电压 U_{ab}，并将它设想为一个闭合回路。若按图中虚线所示的绕行方向循行一周，根据 KVL 可列出开口电路的电压方程为

$$U_S = U_{ab} + IR \tag{1-17}$$

例 1-4 有一闭合回路如图 1-15 所示，各支路的元件是任意的，但已知：$U_{ab} = 5\text{V}$，$U_{bc} = -4\text{V}$，$U_{da} = -3\text{V}$。试求：（1）U_{cd}；（2）U_{ca}。

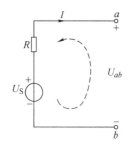

图 1-14 非闭合电路的 KVL

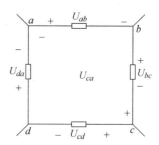

图 1-15 例 1-4 图

解 （1）由基尔霍夫电压定律可列出

$$U_{ab} + U_{bc} + U_{cd} + U_{da} = 0$$

即

$$5 + (-4) + U_{cd} + (-3) = 0 \Rightarrow U_{cd} = 2\text{V}$$

（2）abca 不是闭合回路，可以应用基尔霍夫电压定律列出

$$U_{ab} + U_{bc} + U_{ca} = 0$$

即

$$5 + (-4) + U_{ca} = 0 \Rightarrow U_{ca} = -1\text{V}$$

综上所述，KCL 反映了电路的结构对结点上各支路电流的约束关系；而 KVL 反映了对回路中各部分电压的约束关系。必须指出的是，以上在对基尔霍夫定律的讨论中，对各支路元件并无要求，也就是说基尔霍夫定律只与电路的结构有关，而与元件的性质无关，故适合于任何线性或非线性电路。

1.5 电阻元件

电阻是一种最简单、最常见，用于反映电流热效应的二端电路元件。电阻元件可分为线性电阻和非线性电阻两类，如无特殊说明，本书所称电阻元件均指线性电阻元件。在实际交流电路中，像白炽灯、电阻炉、电烙铁等，均可看成是线性电阻元件。图 1-16a 是线性电阻的符号，在电压、电流关联参考方向下，其端钮伏安关系为

$$u_R = Ri \tag{1-18a}$$

式中，R 为常数，用来表示电阻及其数值。

式（1-18a）表明，凡是服从欧姆定律的元件即是线性电阻元件。图 1-16b 为它的伏安特性曲线。若电压、电流在非关联参考方向下，伏安关系应写成

$$u_R = -Ri \qquad (1\text{-}18\text{b})$$

在国际单位制中，电阻的单位是欧姆（Ω），规定当电阻电压为 1V、电流为 1A 时的电阻值为 1Ω。此外，电阻的单位还有千欧（kΩ）、兆欧（MΩ）。电阻的倒数称为电导，用符号 G 来表示，即

$$G = \frac{1}{R} \qquad (1\text{-}19)$$

电导的单位是西门子（S）或 1/欧姆（1/Ω）。

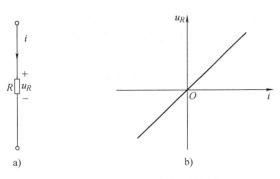

图 1-16　电阻元件及其伏安特性曲线
a）电阻元件　b）伏安特性曲线

同一个电阻元件，既可以用电阻 R 表示，也可以用电导 G 表示。引用电导后，欧姆定律可表达为

$$i = uG \qquad (1\text{-}20)$$

电阻是一种耗能元件。当电阻通过电流时会发生电能转换为热能的过程。电阻所吸收并消耗的电功率可由下式计算得到：

$$p = ui = i^2R = \frac{u^2}{R} \qquad (1\text{-}21)$$

一般地，电路消耗或发出的电能可由以下公式计算：

$$W = \int_{t_0}^{t} ui\mathrm{d}t \qquad (1\text{-}22)$$

在直流电路中：

$$P = UI = I^2R = \frac{U^2}{R} \qquad (1\text{-}23)$$

$$W = UI(t - t_0) \qquad (1\text{-}24)$$

如果电阻元件的电阻值不是一个常数，也就是说，它的数值会随着其工作电压或电流的变化而变化，那么这样的电阻元件称为非线性电阻元件，它的伏安特性就不再是一条通过原点的直线。如图 1-17 所示是二极管的伏安特性曲线，它是非线性的。

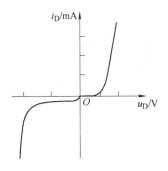

图 1-17　二极管伏安特性曲线

1.6　独立电源

在组成电路的各种元件中，电源是提供电能或电信号的元件，常称为有源元件，如发电机、电池和信号源等。电源中，能够独立地向外电路提供电能的电源，称为独立电源；不能独立向外电路提供电能的电源称为非独立电源，又称为受控源。本节先介绍独立电源，独立电源可用两种不同的电路模型表示——用电压形式表示的称为电压源；用电流形式表示的称为电流源。

1.6.1　电压源

理想电压源是实际电源的一种抽象。它的端电压总能保持某一恒定值或时间函数值，而与

通过它的电流无关，也称为恒压源。图 1-18a 为理想电压源的表示符号，图 1-18b 是理想电池表示符号，专指理想直流电压源。理想电压源的伏安特性可写为

$$u = u_S(t) \tag{1-25}$$

理想电压源的电流是任意的，与电压源的负载（外电路）状态有关。图 1-18c 为理想电压源的伏安特性曲线。

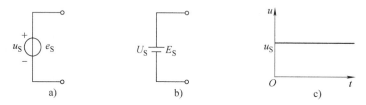

图 1-18　理想电压源

a）理想电压源的表示符号　b）理想电池的表示符号　c）理想电压源的伏安特性

实际的电源总是有内部消耗的，只是内部消耗通常都很小，因此可以用一个理想的电压源元件与一个阻值较小的电阻 R_0（称内阻）串联组合来等效，如图 1-19a 点画线部分所示。

当电压源两端接上负载 R_L 后，负载上就有电流 i 和电压 u，分别称为输出电流和输出电压。在图 1-19a 中，电压源的外特性方程为

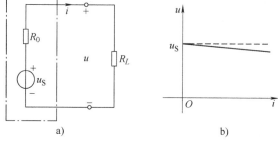

图 1-19　实际电压源模型及其外特性曲线

a）实际电压源　b）外部特性曲线

$$u = u_S - iR_0 \tag{1-26}$$

由此可画出电压源的外部特性曲线，如图 1-19b 的实线部分所示，它是具有一定斜率的直线段，因内阻很小，所以外特性曲线较平坦。

根据式（1-26），该电路的功率平衡关系式为

$$ui = u_S i - i^2 R_0 \tag{1-27}$$

其中，负载 R_L 上消耗的功率为 $P_0 = ui$，电压源发出功率为 $P_E = u_S i$，电压源内阻消耗的功率为 $\Delta P_0 = i^2 R_0$。通常情况下，实际电压源内阻 R_0 是比较小的，因为 R_0 越小，输出电压越大，当 $R_0 = 0$ 时，输出电压 $u = u_S$，称理想电压源。

电压源不接外电路时，电流总等于零值，这种情况称为"电压源处于开路"。当 $u_S(t) = 0$ 时，电压源的伏安特性曲线为 u-i 平面上的电流轴，输出电压等于零，这种情况称为"电压源处于短路"，实际中是不允许发生的。

1.6.2　电流源

刚才讨论的电压源是电压恒定，电流随外接负载变化，反之电流恒定，电压随外接负载变化的元件称电流源。理想电流源也是实际电源的一种抽象。它提供的电流总能保持恒定值或时间函数值，而与它两端所加的电压无关，也称为恒流源。理想电流源两端所加电压是任意的，与电流源的负载（外电路）状态有关。图 1-20 为理想电流源的表示符号和伏安特性。

实际的电源总是有内部消耗的，只是内部消耗通常都很小，因此实际电流源可以用一个理

想的电流源元件与一个阻值很大的电阻（内阻）并联组合来等效，如图 1-21a 点画线部分表示。

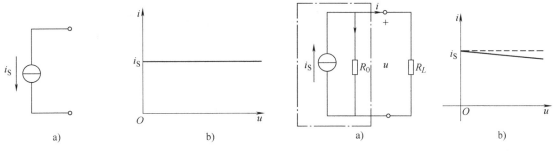

图 1-20　理想电流源
a）表示符号　b）伏安特性

图 1-21　实际电流源模型及其外部特性
a）实际电流源　b）外部特性曲线

当电流源两端接上负载 R_L 后，负载上就有电流 i 和电压 u，分别称为输出电流和输出电压。在图 1-21a 中，电流源的外特性方程为

$$i = i_S - \frac{u}{R_0} \tag{1-28}$$

由此可画出电流源的外部特性曲线，如图 1-21b 所示的实线部分，它是一条具有一定斜率的直线段，因内阻很大，所以外特性曲线较平坦。

当电流源两端短路时，端电压等于零值，$i = i_S$，即电流源的电流为短路电流。当 $i = 0$ 时，电流源的伏安特性曲线为 u-i 平面上的电压轴，相当于"电流源处于开路"，实际中"电流源开路"是没有意义的，也是不允许的。

一个实际电源在电路分析中，即可以用理想电压源与电阻串联组成实际电压源模型，也可以用理想电流源与电阻并联组成实际电流源模型，采用哪一种计算模型，依计算繁简程度而定。

例 1-5　计算图 1-22 中各电源的功率。

解　对 20V 的电压源，电压与电流实际方向关联，则

$$P_{U_S} = 20 \times 1W = 20W（电压源吸收功率）$$

对 1A 的电流源，电压与电流实际方向非关联，则

$$P_{I_S} = -(20 \times 1)W = -20W（电流源释放功率）$$

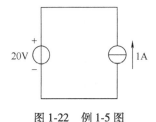

图 1-22　例 1-5 图

1.7　受控电源

上面提到的电源如发电机和电池，因能独立地为电路提供能量，所以被称为独立电源。而有些电路元件，如晶体管、运算放大器、集成电路等，虽不能独立地为电路提供能量，但在其他信号控制下仍然可以提供一定的电压或电流，这类元件可以用受控电源模型来模拟。受控电源的输出电压或电流，与控制它们的电压或电流之间成正比关系时，称为线性受控源。受控电源是一个二端口元件，由一对输入端钮施加控制量，称为输入端口；一对输出端钮对外提供电压或电流，称为输出端口。

按照受控变量的不同，受控电源可分为四类：即电压控制的电压源（VCVS）、电压控制的电流源（VCCS）和电流控制的电压源（CCVS）、电流控制的电流源（CCCS）。

为区别于独立电源，用菱形符号表示其电源部分，以 u、i 表示控制电压和控制电流，则四种电源的电路符号如图 1-23 所示。

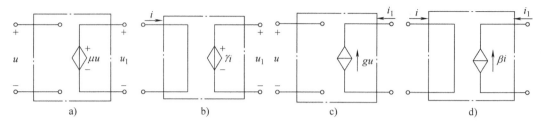

图 1-23　理想受控电源模型

a) VCVS　b) CCVS　c) VCCS　d) CCCS

四种受控源的端钮伏安关系，即控制关系为

$$\begin{cases} \text{VCVS：} u_1 = \mu u \\ \text{CCVS：} u_1 = \gamma i \\ \text{VCCS：} i_1 = -gu \\ \text{CCCS：} i_1 = -\beta i \end{cases} \tag{1-29}$$

式中，μ、γ、g、β 分别表示有关的控制系数，且均为常数，其中 μ、β 是没有量纲的纯数，γ 具有电阻量纲，g 具有电导量纲。

受控电压源输出的电压及受控电流源输出的电流，在控制系数、控制电压和控制电流不变的情况下，都是恒定的或是一定的时间函数。请注意：判断电路中受控电源的类型时，应看它的符号形式，而不应以它的控制量作为判断依据。

例 1-6　图 1-24 电路中 $I = 5A$，求各个元件的功率并判断电路中的功率是否平衡。

解　根据 KCL，$I + 0.2I = 6A$，所以，$I = 5A$

发出功率为

$$P_1 = (-20 \times 5)\text{W} = -100\text{W}$$

$$P_4 = -8 \times 0.2I = (8 \times 0.2 \times 5)\text{W} = -8\text{W}$$

消耗功率为

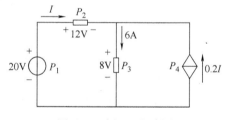

图 1-24　例 1-6 电路图

$$P_2 = (12 \times 5)\text{W} = 60\text{W}$$

$$P_3 = (8 \times 6)\text{W} = 48\text{W}$$

功率平衡关系

$$P_1 + P_4 + P_2 + P_3 = 0$$

由此可见，电路中功率平衡。

本 章 小 结

本章首先讨论了电路和电路模型，叙述了电压和电流的参考方向以及电功率和能量等相关问题；然后研究讨论了基尔霍夫定律，最后讨论了电阻元件和电源元件的相关知识。

习　题

1-1　电路如图 1-25 所示，试求：（1）图 1-25a 中，i_1 与 u_{ab}；（2）图 1-25b 中，u_{cb}。

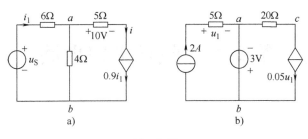

图　1-25

1-2　电路如图 1-26 所示，试求每个元件发出或吸收的功率。

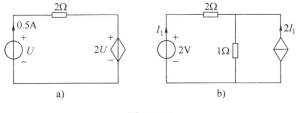

图　1-26

1-3　电路如图 1-27 所示，已知 $U=2\text{V}$，试求电流 I 及电阻 R。

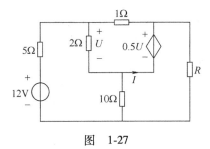

图　1-27

第2章 线性电阻电路

内容提要

电路中最简单的是电阻电路，本章首先从电阻的等效变换讲起，接着介绍电阻的串并联、星形与三角形联结；然后介绍实际电源及其等效变换，重点介绍线性电阻电路的分析方法，主要包括支路电流法、网孔电流法、回路电流法和结点电压法；最后介绍含有运算放大器的电阻电路。

2.1 电路的等效变换

二端电路（网络）：任何一个复杂的电路，向外引出两个端子，且从一个端子流入的电流等于从另一端子流出的电流，则称这种电路为二端电路（或一端口电路）。若二端电路仅由无源元件构成，称这一电路为无源二端电路，如图 2-1a 所示。

二端电路等效：结构和参数完全不相同的两个二端电路 B 与 C，当它们的端口具有相同的电压、电流关系（VCR）时，则称 B 与 C 是等效的电路，如图 2-1b 所示。互相等效的两部分电路 B 与 C 在电路中可以相互代换，代换前的电路和代换后的电路对任意外电路 A 中的电流、电压和功率而言是等效的，即满足图 2-2。

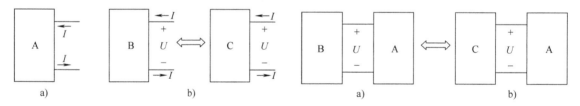

图 2-1　二端网络与等效变换　　　　　图 2-2　二端网络对外电路等效

注意：上述等效是用以求解外电路 A 中的电流、电压和功率的，若要求图 2-2a 中 B 部分电路的电流、电压和功率，不能用图 2-2b 等效电路来求解，因为，B 电路和 C 电路对 A 电路来说是等效的，但 B 电路和 C 电路本身是不相同的。因此，电路等效变换的条件是两电路具有相同的电压、电流关系（VCR）；电路等效变换的对象是求取未变化的外电路 A 中的电压、电流和功率；电路等效变换的目的是为了化简电路，方便计算。

2.2 电阻的串联、并联及等效

2.2.1 电阻的串联及等效

如果将两个或更多个电阻一个接一个顺序相连，称为电阻的串联，如图 2-3a 所示。串联电路中各电阻中流过的电流是相等的。

两个电阻的串联，可以用一个等效电阻 R_{eq} 来代替，如图 2-3b 所示，等效的条件是在同一

电压 U 的作用下电流 I 保持不变。等效电阻等于各个串联电阻之和，对于图 2-3a，等效电阻为

$$R_{eq} = R_1 + R_2 \tag{2-1}$$

串联电路各个电阻分担电压，两个串联电阻上的电压分别为

$$\begin{cases} U_1 = R_1 I = \dfrac{R_1}{R_1 + R_2} U \\ U_2 = R_2 I = \dfrac{R_2}{R_1 + R_2} U \end{cases} \tag{2-2}$$

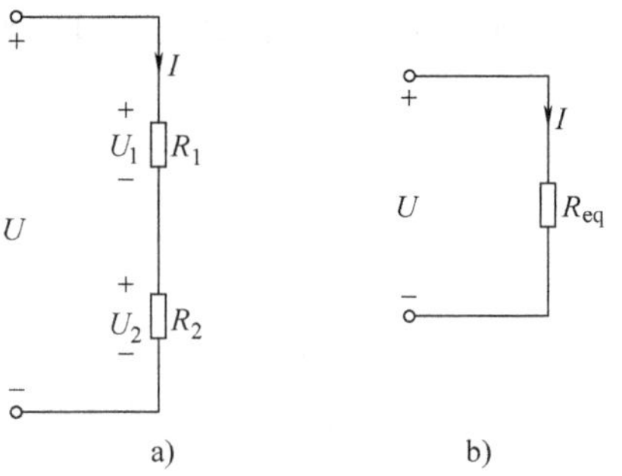

图 2-3　电阻串联及等效

可见，串联电阻上电压的分配与电阻的大小成正比。电阻串联的应用很多，例如在负载的额定电压低于电源电压的情况下，通常需要与负载串联一个电阻，以降低一部分电压。有时为了限制负载中通过过大的电流，也可以与负载串联一个限流电阻。如果需要调节电路中的电流，一般也可以在电路中串联一个变阻器来进行调节。另外，改变串联电阻的大小以得到不同的输出电压，也是常用的。

例 2-1　在图 2-4 所示的电路中，要使一个满刻度偏转电流为 $50\mu A$、电阻 $R_g = 2k\Omega$ 的表头，成为一个量程为 30V 的直流电压表，应串联多大的附加电阻 R_f？

解　满刻度时，表头电压应为

$$u_g = R_g i = 2 \times 10^3 \times 50 \times 10^{-6} V = 0.1V$$

附加电阻电压为

$$u_f = (30 - 0.1) V = 29.9V$$

由式（2-2）可得

$$29.9V = \frac{R_f}{R_g + R_f} \times 30V$$

则附加电阻为

$$R_f = 598k\Omega$$

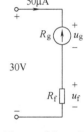

图 2-4　例 2-1 图

2.2.2　电阻的并联及等效

如果将两个或多个电阻连接在两个公共的点之间，则这样的连接法就称为电阻的并联，如图 2-5a 所示，并联电路各个并联电阻两端的电压相等。

同理，几个并联电阻也可以用一个电阻 R_{eq} 来等效，如图 2-5b 所示。等效电阻的倒数等于各个并联电阻的倒数之和，对于图 2-5，有

$$\frac{1}{R_{eq}} = \frac{1}{R_1} + \frac{1}{R_2} \tag{2-3}$$

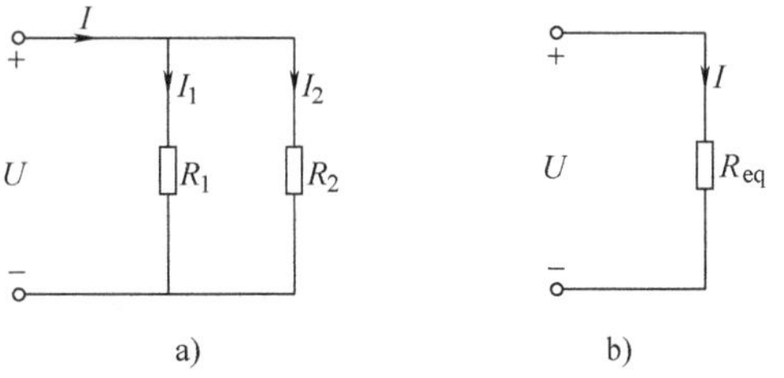

图 2-5　电阻并联及其等效

用式（2-3）计算不太方便，由于电导是电阻的倒数，即

$$G = \frac{1}{R} \tag{2-4}$$

因此式（2-3）变为

$$G_{eq} = G_1 + G_2 \tag{2-5}$$

并联电路总电流由各个电阻分担，流过两个并联电阻的电流分别为

$$\begin{cases} I_1 = \dfrac{U}{R_1} = \dfrac{R_{eq}I}{R_1} = \dfrac{R_2}{R_1 + R_2}I \\[3mm] I_2 = \dfrac{U}{R_2} = \dfrac{R_{eq}I}{R_2} = \dfrac{R_1}{R_1 + R_2}I \end{cases} \tag{2-6}$$

可见，流过并联电阻的电流分配与电阻的大小成反比。负载并联时，它们处于同一电压之下，任何一个负载的工作基本不受其他负载的影响。并联的负载电阻越多，则总电阻越小，电路中总电流和总功率也就越大。但是每个负载的电流和功率都没有变动（严格地讲，是基本上不变）。有时为了某种需要，可将电路中的某一段与电阻或变阻器并联，以起到分流或调节电流的作用。

例 2-2 在图 2-6 所示的电路中，要使一个满刻度偏转电流为 50μA、电阻 $R_g = 2k\Omega$ 的表头，成为一个量程为 10mA 的直流电流表，应并联多大的分流电阻？

解 由题意可知，$I_1 = 50μA$、$I = 10mA$、$R_g = 2k\Omega$，由式（2-6）可得

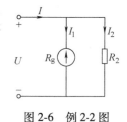

图 2-6 例 2-2 图

$$R_2 = R_g \frac{I_1}{I - I_1}$$

$$= 2 \times 10^3 \times \frac{50 \times 10^{-6}}{10 \times 10^{-3} - 50 \times 10^{-6}}\Omega$$

$$= 10.05\Omega$$

即分流电阻为 10.05Ω。

例 2-3 如图 2-7a 所示电路，已知 $R_1 = 3\Omega$、$R_2 = 6\Omega$、$R_3 = 6\Omega$、$R_4 = 12\Omega$、$R_5 = 10\Omega$。求 ab 端的等效电阻 R_{ab}。

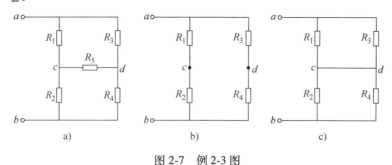

图 2-7 例 2-3 图

解 图 2-7a 所示电路为电桥电路，R_1、R_2、R_3、R_4 称为桥臂，R_5 称为桥。当 $\dfrac{R_1}{R_2} = \dfrac{R_3}{R_4}$ 时，电桥达到平衡，此时流过桥（R_5）的电流为零，桥两端（c、d 两点间）的电压也为零。求解 ab 端的等效电阻 R_{ab} 时，根据电桥平衡的特点有两种方法：

方法 1：根据流过桥（R_5）的电流等于零这一特点，可将 R_5 断开，如图 2-7b 所示。则

$$R_{ab} = (R_1 + R_2) /\!/ (R_3 + R_4) = \frac{(R_1 + R_2)(R_3 + R_4)}{R_1 + R_2 + R_3 + R_4} = \frac{9 \times 18}{3 + 6 + 6 + 12}\Omega = 6\Omega$$

方法 2：根据桥两端（c、d 两点间）的电压为零这一特点，可将 R_5 短接，如图 2-7c 所

示，则

$$R_{ab} = (R_1 /\!/ R_3) + (R_2 /\!/ R_4) = \frac{R_1 R_3}{R_1 + R_3} + \frac{R_2 R_4}{R_2 + R_4} = \left(\frac{3 \times 6}{3 + 6} + \frac{6 \times 12}{6 + 12}\right)\Omega = 6\Omega$$

2.3　电阻的星形与三角形联结

电阻的串联、并联是电阻的最简单连接方式，电桥电路是一种特殊的连接方式，电桥平衡时，电路计算还是简单的，当电桥不平衡时，仅仅依靠电阻的串联、并联化简电路就显得束手无策，利用电路的星形联结与三角形联结之间的等效变换可以轻松分析电桥不平衡时的电阻电路。

3 个电阻联结成如图 2-8a 或图 2-8b 所示的形式。图 2-8a 中 3 个电阻的 3 个端子连接在一起，另 3 个端子与外电路相连，这种连接方式叫作星形（丫）联结。图 2-8b 中的 3 个电阻顺序联结成一个三角形后，其连接点引出 3 条端线与外电路相连，这种连接方式叫作三角形（△）联结。

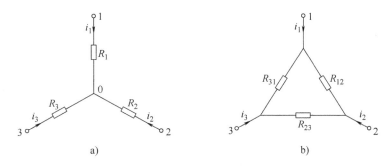

a)　　　　　　　　　　　　b)

图 2-8　电阻的星形与三角形联结

电阻的星形和三角形联结可以等效变换，等效变换的条件是在相同的端口电压作用下，端口电流对应相等。由此可以推导出等效变换时参数的换算公式。

将 △→丫 时有

$$R_\curlyvee = \frac{相邻电阻乘积}{3 个电阻之和} \tag{2-7}$$

所谓相邻电阻，在图 2-8 中 R_1 的相邻电阻是 R_{31} 和 R_{12}；R_2 的相邻电阻是 R_{23} 和 R_{12}；R_3 的相邻电阻是 R_{31} 和 R_{23}。因此

$$\begin{cases} R_1 = \dfrac{R_{12} R_{31}}{R_{12} + R_{23} + R_{31}} \\[3mm] R_2 = \dfrac{R_{23} R_{12}}{R_{12} + R_{23} + R_{31}} \\[3mm] R_3 = \dfrac{R_{31} R_{23}}{R_{12} + R_{23} + R_{31}} \end{cases} \tag{2-8}$$

显然：当 $R_{12} = R_{23} = R_{31} = R_\triangle$ 时，$R_1 = R_2 = R_3 = R_\curlyvee = \dfrac{1}{3} R_\triangle$。

将 丫→△ 时有

即为

$$G_\curlyvee = \frac{相邻电导乘积}{3 \text{个电导之和}} \tag{2-9}$$

$$\begin{cases} G_{31} = \dfrac{1}{R_{31}} = \dfrac{\dfrac{1}{R_1} \times \dfrac{1}{R_3}}{\dfrac{1}{R_1} + \dfrac{1}{R_2} + \dfrac{1}{R_3}} \\[4ex] G_{12} = \dfrac{1}{R_{12}} = \dfrac{\dfrac{1}{R_1} \times \dfrac{1}{R_2}}{\dfrac{1}{R_1} + \dfrac{1}{R_2} + \dfrac{1}{R_3}} \\[4ex] G_{23} = \dfrac{1}{R_{23}} = \dfrac{\dfrac{1}{R_2} \times \dfrac{1}{R_3}}{\dfrac{1}{R_1} + \dfrac{1}{R_2} + \dfrac{1}{R_3}} \end{cases} \tag{2-10}$$

显然，当 $R_1 = R_2 = R_3 = R_\curlyvee$ 时，$R_{12} = R_{23} = R_{31} = R_\triangle = 3R_\curlyvee$。

例 2-4 求如图 2-9a 所示电桥电路的总电阻 R_{12}？

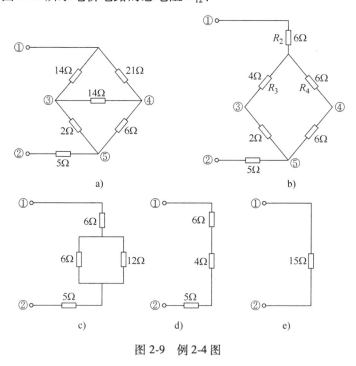

图 2-9 例 2-4 图

解 将连接点①、③、④内的△形电路用等效丫形电路代替，得到图 2-9b 所示电路，其中

$$R_2 = \frac{14 \times 21}{14 + 14 + 21}\Omega = 6\Omega$$

$$R_3 = \frac{14 \times 14}{14 + 14 + 21}\Omega = 4\Omega$$

$$R_4 = \frac{14 \times 21}{14 + 14 + 21}\Omega = 6\Omega$$

然后用串联、并联的方法，得到图 2-9c、d、e 所示电路，从而求得

$$R_{12} = 15\Omega$$

另一种方法是用△形电路来代替连接点①、④、⑤内的丫形电路。（读者可自行计算）

2.4　电源和电阻的串联与并联

实际的电压源和电流源都是有一定内阻的，通过比较电压源的伏安特性曲线和电流源的伏安特性曲线就可以发现，当实际电压源与实际电流源的内电阻相等时，即

$$G_S = \frac{1}{R_S} \tag{2-11}$$

且 $U_S = I_S/G_S$，或 $I_S = U_S/R_S$ 时，两条伏安特性曲线重合，这就意味着两种电源对同一个外部负载都发出等值的电压 U 和等值的电流 I。因此电压源和电流源对外部负载而言，是可以相互等效变换的，如图 2-10 所示。

只需满足

$$U_S = I_S R_S \quad \text{或} \quad I_S = \frac{U_S}{R_S} \tag{2-12}$$

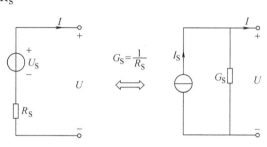

图 2-10　电源的等效变换

电压源与电流源之间的等效变换，称为电源的等效变换。在进行等效变换时，必须注意电压源的电压极性与电流源的电流方向之间的关系，电压源的正极性对应着电流源电流的流出端。

注意实际电源的两种模型的等效变换只能保证其外部电路的电压 U、电流 I 和功率相同，即当电路中某一部分用其等效电路替代后，未被替代部分的电压、电流保持不变。而对其内部电路并无等效可言。

应用电源等效变换分析电路时还应该注意以下几点：

1）电源等效变换是电路等效变换的一种方法。这种等效是对电源输出电流 I 和端电压 U 的等效。

2）有内阻 R_S 的实际电源，它们的电压源模型与电流源模型之间才可以等效变换；理想电压源与理想电流源之间不能等效变换，因为两者的外部理想特性完全不同。

3）电源等效变换的方法可以推广运用，如果理想电压源与外接电阻串联，可以把外接电阻看作其内阻，则可变换为电流源形式；如果理想电流源与外接电阻并联，可以把外接电阻看作其内阻，则可变换为电压源形式。

例 2-5　试用电压源与电流源等效变换的方法计算图 2-11a 中 6Ω 电阻上的电流 I_3。

解　根据图 2-11 的变换次序，最后化简为图 2-11c 所示的电路，由此可得

$$I_3 = \left(\frac{4}{4 + 6} \times 25\right) A = 10A$$

上面介绍了电阻连接、电源等效等基本问题，下面介绍线性电阻电路的分析方法，主要有支路电流法、网孔电流法、回路电流法和结点电压法。

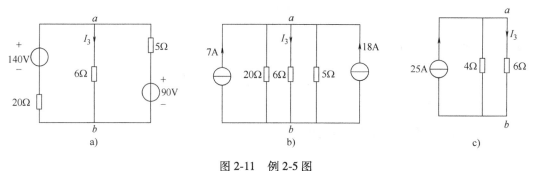

图 2-11 例 2-5 图

2.5 支路电流法

对于比较简单的电路，利用上面介绍的等效变换的方法求解是行之有效的，但是如果电路比较复杂，上述方法就难以奏效，有时反而使问题复杂化！下面介绍复杂电路的求解方法。在电路分析中，常以图论为数学工具选择电路独立变量，然后列出方程。图论是拓扑学的一个分支，是富有趣味和应用极为广泛的一门学科，这里从图论相关知识讲起。

2.5.1 图论基础

电路中的"图"是把电路中每一条支路用线段表示，结点用点来表示，而形成的点和线的集合叫作电路的图（可以把 U_{S1} 和 R_1 串联与 I_{S5} 和 R_5 并联都看成一条支路），如图 2-12 所示。也可以把图理解为具有给定连接关系的结点（点）和支路（线段）的集合，为更好地反映电路的连接性质，有有向图和无向图之分。我们把赋予支路方向的图称为"有向图"如图 2-12c 所示，不赋予支路方向的图称为"无向图"如图 2-12b 所示。下面介绍几个相关概念。

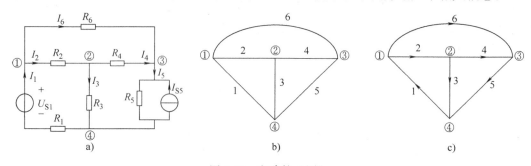

图 2-12 电路的"图"

1) 结点的度：是指连接结点的支路数，一个结点的支路数是几就称该结点的度是几，如结点①的度是 3。

2) 路径：从一个结点出发沿着一些支路连续移动到另一个结点所经过的支路构成路径。例如，从结点①到结点③的路径为 5 条。

3) 回路：回路是图的一个子图，回路是起始点和终结点重合在一起，回路上的每一个结点的度都是二的闭合路径。

4) 连通图：任何两个结点之间至少存在一条路径的图，否则就是非连通图。

5）平面图：把图嵌入一个平面时，适当摆放使得支路不相交，这样的图称为平面图。（网孔只存在平面图中，网孔所包含的平面无任何支路穿过）

6）连通图的"树"：是连通图的子图且包含全部结点，但不包含闭合路径，对于图 2-12a、b、c，树有（2，3，4）、（1，2，4）（1，4，5）；而（1，2，3，5）不是树，如图 2-13d 所示。树中包含的支路称为该树的树支，而其他支路称为对应于该树的连支，如图 2-13a 中的支路为 2、3、4。n 个结点 b 条支路的图的任一个树的支路数为（$n-1$），连支数为 $b-(n-1)$ = $b-n+1$。

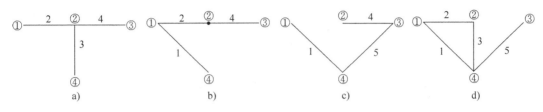

图 2-13　树

7）单连支回路（基本回路）：任何一个树，每加进一个连支便形成了一个只包含该连支的回路，而构成此回路的其他支路均为树支。这样的回路称为单连支回路或基本回路，显然这组回路是独立的。

8）独立回路数是指：对一个结点数为 n，支路数为 b 的连通图，其独立回路数为 $l=b-n+1$。KVL 的独立方程数 = 回路的独立回路数。

9）平面图：如果把一个图画在平面上，能使它的各条支路除连接的结点外不再交叉，这样的图称为平面图。

10）网孔：平面图的一个网孔是它的一个自然的"孔"，它所限定的区域内不再有支路。平面图的全部网孔数即为其独立回路数。

2.5.2　支路电流法的分析计算

如果要求解一个复杂电路中各条支路的电流，采用等效化简电路方法分析显得有些麻烦，在不能化简时，则可以采用电路方程分析法来进行分析。支路电流法是最基本的电路方程分析法之一，它是以支路电流为未知变量，根据元件的伏安关系式和 KCL、KVL 来建立电路方程，然后解方程求解。

对于一个具有 n 个结点，b 条支路的电路，利用支路电流法求解电路步骤如下：

1）先在电路图上选定好未知支路电流以及电压的参考方向。

2）任取（$n-1$）个结点列 KCL 方程。

3）任取（$b-n+1$）条回路列 KVL 方程。

4）对上述方程联立求解，解出每个支路电流，然后再根据题目要求求出电压、功率等。

下面以图 2-14 所示电路为例，对这种方法进行说明。

该电路有 4 个结点，6 条支路，即 $n=4$，$b=6$，根据支路电流法求解步骤，有：

第 1 步：选定各支路电流参考方向，如图 2-14 所示。

第 2 步：任意选定 $n-1=3$ 个结点（选取 1，2，3），列 KCL 方程

结点 1：$\qquad\qquad\qquad\qquad I_1 - I_3 + I_4 = 0$

结点 2：$\qquad\qquad\qquad\qquad -I_1 - I_2 + I_5 = 0$

结点 3： $I_2 + I_3 - I_6 = 0$

第 3 步：对 $b - (n - 1) = 3$ 个独立回路列关于支路电流的 KVL 方程

$$Ⅰ：R_1 I_1 + R_5 I_5 + U_{S4} - R_4 I_4 - U_{S1} = 0$$

$$Ⅱ：- R_2 I_2 + U_{S2} - R_6 I_6 - R_5 I_5 = 0$$

$$Ⅲ：R_4 I_4 - U_{S4} + R_6 I_6 - U_{S3} + R_3 I_3 = 0$$

第 4 步：求解

例 2-6 用支路电流法求解图 2-15 所示电路中的各支路电流。

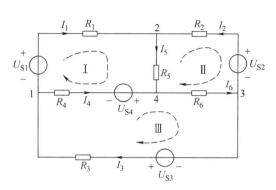

图 2-14　支路电流法

解 选定各支路电流 I_1、I_2 和 I_3，并假设各支路电流的参考方向，如图 2-15 所示。

按 KCL 可列出一个独立结点 a 的电流方程，按 KVL 列出两个网孔的电压方程，得方程组

$$\begin{cases} I_1 + I_2 - I_3 = 0 \\ 5I_1 + 10 - 5I_2 - 25 = 0 \\ 15I_3 + 5I_2 - 10 = 0 \end{cases}$$

解方程组得

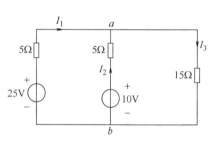

图 2-15　例 2-6 图

$$I_1 = 2A，I_2 = - 1A，I_3 = 1A$$

对外围回路用 KVL

$$5 \times 2 + 15 \times 1 - 25 = 0$$

进行检验，表明计算结果正确。

如果电路中具有电流源，在列写含有电流源回路的 KVL 方程时，必须注意计入电流源的端电压，应先选定此端电压的参考方向，并以此作为一个电路变量。这样，因为新增了一个电路变量，则应补充一个相应的辅助方程，该方程的条件就是电流源所在支路的电流为已知的电流源电流。

例 2-7 用支路电流法求解图 2-16 所示电路中各支路的电流。

解 选定各支路电流 I_1、I_2、I_3 和电流源端电压 U 的参考方向，如图 2-16 所示。列 KCL 和 KVL 方程得

$$I_1 + I_2 - I_3 = 0$$
$$10I_1 + U - 4 = 0$$
$$10I_3 + 2 - U = 0$$

补充一个辅助方程 $I_2 = 1A$

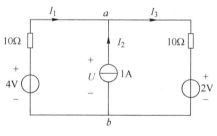

图 2-16　例 2-7 图

解方程组得 $I_1 = - 0.4A$、$I_2 = 1A$、$I_3 = 0.6A$，$U = 8V$

利用 Multisim 仿真例 2-7，如图 2-17 所示。

通过上面的分析不难得出：支路电流法列方程比较容易，但通常方程数较多，尤其是结点和支路数很多的电路。因此解方程相对较复杂，当方程很多时，如果不借助相关软件很难快速得出结果！

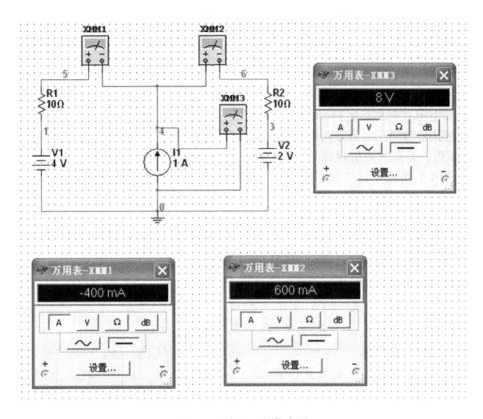

图 2-17　例 2-7 的仿真图

2.6　网孔电流法

网孔电流法是以网孔电流为独立变量，根据 KVL 列出关于网孔电流的电路方程，进行求解的过程，它仅适用于平面电路。

网孔电流：是假想沿着电路中网孔边界流动的电流，如图 2-18 所示电路中闭合虚线所示的电流 I_{l1}、I_{l2}、I_{l3}。对于一个节点数为 n、支路数为 b 的平面电路，其网孔数为（$b-n+1$）个，网孔电流数也为（$b-n+1$）个。网孔电流有两个特点：

1）独立性：网孔电流自动满足 KCL，而且相互独立。

2）完备性：电路中所有支路电流都可以用网孔电流表示。

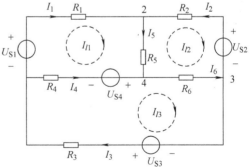

图 2-18　网孔电流

网孔电流法的基本思想是为了减少未知量（方程）的个数，假想每个网孔中有一个网孔电流。各支路电流可用网孔电流的线性组合表示，以便求得电路的解。对于具有 m 个网孔的电路，网孔电流法方程的一般形式是

$$\begin{cases} R_{11}i_{m1} + R_{12}i_{m2} + \cdots + R_{1m}i_{ll} = u_{S11} \\ R_{21}i_{m1} + R_{22}i_{m2} + \cdots + R_{2m}i_{ll} = u_{S22} \\ \qquad\qquad\vdots \\ R_{l1}i_{m1} + R_{l2}i_{m2} + \cdots + R_{ll}i_{ll} = u_{Sll} \end{cases} \tag{2-13}$$

式中，R_{kk} 是自电阻（简称自阻）；$R_{kj}(k\neq j)$ 为互电阻（简称互阻），$j=1,\cdots,m$，$k=1,\cdots,m$；u_{Skk} 为该网孔中沿网孔电流方向电压源电位上升的代数和。

自阻为正值，互阻的取值规则如下：当流过互阻的两个网孔电流方向相同时 R_{kj} 取正值，当流过互阻的两个网孔电流方向相反时 R_{kj} 取负值，当流过互阻的两个网孔电流无关时取 $R_{kj}=0$。

下面结合图 2-18 说明利用网孔电流法列写方程的步骤：

第 1 步：指定网孔电流的参考方向，并以此作为列写 KVL 方程的回路绕行方向。

第 2 步：根据 KVL 列写关于网孔电流的电路方程。

$$\begin{cases} (R_1 + R_5 + R_4)I_{m1} - R_5I_{m2} - R_4I_{m3} = U_{S1} - U_{S4} \\ -R_5I_{m1} + (R_2 + R_5 + R_6)I_{m2} - R_6I_{m3} = -U_{S2} \\ -R_4I_{m1} - R_6I_{m2} + (R_3 + R_4 + R_6)I_{m3} = U_{S3} + U_{S4} \end{cases}$$

$$\begin{pmatrix} R_1 + R_4 + R_5 & -R_5 & -R_4 \\ -R_5 & R_2 + R_5 + R_6 & -R_6 \\ -R_4 & -R_6 & R_3 + R_4 + R_6 \end{pmatrix} \begin{pmatrix} I_{m1} \\ I_{m2} \\ I_{m3} \end{pmatrix} = \begin{pmatrix} U_{S1} - U_{S4} \\ -U_{S2} \\ U_{S3} + U_{S4} \end{pmatrix}$$

第 3 步：网孔电流方程的一般形式

$$\begin{pmatrix} R_{11} & R_{12} & R_{13} \\ R_{21} & R_{22} & R_{23} \\ R_{31} & R_{32} & R_{33} \end{pmatrix} \begin{pmatrix} I_{m1} \\ I_{m2} \\ I_{m3} \end{pmatrix} = \begin{pmatrix} U_{S11} \\ U_{S22} \\ U_{S33} \end{pmatrix}$$

当电路中含电流源时，网孔电流的大小等于电流源电流，正负号的确定原则是：当网孔电流方向与电流源方向相同时取正，当网孔电流方向与电流源方向相反时取负。如图 2-19 所示，右侧的网孔电流方程为 $I_{m2} = -I_S$。

当电路中含受控源时，如图 2-20 所示，需要额外增加补充方程。

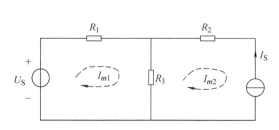

图 2-19　网孔电流法

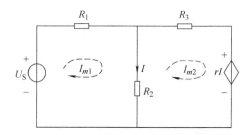

图 2-20　网孔中含有受控源

先将受控源作独立电源处理，利用直接观察法列方程

$$(R_1 + R_2)I_{m1} - R_2I_{m2} = U_S$$

$$-R_2I_{m1} + (R_2 + R_3)I_{m2} = -rI$$

再加一个补充方程，将控制量用未知量表示，即

$$I = I_{m1} - I_{m2}$$

然后联立求解。

例 2-8 电路如图 2-21a 所示，试用网孔电流法求电流 I_1。

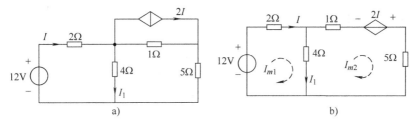

图 2-21 例 2-8 图

解 根据网孔电流法，得

$$\begin{cases} I_{m1}(2 + 4) - I_{m2} \times 4 = 12 \\ -I_{m1} \times 4 + I_{m2}(1 + 5 + 4) = 2I \\ I = I_{m1} \end{cases}$$

整理后得

$$\begin{cases} 6I_{m1} - 4I_{m2} = 12 \\ -6I_{m1} + 10I_{m2} = 0 \end{cases}$$

解得 $I_{m1} = \dfrac{10}{3}\text{A}$，$I_{m2} = 2\text{A}$，$I_1 = I_{m1} - I_{m2} = \dfrac{4}{3}\text{A} = 1.33\text{A}$

2.7 回路电流法

回路电流法是以基本回路中沿回路连续流动的假想电流为未知量列写电路方程分析电路的方法。它适用于平面和非平面电路。回路电流法是对独立回路列写 KVL 方程，方程数为 $b - (n - 1)$，回路电流法方程的一般形式是

$$\begin{cases} R_{11}i_{l1} + R_{12}i_{l2} + \cdots + R_{1l}i_{ll} = u_{S11} \\ R_{21}i_{l1} + R_{22}i_{l2} + \cdots + R_{2l}i_{ll} = u_{S22} \\ \qquad\qquad\vdots \\ R_{l1}i_{l1} + R_{l2}i_{l2} + \cdots + R_{ll}i_{ll} = u_{Sll} \end{cases} \tag{2-14}$$

其中：R_{kk} 是自电阻（简称自阻），R_{kj}（$k \neq j$）为互电阻（简称互阻），$k = 1, \cdots, l$，$j = 1$，$\cdots, l$。自阻为正值，互阻的取值规则如下：当流过互阻的两个回路电流方向相同时取正值；当流过互阻的两个回路电流方向相反时取负值；两个回路之间没有公共支路或虽有公共支路但其电阻为零时，互阻为零。u_{Skk} 为沿回路电流方向电压源电位上升的代数和。

例 2-9 电路如图 2-22 所示，其中 $U_{S1} = 4\text{V}$，$U_{S5} = 2\text{V}$，$R_1 = R_2 = R_3 = 1\Omega$，$R_4 = R_5 = R_6 = 2\Omega$。试选择一组独立回路，列出回路电流方程。

解 电路的"图"如图 2-22c 所示，选择支路 4、5、6 为树，3 个独立回路（基本回路）绘于图中。

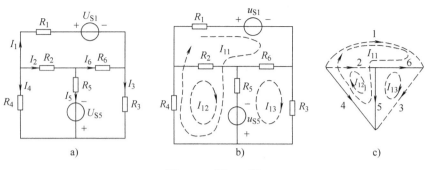

图 2-22 例 2-9 图

回路电流的 KVL 方程为

$$\begin{cases} 7I_{11} + 4I_{12} - 4I_{13} = -2 \\ 4I_{11} + 5I_{12} - 2I_{13} = 2 \\ -4I_{11} - 2I_{12} + 5I_{13} = -2 \end{cases}$$

解出 I_{11}、I_{12}、I_{13} 后，根据以下各式计算支路电流：

$$\begin{cases} I_1 = I_{11} \\ I_2 = I_{12} \\ I_3 = I_{13} \\ I_4 = -I_{11} - I_{12} \\ I_5 = I_{11} + I_{12} - I_{13} \\ I_6 = -I_{12} + I_{13} \end{cases}$$

电路中电流源的处理方法：

1）电流源有电阻与之并联时，先做电源等效变换，再列回路电流方程。

2）电路中存在无伴电流源（没有电阻与该电流源并联），在选取回路时，仅让一个回路电流通过电流源，取该回路电流的方向与该回路中所含有的电流源的电流方向一致，则该回路电流便等于这个电流源电流，省略该回路的回路电流方程，其余回路的回路电流方程仍按常规的方法列写即可。

例 2-10 电路如图 2-23 所示。列出回路电流方程，并求解电流 I。

解 适当选取回路，使独立电流源支路只有一个回路电流流过，

则　　　$I_{11} = 2A$, $I_{12} = 3A$, $I_{13} = 1A$

于是只需对回路 4 列写回路电流方程：

$$-2I_{11} - 2I_{12} + 3I_{13} + 5I_{14} = 5 + 1 + 3$$

所以　　　$I_{14} = 3.2A$

则　　　$I = I_{14} = 3.2A$

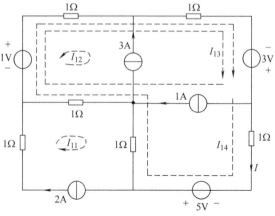

图 2-23 例 2-10 图

2.8 结点电压法

结点电压法是以结点电压为未知量列写电路方程分析电路的方法。该方法适用于结点较少的电路。

结点电压法的基本思想是：选结点电压为未知量，则 KVL 自动满足，无须列写 KVL 方程。各支路电流、电压可视为结点电压的线性组合，求出结点电压后，便可方便地得到各支路电压、电流。

结点电压法标准形式的方程为

$$\begin{cases} G_{11}u_1 + G_{12}u_2 + \cdots + G_{1(n-1)}u_{(n-1)} = i_{S11} \\ G_{21}u_1 + G_{22}u_2 + \cdots + G_{2(n-1)}u_{(n-1)} = i_{S22} \\ G_{(n-1)1}u_1 + G_{(n-1)2}u_2 + \cdots + G_{(n-1)(n-1)}u_{(n-1)} = i_{S(n-1)(n-1)} \end{cases} \tag{2-15}$$

式中，G_{ii} 是自电导，总为正；$G_{ij} = G_{ji}$ 是互电导，结点 i 与结点 j 之间所有支路电导之和，总为负。i_{Skk} 是流入第 k 个结点的各支路电流源电流值代数和，流入取正值，流出取负值，$k = 1$，$\cdots$，$n-1$。

结点电压法的一般步骤：

1）选定参考结点，标定 $n-1$ 个独立结点。

2）对 $n-1$ 个独立结点，以结点电压为未知量，列写其 KCL 方程。

3）求解上述方程，得到 $n-1$ 个结点电压。

4）通过结点电压求各支路电流。

下面结合图 2-24，说明结点电压法解题步骤。

1）适当选取参考点（结点 4），并标定 3 个独立结点：1，2，3。

2）根据 KCL 列出关于结点电压的电路方程。

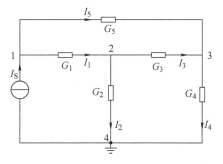

图 2-24 结点电压法

$$结点 1：(G_1 + G_5)U_{n1} - G_1U_{n2} - G_5U_{n3} = I_S$$
$$结点 2：-G_1U_{n1} + (G_1 + G_2 + G_3)U_{n2} - G_3U_{n3} = 0$$
$$结点 3：-G_5U_{n1} - G_3U_{n2} + (G_3 + G_4 + G_5)U_{n3} = 0$$

$$\begin{pmatrix} G_1 + G_5 & -G_1 & -G_5 \\ -G_1 & G_1 + G_2 + G_3 & -G_3 \\ -G_5 & -G_3 & G_3 + G_4 + G_5 \end{pmatrix} \begin{pmatrix} U_{n1} \\ U_{n2} \\ U_{n3} \end{pmatrix} = \begin{pmatrix} I_S \\ 0 \\ 0 \end{pmatrix}$$

3）解方程，求出 U_{n1}、U_{n2}、U_{n3}。

下面讨论两种特殊情况：

（1）对于含有无伴电压源支路及受控电源支路的处理 当电路中含有无伴电压源时，以电压源电流为变量，增补结点电压与电压源间的关系。例如图 2-25 所示电路，求解过程如下：

1）适当选取参考点：令 $U_{n4} = 0$，则 $U_{n1} = U_S$。

2）虚设电压源电流为 I，利用直接观察法形成方程：

$$-G_1U_{n1} + (G_1 + G_2)U_{n2} + I = 0$$
$$-G_5U_{n1} - I + (G_4 + G_5)U_{n3} = 0$$

3）添加约束方程 $U_{n2} - U_{n3} = U_{S3}$ 。

4）求解。

（2）含有受控电源支路　对含有受控电源支路的电路，先把受控电源看作独立电源列方程，再将控制量用结点电压表示。例如图 2-26 所示电路，求解过程如下：

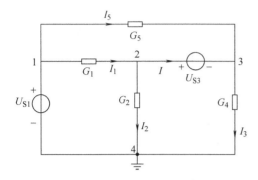

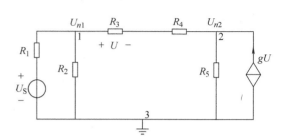

图 2-25　无伴电压源支路处理　　　　　　图 2-26　受控电源支路处理

1）选取参考结点（结点 3）。

2）先将受控电源看作独立电源处理，利用直接观察法列方程

$$\left(\frac{1}{R_1} + \frac{1}{R_2} + \frac{1}{R_3 + R_4}\right) U_{n1} - \frac{1}{R_3 + R_4} U_{n2} = \frac{U_S}{R_1}$$

$$-\frac{1}{R_3 + R_4} U_{n1} + \left(\frac{1}{R_3 + R_4} + \frac{1}{R_5}\right) U_{n2} = gU$$

3）再将控制量用未知量表示

$$U = \frac{U_{n1} - U_{n2}}{R_3 + R_4} R_3$$

例 2-11　如图 2-27 所示，（1）列出网孔电流方程和结点电压方程；（2）列出回路电流方程。

解　网孔电流方程为

$$(R_1 + R_4 + R_5) I_{m1} - (R_4 + R_5) I_{m3} = -U_{S2} + \mu U_5$$
$$(R_2 + R_3) I_{m2} - R_3 I_{m3} + U = U_{S2}$$
$$I_{m3} = -\beta I_3$$

约束方程为　　$I_{m3} - I_{m2} = I_{S4}$

补充方程为　　$U_5 = R_5(I_{m1} - I_{m3})$ ； $I_3 = I_{m2}$

结点电压方程为

$$\left(\frac{1}{R_1} + \frac{1}{R_2}\right) U_{n1} - \frac{1}{R_2} U_{n3} + I = \frac{\mu U_5}{R_1}$$

$$\frac{1}{R_4 + R_5} U_{n2} - I = -I_{S4}$$

$$-\frac{1}{R_2} U_{n1} + \frac{1}{R_2} U_{n3} = I_{S4} + \beta I_3$$

约束方程为　　　　　　　　　　　　　　$U_{n1} - U_{n2} = U_{S2}$

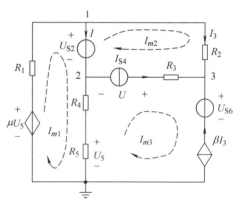

图 2-27　例 2-11 图

补充方程为 $I_3 = \dfrac{U_{n1} - U_{n3}}{R_2}$; $U_5 = \dfrac{R_5}{R_4 + R_5}U_{n2}$

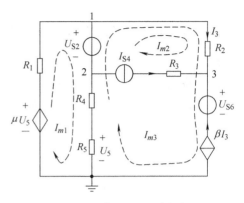

上述电路也可以列写回路电流方程（回路的取法如图 2-28 所示），如下：

回路电流方程为

$$(R_1 + R_4 + R_5)I_{m1} - (R_4 + R_5)I_{m3} = -U_{S2} + \mu U_5$$

$$I_{m2} = -I_{S4}$$

$$I_{m3} = -\beta I_3$$

补充方程为 $U_5 = R_5(I_{m1} - I_{m3})$; $I_3 = I_{m2} + I_{m3}$

图 2-28 例 2-11 回路电流

2.9 含运算放大器的电路分析

2.9.1 运算放大器及其电路模型

运算放大器是一种电压放大倍数很高的放大器，可用来实现交流信号放大，也可以实现直流信号放大，还能与其他元件组合来完成微分、积分等数学运算，因而称为运算放大器。目前它的应用已远远超出了这些范围，是获得最广泛应用的多端元件之一。

运算放大器及其等效电路模型如图 2-29 所示，运算放大器的端口方程为 $u_o = A(u_b - u_a)$。

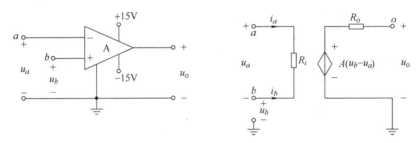

图 2-29 运算放大器及其等效电路模型

在理想状态下，$R_i \to \infty$，则 $\begin{cases} i_a \approx 0 \\ i_b \approx 0 \end{cases}$，电路呈"虚断"状态，可以认为电流为零，但不能把支路真的从电路里断开；$\begin{cases} R_o \to 0 \\ A \to \infty \end{cases}$，则 $u_b - u_a \approx 0$、$u_b \approx u_a$，电路呈"虚短"状态，运算放大器的两个输入端近似等电位，但不能真的把电路图中的 a、b 短接；因此当运算放大器的一个输入端接地或接电阻接地时，另一个输入端也与地等电位，称"虚地"点。

2.9.2 含理想运算放大器的电路分析

分析方法：结点电压法。

采用概念："虚短""虚断""虚地"。

避免问题：对含有运算放大器输出端的结点不予列方程。

求解次序：由最末一级的运算放大器输入端开始，逐渐前移。

例 2-12 电路如图 2-30 所示，求传输电压比 $K_v = \dfrac{U_2}{U_1}$。

解

由"虚断"得 $I_a = 0$，$I_b = 0$

由"虚地"得 $U_a = 0$，则 $I_1 = I_2$

即
$$\frac{U_1 - U_a}{R_1} = \frac{U_a - U_2}{R_2}$$

所以
$$\frac{U_1}{R_1} = -\frac{U_2}{R_2}$$

则
$$K_v = \frac{U_2}{U_1} = -\frac{R_2}{R_1}$$

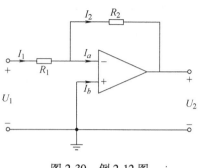

图 2-30 例 2-12 图

本 章 小 结

本章叙述了线性电阻电路的分析方法：首先介绍了电路等效变换的思想，接着介绍了电阻的串并联、星形和三角形联结及其等效变换、电源与电阻的串并联及等效变换；之后介绍了线性电阻电路的求解方法，主要有：支路电流法、网孔电流法、回路电流法、结点电压法，中间穿插了图论的基本知识；最后介绍了含有运算放大器的电阻电路。

习   题

2-1 求图 2-31 所示电路的等效电阻 R_{ab}，其中：$R_1 = R_2 = 1\Omega$、$R_3 = R_4 = 2\Omega$、$R_5 = 4\Omega$。

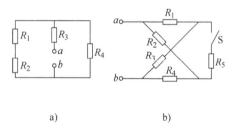
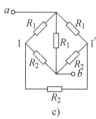
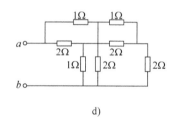

a)   b)   c)   d)

图   2-31

2-2 对图 2-32 所示电桥电路，应用 Y-△ 等效变换方法，求 U 和 U_{ab}。

2-3 利用电源的等效变换，求图 2-33 所示电路的电流 I。

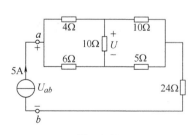
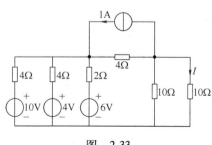

图   2-32   图   2-33

2-4 利用电源的等效变换，求图 2-34 所示电路中的电压比 $\dfrac{u_o}{u_S}$。已知 $R_1 = R_2 = 2\Omega$，$R_3 = R_4 = 1\Omega$。

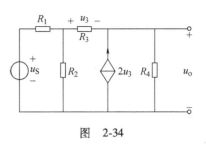

图 2-34

2-5 试求图 2-35a、b 所示电路的电阻 R_{ab}。

2-6 图 2-36 所示电路中，$R_1 = R_2 = 10\Omega$、$R_3 = 4\Omega$、$R_4 = R_5 = 8\Omega$、$R_6 = 2\Omega$、$u_{S3} = 20\text{V}$，$u_{S6} = 40\text{V}$。用支路电流法求解电流 i_5。

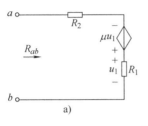
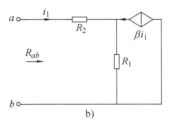

图 2-35

2-7 用网孔电流法求解图 2-36 中的电流 i_5。

2-8 用回路电流法求解图 2-36 中的电流 i_3。

2-9 用回路电流法求解图 2-37 中 5Ω 电阻中的电流 i。

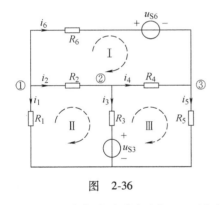

图 2-36

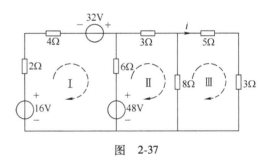

图 2-37

2-10 用回路电流法求解图 2-38 所示电路中的电压 U。

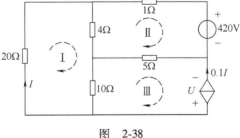

图 2-38

2-11 列出图 2-39a、b 电路的结点电压方程。

2-12 如图 2-40 所示，求传输电压比 $\dfrac{U_o}{U_S}$。

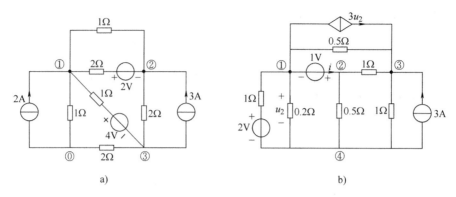

a)   b)

图　2-39

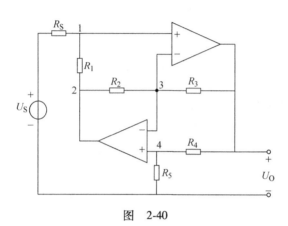

图　2-40

第3章 电路定理

■ **内容提要**

电路定理是线性电路分析方法的重要内容，利用电路定理可以将复杂的电路化简或局部等效，使得电路的计算变得简单方便。本章主要介绍的是电路分析中常用的几个定理，包括替代定理、叠加定理、齐次定理、戴维南定理、诺顿定理、特勒根定理等。通过学习，理解掌握电路定理的内容和适用条件，熟练应用电路定理进行电路的分析和计算，从而了解电路的性质。

3.1 替代定理

替代定理是电路分析的基本电路定理之一，适用于线性、非线性、时变、非时变电路，尤其在线性电路中应用得更为普遍。本节主要讨论替代定理内容及其在线性电路中的应用。

3.1.1 定理内容

替代定理：在给定的电路中，若已知某条支路的电压为 u_k，电流为 i_k，则该支路可由下列任何一个元件替代：

1）电压为 u_k 的理想电压源。
2）电流为 i_k 的理想电流源。
3）阻值为 u_k/i_k 的电阻。

替代后不会影响电路其他部分的工作状态，电路所包含的全部支路电流和电压的值不变。如图 3-1 所示，经计算，图 3-1a 所示电路中：$U = 15\text{V}$、$I_3 = 0.5\text{A}$，则可以用 0.5A 电流源或用

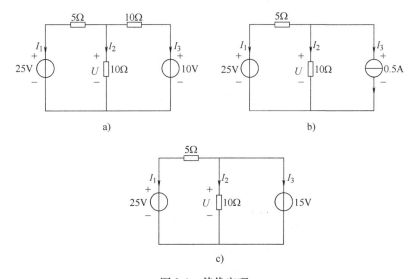

图 3-1 替代定理一
a）原电路 b）用电流源替代 c）用电压源替代

15V 电压源代替电路中最右侧支路，替代电路如图 3-1b、c 所示。

3.1.2 定理证明

如图 3-2 所示，N 表示第 k 条支路以外的电路部分，该支路上可以是电阻、电压源与电阻的串联或电流源与电阻的并联组合，也可以是非线性元件。根据替代定理，可以用 $u_S = u_k$ 或者 $i_S = i_k$ 来替代第 k 条支路，如图 3-2 所示。替代后得到的新电路和原电路的连接相同，所以两个电路的 KCL 和 KVL 方程都相同，除第 k 条支路外，电路的 VCR 方程也完全相同，所以原电路的全部电压和电流也将满足新电路的全部约束关系，即其他支路电流和电压数值都不会发生变化。

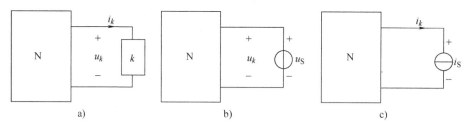

图 3-2　替代定理二

如果把一个一端口网络看成一条支路，则该一端口也可以被替代。

例 3-1　在电路图 3-3a 中，$i_1 = 10A$、$i_2 = -5A$、$i = 5A$。如果用 $i_S = 5A$ 的电流源替代 $R = 24\Omega$ 的电阻，验证替代定理。

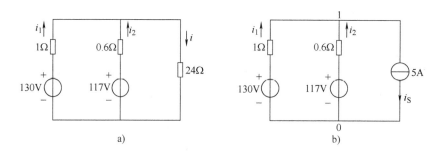

图 3-3　例 3-1 电路图

解　用 $i_S = 5A$ 的电流源替代 $R = 24\Omega$ 的电阻，得如图 3-3b 所示电路。可用结点电压法求解，取 0 为参考结点，则有

$$u_1 = \frac{\dfrac{130}{1} + \dfrac{117}{0.6} - 5}{\dfrac{1}{1} + \dfrac{1}{0.6}} V = 120V$$

$$i_1 = \frac{130 - 120}{1} A = 10A$$

$$i_2 = \frac{117 - 120}{0.6} A = -5A$$

电流 i_1 和 i_2 的值与原电路相同，证明替代定理是正确的。

注意：如果第 k 条支路中的部分电压或分支电流为 N 中受控源的控制量，替代将使这些控制量消失。因此这样的支路不能被替代，利用 Multisim 仿真例 3-1，如图 3-4 所示。

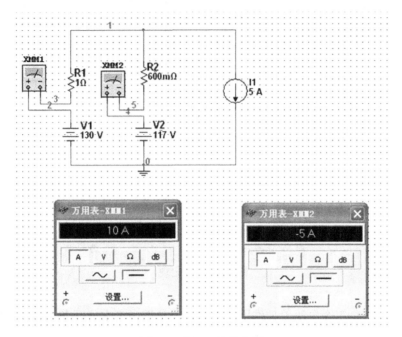

图 3-4 例 3-1 的仿真图

3.2 叠加定理与齐性定理

3.2.1 叠加定理

线性电路是指完全由线性元件、独立电源或线性受控源构成的电路，所谓线性就是指输入和输出之间关系可以用线性函数表示。叠加定理是反映线性电路的重要定理，其内容可表述为：多个激励源同时作用时所引起的响应等于各个激励源单独作用所引起的响应的和。

可通过电路，如图 3-5 所示，来验证一下叠加定理的内容。在电路图 3-5a 中有 3 个独立电源作用，求解电路中的电压和电流，电路中的参考点位为"0"点。

当电路中的独立电源同时作用时，可以应用结点电压法求解。

结点电压法：

$$\left(\frac{1}{R_1} + \frac{1}{R_2} \right) u_{n1} = \frac{u_{S1}}{R_1} + \frac{u_{S2}}{R_2} + i_S$$

$$u_{n1} = \frac{R_2}{R_1 + R_2} u_{S1} + \frac{R_1}{R_1 + R_2} u_{S2} + \frac{R_1 R_2}{R_1 + R_2} i_S$$

则

$$u_1 = u_{S1} - u_{n1} = \frac{R_1}{R_1 + R_2} u_{S1} - \frac{R_1}{R_1 + R_2} u_{S2} - \frac{R_1 R_2}{R_1 + R_2} i_S$$

$$i_2 = \frac{-u_{S2} + u_{n1}}{R_2} = \frac{1}{R_1 + R_2} u_{S1} - \frac{1}{R_1 + R_2} u_{S2} + \frac{R_1}{R_1 + R_2} i_S$$

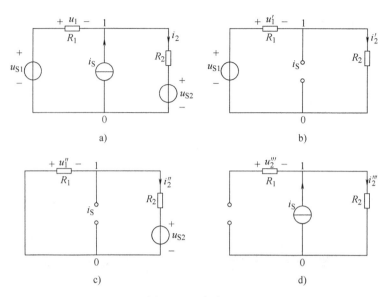

图 3-5   叠加定理

叠加定理法：

图 3-5b、c、d，是三个电源单独作用的电路图，从图中可求得同条支路上的响应为

$$u_1' = \frac{R_1}{R_1 + R_2}u_{S1} \qquad i_2' = \frac{1}{R_1 + R_2}u_{S1}$$

$$u_1'' = \frac{-R_1}{R_1 + R_2}u_{S2} \qquad i_2'' = \frac{-1}{R_1 + R_2}u_{S2}$$

$$u_1''' = -\frac{R_1 R_2}{R_1 + R_2}i_S \qquad i_2''' = \frac{R_1}{R_1 + R_2}i_S$$

则有

$$u_1 = u_1' + u_1'' + u_1''' = u_1\big|_{u_{S2}=0,\ i_S=0} + u_1\big|_{u_{S1}=0,\ i_S=0} + u_1\big|_{u_{S1}=0,\ u_{S2}=0}$$

$$i_2 = i_2' + i_2'' + i_2''' = i_2\big|_{u_{S2}=0,\ i_S=0} + i_2\big|_{u_{S1}=0,\ i_S=0} + i_2\big|_{u_{S1}=0,\ u_{S2}=0}$$

从而，叠加定理得到了验证。关于叠加定理的严格证明可参考其他教材。

应用叠加定理时应注意的问题：

1）叠加定理只适用于线性电路。

2）在叠加的各分电路中，不作用的独立电源置零，即独立电压源以短路代替，独立电流源以开路代替。

3）各响应的分量的参考方向可以取与原电路相同，也可以相反。叠加时，相同方向的响应分量取"＋"，相反方向的响应分量取"－"，总响应是各个电源单独响应的代数和。

4）原电路的功率不能叠加，因为功率是电压和电流的乘积，与激励不呈线性关系。

5）在分析电路时，可以把每一个独立电源作用时的分量进行叠加，也可将独立电源分成几组，然后按组进行叠加。

6）当电路中含有受控源时，它不直接起"激励"的作用，应保留在各分电路中。

7）结点电压和电位满足叠加定理。

例 3-2   用叠加定理求图 3-6 所示电路中的电压 u 和电流 i。

解   根据叠加定理可得到电压源和电流源单独作用的电路，如图 3-7a、b 所示。

由图 3-7a 所示，可求得

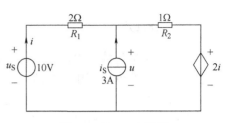

图 3-6 例 3-2 电路图

$$u_S = (R_1 + R_2)i' + 2i'$$

$$i' = \frac{u_S}{R_1 + R_2 + 2} = \frac{10}{2 + 1 + 2}A = 2A$$

$$u' = u_S - R_1 i' = (10 - 2 \times 2)V = 6V$$

由图 3-6b 所示，可求得

$$R_1 i'' + R_2(i'' + i_S) + 2i'' = 0$$

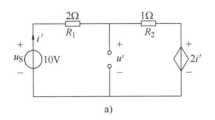 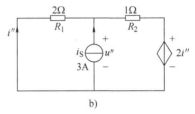

a)   b)

图 3-7 例 3-2 用叠加定理所得的分电路图

$$i'' = \frac{-R_2 i_S}{R_1 + R_2 + 2} = \frac{-1 \times 3}{2 + 1 + 2}A = -0.6A$$

$$u'' = -R_1 i'' = -2 \times (-0.6)V = 1.2V$$

根据叠加定理可得

$$u = u' + u'' = (6 + 1.2)V = 7.2V$$

$$i = i' + i'' = [2 + (-0.6)]A = 1.4A$$

利用 Multisim 仿真例 3-2，如图 3-8 所示。

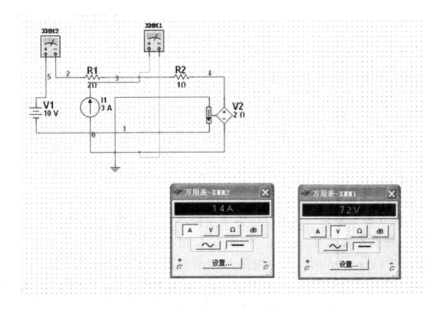

图 3-8 例 3-2 的仿真图

3.2.2 齐性定理

叠加定理是描述线性电路的可加性，齐性定理则是描述电路的比例性（齐次性）。其内容可表述如下：在线性电路中，当所有激励都同时增大或缩小 K 倍时，响应也将同样增大或缩小 K 倍；当电路中只有一个激励时，响应必与激励成正比。

可利用齐性定理分析梯形电路。

例 3-3 如图 3-9 所示，求梯形电路中的各支路电流。

解 假设 $i_5' = 1A$，则根据电路图 3-9 可得

$$u_{CE}' = (R_5 + R_6)i_5' = (2 + 2) \times 1V = 4V$$

$$i_4' = \frac{u_{CE}'}{R_4} = \frac{4}{2}A = 2A$$

$$i_3' = i_4' + i_5' = 3A$$

$$u_{BE}' = R_3 i_3' + u_{CE}' = 10V$$

$$i_2' = \frac{u_{BE}'}{R_2} = 5A$$

$$i_1' = i_2' + i_3' = 8A$$

$$u_S' = R_1 i_1' + u_{BE}' = 26V$$

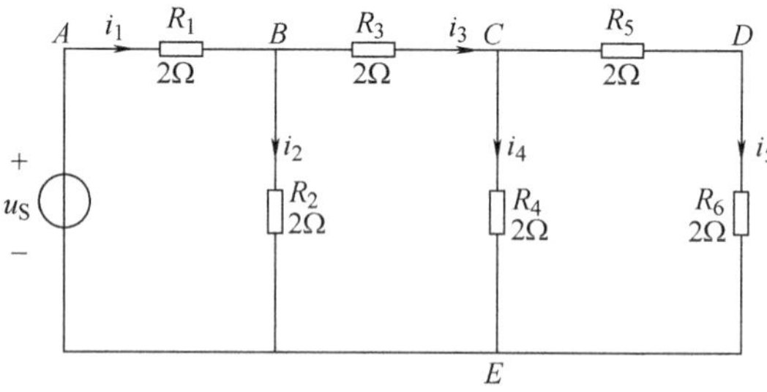

图 3-9 例 3-3 电路图

根据齐性定理，电路中的响应与激励成正比。给定电路中 $u_S = 13V$，相当于将激励增加至 $\frac{13}{26} = 0.5$ 倍，即比例系数 $K = 0.5$，则

$$i_1 = Ki_1' = 0.5 \times 8A = 4A$$

$$i_2 = Ki_2' = 0.5 \times 5A = 2.5A$$

$$i_3 = Ki_3' = 0.5 \times 3A = 1.5A$$

$$i_4 = Ki_4' = 0.5 \times 2A = 1\Lambda$$

$$i_5 = Ki_5' = 0.5 \times 1A = 0.5A$$

这种从电路最远端开始倒退至激励处的计算方法称为"倒退法"。

例 3-4 如图 3-10 所示电路 N 是含有独立电源的线性电阻电路。已知：当 $u_S = 6V$，$i_S = 0A$ 时、开路端电压 $u_{oc} = 4V$；当 $u_S = 0V$、$i_S = 4A$ 时，$u_{oc} = 0V$；当 $u_S = -3V$、$i_S = -2A$ 时，$u_{oc} = 2V$。求当 $u_S = 3V$、$i_S = 3A$ 时的 u_{oc}。

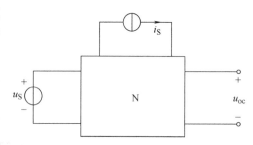

图 3-10 例 3-4 电路图

解 按线性电路的性质，将电路总激励分为 3 组，电压源 u_S、电流源 i_S 和 N 内的全部独立源。设电路 N 中所有独立源为零时，仅由电压源 u_S 引起的响应为 $u_{oc}^{(1)}$，根据齐性定理，令 $u_{oc}^{(1)} = au_S$；仅由电流源 i_S 引起的响应为 $u_{oc}^{(2)}$，令 $u_{oc}^{(2)} = bi_S$；设外部的 $u_S = 0V$，$i_S = 0A$ 时，仅由电路 N 中所有独立源引起的响应为 $u_{oc}^{(3)}$，由于电路 N 中独立源没有发生变化，令 $u_{oc}^{(3)} = c$，其中 a、b、c 均为常数。于是根据叠加定理，电路中有

$$u_{oc} = au_S + bi_S + c$$

代入已知条件

$$4 = 6a + 0b + c$$

$$0 = 0a + 4b + c$$
$$2 = -3a - 2b + c$$

解方程得

$$a = \frac{1}{3}, \ b = -\frac{1}{2}, \ c = 2$$

代入式

$$u_{oc} = \frac{1}{3}u_S - \frac{1}{2}i_S + 2$$

当 $u_S = 3V$，$i_S = 3A$ 时

$$u_{oc} = \left(\frac{1}{3} \times 3 - \frac{1}{2} \times 3 + 2\right)V = 1.5V$$

3.3 戴维南定理和诺顿定理

戴维南定理和诺顿定理是电路理论中非常重要的定理，可统称为等效电源定理。

3.3.1 戴维南定理

戴维南定理的内容为：一个含有独立电源、线性电阻和受控源的一端口网络，对外电路都可以等效为一个电压源和电阻的串联组合，此电压源的电压等于一端口网络的开路电压，电阻等于一端口网络内部所有独立电源全部置零后形成的无源一端口网络的输入电阻。

如图 3-11 所示，可表示戴维南定理的内容。N_S 是含源一端口网络，外电路用 N 表示，u_{oc} 是 N_S 的开路电压，R_{eq} 是戴维南等效电阻，图 3-11b 可称为戴维南等效电路。

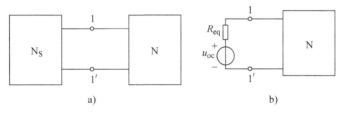

图 3-11　戴维南定理

戴维南定理的证明：在电路图 3-12a 中，设端子电压为 u，电流为 i，根据替代定理用电流源 $i_S = i$ 替代外电路 N，替代后的电路如图 3-12b 所示。应用叠加定理求解图 3-12b 中的端口电压和电流，电路图 3-12c 为 N_S 内部所有独立电源作为一组激励源时的分电路，可求得 $u' = u_{oc}$ 和 $i' = 0$，电路图 3-12d 为将 N_S 内部所有独立电源置零，仅由电流源 i_S 作用时的分电路，N_0 为无源网络，可等效为一个电阻 R_{eq}，求得 $u'' = -R_{eq}i'' = -R_{eq}i$，则端口 1 - 1' 之间的电压 u 为

$$u = u' + u'' = u_{oc} - R_{eq}i \tag{3-1}$$

可得电路如图 3-12e，戴维南定理得证。

例 3-5　电路如图 3-13a 所示，当 R_L 分别为 2Ω、4Ω、16Ω 时，电流为多少？

解　利用戴维南定理，可以将左边电路看成是一端口网络，等效为电压源与电阻串联，如图 3-13b 所示。

求戴维南等效电路中的等效电阻 R_{eq}，将一端口网络内部独立电源置零，如图 3-13c 所示。

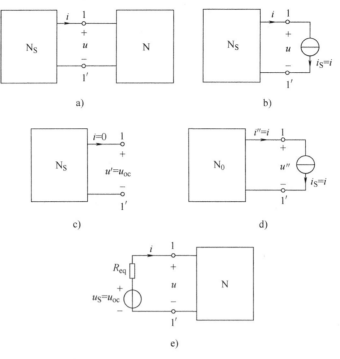

图 3-12　戴维南定理的证明

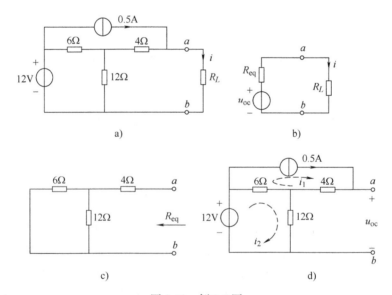

图 3-13　例 3-5 图

$$R_{\mathrm{eq}} = \left(4 + \frac{6 \times 12}{6 + 12} \right) \Omega = 8\Omega$$

求端口处的开路电压 u_{oc}，如图 3-13d 所示。

$$i_1 = 0.5\mathrm{A}$$
$$(6 + 12)i_2 - 6 \times 0.5 = 12$$

解得 $i_2 = \dfrac{5}{6}$A，由 KVL 可得

$$u_{oc} = 4 \times 0.5 + 12 \times i_2 = (2 + 10)\text{V} = 12\text{V}$$

即戴维南等效电路中 $u_{oc} = 12\text{V}$，$R_{eq} = 8\Omega$，则

$$i = \frac{u_{oc}}{R_L + R_{eq}}$$

电阻 R_L 分别为 2Ω、4Ω、16Ω 时，电流分别为 1.2A、1A、0.5A。

在电工与电子技术中，常常要求负载能获得最大功率，这就是最大功率传输问题。可利用戴维南定理将其化成一端口等效电路，如图 3-14 所示，负载电阻 R_L 上所吸收的功率 P_L 为

$$i = \frac{u_{oc}}{R_L + R_{eq}} \tag{3-2}$$

$$P_L = R_L i^2 = \frac{R_L u_{oc}^2}{(R_L + R_{eq})^2} \tag{3-3}$$

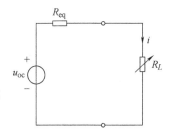

图 3-14 最大功率的传输

欲求吸收功率 P_L 的最大值，则对式（3-3）求导，并令其等于零，即

$$\frac{\mathrm{d}P_L}{\mathrm{d}R_L} = u_{oc}^2 \frac{(R_L + R_{eq})^2 - 2R_L(R_L + R_{eq})}{(R_L + R_{eq})^2} = 0 \tag{3-4}$$

获得最大功率时的条件为

$$R_L = R_{eq} \tag{3-5}$$

获得的最大功率为

$$P_{L\max} = \frac{u_{oc}^2}{4R_{eq}} \tag{3-6}$$

例 3-6　在图 3-15 所示电路中，R_L 为可调电阻，当 R_L 等于多少时，可获得最大功率？当获得最大功率时电压源的效率是多少？

解　先将电路端口 ab 左侧等效为戴维南等效电路如图 3-15b 所示。

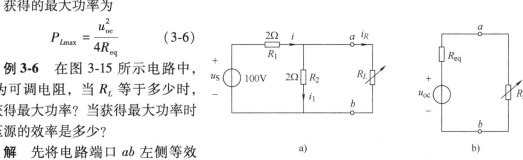

a)　　　　　　　　　　　b)

图 3-15　例 3-6 图

开路电压 u_{oc}

$$u_{oc} = \frac{u_S}{R_1 + R_2}R_2 = \frac{100}{2 + 2} \times 2\text{V} = 50\text{V}$$

戴维南等效电阻 R_{eq}

$$R_{eq} = \frac{R_1 R_2}{R_1 + R_2} = \frac{2 \times 2}{2 + 2}\Omega = 1\Omega$$

当 $R_L = R_{eq} = 1\Omega$ 时，可获得最大功率

$$P_{\max} = \frac{u_{oc}^2}{4R_{eq}} = \frac{50^2}{4 \times 1}\text{W} = 625\text{W}$$

此时，各支路的电流为

$$i = \frac{u_S}{R_1 + \frac{R_2 R_L}{R_2 + R_L}} = \frac{100}{2 + \frac{2 \times 1}{2 + 1}} \mathrm{A} = 37.5\mathrm{A}$$

$$i_1 = \frac{R_2 R_L}{R_2 + R_L} \times \frac{i}{R_2} = \frac{1}{1 + 2} \times 37.5\mathrm{A} = 12.5\mathrm{A}$$

$$i_R = \frac{R_2 R_L}{R_2 + R_L} \times \frac{i}{R_L} = \frac{2}{1 + 2} \times 37.5\mathrm{A} = 25\mathrm{A}$$

一端口网络内部电阻消耗的功率为

$$P = R_1 i^2 + R_2 i_1^2 = (2 \times 37.5^2 + 2 \times 12.5^2)\mathrm{W} = 3125\mathrm{W}$$

一端口网络对 R_L 的传输功率的效率为

$$\eta = \frac{P_{max}}{P + P_{max}} \times 100\% = \frac{625}{3125 + 625} \times 100\% = 16.67\%$$

3.3.2 诺顿定理

诺顿定理可表述为：任何一个含有独立电源、线性电阻和线性受控源的一端口网络，对外电路而言，可以用一个电流源和电阻的并联组合等效替代，电流源的电流等于该一端口网络的短路电流，电阻等于把该一端口网络内部独立电源全部置零后形成无源一端口网络的输入电阻。可用电路如图 3-16 所示，i_{sc} 为一端口网络的短路电流，由其组成的电路称为诺顿等效电路。

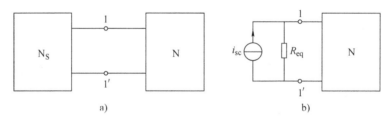

图 3-16 诺顿定理

由图 3-11 和图 3-16 可知，线性一端口的戴维南等效电路和诺顿等效电路满足实际电源模型之间的等效变换关系，即

$$u_{oc} = R_{eq} i_{sc}$$

$$R_{eq} = \frac{u_{oc}}{i_{sc}}$$

等效电阻也可以用这种方法来求解。

注意：一般而言，一端口网络的两种等效电路都存在，但当一端口网络内含有受控源时，其等效电阻有可能等于零，这时戴维南等效电路成为理想电压源，而由于 $R_{eq} = 0(G_{eq} = \infty)$，因此其诺顿等效电路将不存在。如果等效电路电导 $G_{eq} = 0(R_{eq} = \infty)$，则其诺顿等效电路成为理想电流源，而由于 $R_{eq} = \infty$，因而其戴维南等效电路不存在。

例 3-7 如图 3-17 所示，求含源一端口网络的诺顿等效电路。已知 $R_1 = 3\Omega$、$R_2 = 1\Omega$、$i_S = 2\mathrm{A}$，$u_S = 2\mathrm{V}$。

解 先求短路电流 i_{sc}

如图 3-17a 所示，由 KVL 和 KCL 得

$$R_2 i_{sc} + u_S - 2u_1 - u_1 = 0$$
$$u_1 = R_1(i_S - i_{sc})$$

可求出

$$i_{sc} = \frac{3R_1 i_S - u_S}{3R_1 + R_2} = \frac{3 \times 3 \times 2 - 2}{3 \times 3 + 1}A = 1.6A$$

求等效电阻 R_{eq}

根据无源一端口等效电阻定义

$$R_{eq} = \frac{u}{i}$$

外加电压源 u，如图 3-17b 所示。由 KVL 得

$$u = (R_1 + R_2)i + 2u_1$$
$$u_1 = R_1 i$$

求出

$$R_{eq} = \frac{u}{i} = 3R_1 + R_2 = (3 \times 3 + 1)\Omega = 10\Omega$$

则可得到其诺顿等效电路如图 3-17c 所示。

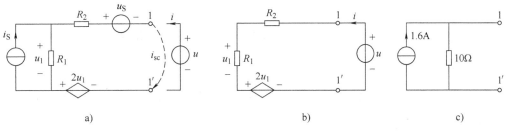

图 3-17 例 3-7 图

3.4 特勒根定理

特勒根定理是电路理论中普遍适用的定理之一。它只与各支路之间的连接有关，而与各支路的内容无关，可用 KVL 和 KCL 导出。

特勒根定理 1 对于任意一个具有 n 个节点和 b 条支路的集总电路，设各支路的电压电流取关联参考方向，分别为 u_k、$i_k(k=1, 2, 3 \cdots b)$，则对任何时间有

$$\sum_{k=1}^{b} u_k i_k = 0$$

式中每一项都是同一条支路上电压和电流的乘积，表示该支路吸收的功率，因而，定理实质上表明了全部支路吸收的功率之和恒等于零，即功率守恒。

特勒根定理 2 对于两个电路，图完全相同，各支路组成元件性质任意，即其拓扑结构完全相同，电路具有 n 个节点和 b 条支路，两个电路对应的各支路和节点的编号相同，它们的支路电压分别为 u_k 和 $\hat{u}_k(k=1, 2, 3 \cdots b)$，支路电流分别为 i_k 和 $\hat{i}_k(k=1, 2, 3 \cdots b)$，且各支路电压和电流取关联参考方向，则对任何时间有

$$\sum_{k=1}^{b} u_k \hat{i}_k = 0$$

$$\sum_{k=1}^{b} \hat{u}_k i_k = 0$$

值得注意的是，两个式子中虽然是电压和电流的乘积，具有功率的量纲，但并不表示任何支路的功率，可称为拟功率，因此有时将特勒根定理 2 也称为 "拟功率定理"。

例 3-8　用通过图 3-18 所示电路验证特勒根定理。

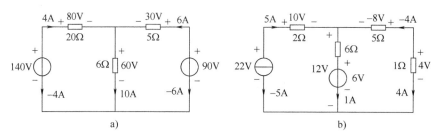

图 3-18　例 3-8 图

解　电路的图完全相同 $n=4$，$b=3$，因此符合特勒根定理的条件。

对于电路图 3-18a 有

$$\sum_{k=1}^{b} u_k i_k = \left[140 \times (-4) + 80 \times 4 + 60 \times 10 + 30 \times 6 + 90 \times (-6) \right] \text{W} = 0$$

对于电路图 3-18b 有

$$\sum_{k=1}^{b} \hat{u}_k \hat{i}_k = \left[22 \times (-5) + 10 \times 5 + 12 \times 1 + (-8) \times (-4) + 4 \times 4 \right] \text{W} = 0$$

特勒根定理 1 得以验证。

同时对于两个电路，电路的图完全相同，因此符合特勒根定理 2 的条件。

$$\sum_{k=1}^{b} u_k \hat{i}_k = \left[140 \times (-5) + 80 \times 5 + 60 \times 1 + 30 \times (-4) + 90 \times 4 \right] \text{W} = 0$$

$$\sum_{k=1}^{b} \hat{u}_k i_k = \left[22 \times (-4) + 10 \times 4 + 12 \times 10 + (-8) \times 6 + 4 \times (-6) \right] \text{W} = 0$$

特勒根定理 2 得以验证。

例 3-9　图 3-19a 所示为无源线性电阻网络 P，输入电压为 10V 时，输入电流为 5A，输出电流为 1A，如果把电源移到输出端，如图 3-19b 所示，同时在输入端接 2Ω 的电阻，求 2Ω 电阻上的电压。

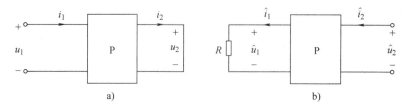

图 3-19　例 3-9 图

解　电路符合特勒根定理。

由 $\displaystyle\sum_{k=1}^{b} u_k \hat{i}_k = 0$，得

$$u_1 \hat{i}_1 + u_2(-\hat{i}_2) + \sum_{k=3}^{b} u_k \hat{i}_k = u_1 \hat{i}_1 + u_2(-\hat{i}_2) + \sum_{k=3}^{b} R_k i_k \hat{i}_k = 0$$

由 $\displaystyle\sum_{k=1}^{b} \hat{u}_k i_k = 0$，得

$$\hat{u}_1(-i_1) + \hat{u}_2 i_2 + \sum_{k=3}^{b} \hat{u}_k i_k = -\hat{u}_1 i_1 + \hat{u}_2 i_2 + \sum_{k=3}^{b} R_k \hat{i}_k i_k = 0$$

$$u_1 = 10\text{V} \quad i_1 = 5\text{A} \quad i_2 = 1\text{A} \quad u_2 = 0\text{V} \quad \hat{u}_2 = 10\text{V}$$

$$\hat{i}_1 = \frac{\hat{u}_1}{R} = \frac{\hat{u}_1}{2}$$

$$\hat{u}_1 \times (-5) + 10 \times 1 = 10 \times \frac{\hat{u}_1}{2} + 0 \times (-\hat{i}_2)$$

得 $$\hat{u}_1 = 1\text{V}$$

应用特勒根定理时要注意方向及正负号问题。

3.5 互易定理

互易定理表明：对一个仅含线性电阻的电路，在单一激励的情况下，当激励和响应互换位置时，不改变同一激励所产生的响应。互易定理有三种形式。

形式1：设图 3-20a、b 两图中 N_R 与 $\hat{N}_R$ 是完全相同的线性电阻网络，则有 $i_2 = \hat{i}_1$。

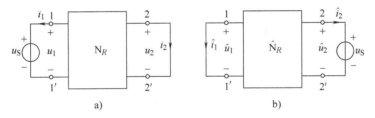

图 3-20 互易定理形式一

形式2：设图 3-21a、b 两图中 N_R 与 $\hat{N}_R$ 是完全相同的线性电阻网络，则有 $\hat{u}_1 = u_2$

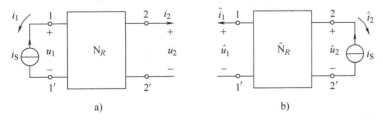

图 3-21 互易定理形式二

形式3：设图 3-22a、b 两图中 N_R 与 $\hat{N}_R$ 是完全相同的线性电阻网络，当 $u_S = i_S$（量值相等）时，则有 $\hat{u}_1 = i_2$（量值相等）。

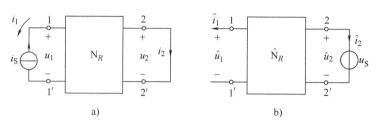

图 3-22　互易定理形式三

互易定理可以用特勒根定理证明。

为了方便和加深对定理的记忆，可做如下表述：

形式 1：在只有一个激励的线性电阻电路中，电压源与电流表互换位置，电流表的读数不变。

形式 2：在只有一个激励的线性电阻电路中，电流源与电压表互换位置，电压表的读数不变。

形式 3：若线性电阻电路中有一个电流源 i_S 和一个电压源 u_S，且 $i_S = u_S$。则 i_S 单独作用时，在电压源置零之后的短路处产生的电流，等于 u_S 单独作用时，在电流源置零之后的开路处的开路电压。

例 3-10　求图 3-23 所示电路中电流表的读数。

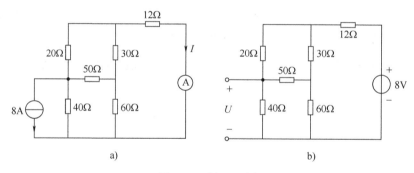

图 3-23　例 3-10 图

解　将图中的电流源移到电流表所在的支路，电路原图中（图 3-23a）只有一个电流源单独作用，因此可以应用互易定理形式 3。

由图可知，该电路中左侧 5 个电阻构成平衡电桥，短接 50Ω 的电阻，则

$$U = \left(\frac{8}{12 + 20 \text{ // } 30 + 40 \text{ // } 60} \right) \times (40 \text{ // } 60) \text{V} = 4\text{V}$$

由互易定理形式 3，原电路图（图 3-23a）中的电流 $I = U$，所以

$$I = 4\text{A}$$

3.6　对偶定理

电路中的变量、元件、结构、定律及分析方法都是成对出现的，这种特性成为电路的对偶性。例如，在电流和电压取得关联参考方向时，电阻 R 的伏安关系是 $u = Ri$，电导 G 的伏安关系是 $i = Gu$，即电压和电流、电阻和电导具有对偶特性。

电路中互为对偶的元素见表 3-1。

表 3-1　互为对偶的元素

变量与元件	原电路	电压	磁链	电阻	电感	电压源	
	对偶电路	电流	电荷	电导	电容	电流源	
定理与定律	原电路	KVL	戴维南定理	互易定理形式1			
	对偶电路	KCL	诺顿定理	互易定理形式2			
结构	原电路	串联	T形	网孔	回路	树支	开路
	对偶电路	并联	π形	结点	割集	连支	短路

对偶定理表述为：电路中某些元素之间的关系用它们的对偶元素对应地置换后所得的新关系、新方程、新电路、新定理等也一定成立。有了对偶定理，当对某一电路进行分析研究并计算它的响应和性质时，若能找到该电路的一种对偶电路，计算出其响应，就可以利用对偶规则，找到该电路的响应和性质。使用对偶定理不仅使求解过程简化，而且在寻找对偶电路和性质时常常会发现或预见到有用的新性质。

根据表 3-1，显然图 3-24a、b 两电路是对偶电路，电阻与电导对偶，电压源与电流源对偶。

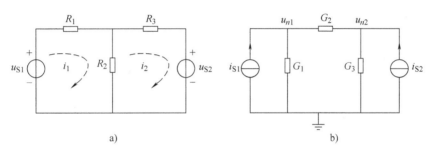

a)　　　　　　　　　　　　　　b)

图 3-24　对偶定理

图 3-24a 的网孔方程为

$$\begin{cases} (R_1 + R_2)i_1 - R_2 i_2 = u_{S1} \\ -R_2 i_1 + (R_2 + R_3)i_2 = -u_{S2} \end{cases}$$

图 3-24b 的结点方程为

$$\begin{cases} (G_1 + G_2)u_{n1} - G_2 u_{n2} = i_{S1} \\ -G_2 u_{n1} + (G_2 + G_3)u_{n2} = -i_{S2} \end{cases}$$

比较两组方程，可看出结点与网孔对偶。

本 章 小 结

本章主要讲述了一系列重要的电路定理，包括叠加定理、替代定理、戴维南定理、诺顿定理、特勒根定理、互易定理和对偶定理。

替代定理的基本内容是：对于任意的线性、非线性电路，若已知某条支路的电压为 u_k，电流为 i_k，则该支路可由电压为 u_k 的理想电压源、电流为 i_k 的理想电流源、阻值为 u_k / i_k 的电阻替代，替代后不会影响电路其他部分的工作状态，电路所包含的全部支路电流和电压的值不变。

叠加定理的基本内容是：对于任意线性电路，若同时有多个独立电源作用，则这些共同作用的独立电源在任一支路上所产生的电压或电流等于每一个独立电源各自单独作用时在该支路上所产生的电压或电流的代数和。

戴维南定理的基本内容是：任何一个线性有源一端口网络，对外电路来说，可以用一个电压源和一个电阻的串联组合等效替代，此电压源的激励电压等于该有源一端口网络的开路电压，等效电阻为该有源一端口网路内部独立电源全部置零后的输入电阻。

诺顿定理的基本内容是：任何一个线性有源一端口网路，对外电路而言，可以用一个电流源和一个电阻的并联组合来等效替代，电流源的大小等于有源一端口网路在端口处的短路电流，电阻等于该有源一端口网路内部独立电源全部置零后的输入电阻。利用戴维南定理可以解决最大功率传输问题。

特勒根定理包括两种形式，即功率定理和拟功率定理。

互易定理是线性电路的重要定理，对于单一激励不含受控源的线性电阻电路，在保持将独立电源置零后电路的拓扑结构不变的条件下，激励和响应互换位置后，响应和激励的比值保持不变。互易定理有三种形式。

对偶定理的基本内容是：电路中的某些元素之间的关系，用它们的对偶元素对应地置换后所得到的新关系也一定成立。

习　　题

3-1　应用叠加定理求图 3-25 所示电路中的 u 和 i。

3-2　采用叠加定理求图 3-26 所示直流电路中的电压 U、电流 I。

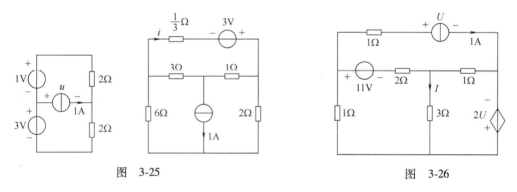

图　3-25　　　　　　　　　　　　　　图　3-26

3-3　图 3-27 所示的图中，网络 N 由电阻组成。当 $u_S = 2V$、$i_S = 1A$ 时，$i = 5A$，当 $u_S = 4V$、$i_S = -2A$ 时，$u = 24V$。试求当 $u_S = 6V$、$i_S = 2A$ 时的电压 u。

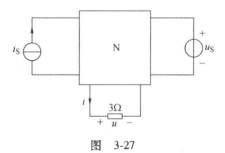

图　3-27

3-4 试求图 3-28 所示电路的戴维南等效电路和诺顿等效电路。

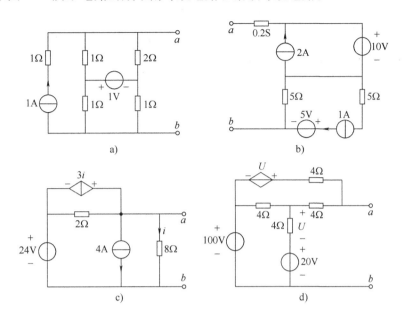

图 3-28

3-5 如图 3-29 所示电路中，R_L 可变，试问 R_L 为多大时，负载获得最大功率? 并求此时最大功率 $P_{\max}$。

3-6 如图 3-30 所示线性含独立电源一端口网络两端短路时，其短路电流 $i_{sc}=2A$，内部电阻消耗功率为 400W。试求:

（1）此一端口网络可向负载提供的最大功率为多少?

（2）此时应接多大的负载电阻?

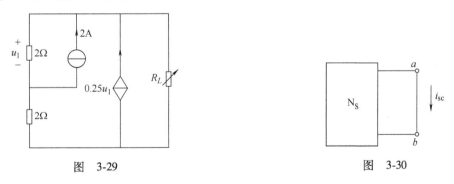

图 3-29   图 3-30

3-7 在图 3-31a、b 所示两个电路中，N 为无源线性电阻网络，求 $\hat{i}_1$。

3-8 在图 3-32a、b 所示两个电路中，N 为无源线性电阻网络，试分别用特勒根定理和互易定理求电压 u。

3-9 在图 3-33a、b 所示两个电路中，N 为一互易网络，已知图 3-33b 所示电路中的 5Ω 电阻吸收的功率为 125W，求 i_{S2}。

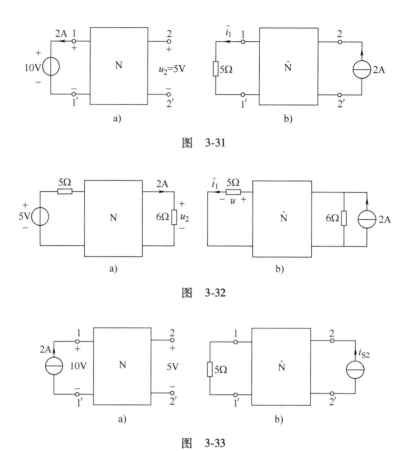

图 3-31

图 3-32

图 3-33

第4章 电容元件和电感元件

■ **内容提要**

许多实际的电路模型不仅包含电阻元件和电源元件，还包括电容元件和电感元件，这两种元件上电压与电流的约束关系是导数和积分关系，我们称其为动态元件。含有动态元件的电路称为动态电路。

本章主要讨论电容元件、电感元件的特性及其伏安关系等内容。

4.1 电容元件

电容元件是一种表征电路元件储存电荷特性的理想元件，简称电容。实际的电容器是在两块金属极板之间充满起绝缘作用的介质，并引出两根端线构成的。如果电容器接上电源，两个极板上将分别聚集起等量的异号电荷，同时建立起一个电场，积聚的电荷越多，所形成的电场就越强，电容元件所存储的电场能也就越大。当外加电源撤离后，极板上的异号电荷由于介质的隔离作用不能中和，电场依然存在。

电容是表示电容元件容纳电荷能力的物理量，其定义为

$$C = \frac{q}{u} \tag{4-1}$$

C 是一个正实数，单位为法拉，可以简称为法（F），除了 F 之外，还有微法（μF）、皮法（pF）等常用单位。

电容元件分为时变和时不变的、线性和非线性的。本章主要讨论线性非时变电容元件。如果在任意时刻的电荷量和电压之间的关系如图 4-1b 所示，是一条过原点的直线，则称此电容元件为线性时不变电容元件。电容的符号如图 4-1a 所示。

线性电容不随电路的 u 和 i 变化，对于线性电容而言，其大小只取决于极板间介质的介电常数 ε、电容极板的正对面积 S 和极板间距 d，即

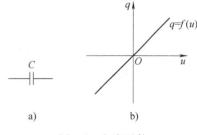

图 4-1 电容元件

$$C = \frac{\varepsilon S}{d}$$

4.1.1 电容元件的伏安关系

根据电流的定义 $i = \frac{dq}{dt}$，而对于电容 $q = Cu$，则有

$$i = C \frac{du}{dt} \tag{4-2}$$

即电容上伏安关系为微分关系，电路中流过电容的电流大小与其两端电压的变化率成正比，电压变化越快，电流越大，而当电压不变时，电流为零。因此，电容具有隔直流通交流的作用。

$$q = \int_{q_1}^{q_2} \mathrm{d}q = q_2 - q_1 = \int_{t_1}^{t_2} i(t)\,\mathrm{d}t$$

$$q_2 = q_1 + \int_{t_1}^{t_2} i(t)\,\mathrm{d}t$$

两边同时除以 C

$$\frac{q_2}{C} = \frac{q_1}{C} + \frac{1}{C}\int_{t_1}^{t_2} i(t)\,\mathrm{d}t$$

$$u(t_2) = u(t_1) + \frac{1}{C}\int_{t_1}^{t_2} i(t)\,\mathrm{d}t$$

取初始时刻 $t_1 = 0$，则有

$$u(t_2) = u(0) + \frac{1}{C}\int_0^{t_2} i(t)\,\mathrm{d}t$$

电容元件某一时刻的电压不仅与该时刻流过电容的电流有关，还与初始时刻的电压高低有关。可见电容是一种电压"记忆"元件。

4.1.2 电容元件的功率

对于任意线性时不变的电容，其功率为

$$p = ui = uC\frac{\mathrm{d}u}{\mathrm{d}t} \tag{4-3}$$

那么从 t_1 到 t_2 时间内，电容元件吸收的电能为

$$w = \int_{t_1}^{t_2} u(\xi)i(\xi)\,\mathrm{d}\xi = \int_{t_1}^{t_2} u(\xi)C\frac{\mathrm{d}u(\xi)}{\mathrm{d}\xi}\,\mathrm{d}\xi = C\int_{u(t_1)}^{u(t_2)} u(\xi)\,\mathrm{d}u(\xi)$$

$$= \frac{1}{2}Cu^2(t_2) - \frac{1}{2}Cu^2(t_1) \tag{4-4}$$

式（4-4）表明，当 $u(t_2) > u(t_1)$ 时，$w > 0$，电容从外部电路吸收能量，为充电过程；反之，当 $u(t_2) < u(t_1)$ 时，$w < 0$，电容向外部电路释放能量，为放电过程。电容可以存储电能，但并没有能量消耗，所以称为储存元件。而电容释放的电能也是取之于电路，它本身并不产生能量，因此，它是一种无源元件。

例 4-1 图 4-2a 中的电容 $C = 0.5\mathrm{F}$，其电流

$$i(t) = \begin{cases} 0 & -\infty < t < 0 \\ 2\mathrm{A} & 0 \leqslant t < 1\mathrm{s} \\ -2\mathrm{A} & 1\mathrm{s} \leqslant t < 2\mathrm{s} \\ 0 & t \geqslant 2\mathrm{s} \end{cases}$$

其波形如图 4-2b 所示，求电容电压、功率和储能。

解 由图 4-1a 所示，电容上电压和电流取为关联参考方向，当 $t < 0$ 时电流恒为 0，所以在 $-\infty < t < 0$ 区间内 $u(t) = 0$，$u(0) = 0$

在 $0 \leqslant t < 1\mathrm{s}$ 区间

$$u(t) = u(0) + \frac{1}{C}\int_0^t 2\mathrm{d}\xi = 4t$$

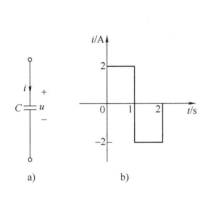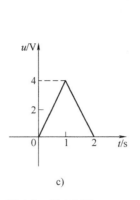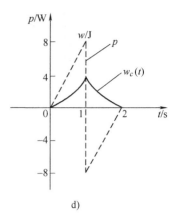

图 4-2　例 4-1 图

在 $1s \leqslant t \leqslant 2s$ 区间

$$u(t) = u(0) + \frac{1}{C}\int_0^1 2\mathrm{d}\xi + \frac{1}{C}\int_1^t (-2)\mathrm{d}\xi = 4(2-t)$$

在 $t>2s$ 区间

$$u(t) = u(0) + \frac{1}{C}\int_0^1 2\mathrm{d}\xi + \frac{1}{C}\int_1^2 (-2)\mathrm{d}\xi + \frac{1}{C}\int_2^t 0\mathrm{d}\xi = 0$$

电压如下：

$$u(t) = \begin{cases} 0 & -\infty < t < 0 \\ 4t\mathrm{A} & 0 \leqslant t \leqslant 1s \\ 4(2-t)\mathrm{A} & 1s < t \leqslant 2s \\ 0 & t > 2s \end{cases}$$

电压波形如图 4-2c 所示。

电容 C 吸收的功率 $p=ui$，可得

$$p(t) = \begin{cases} 8t\mathrm{W} & 0 \leqslant t \leqslant 1s \\ -8(2-t)\mathrm{W} & 1s < t \leqslant 2s \\ 0 & 其余 \end{cases}$$

电容储能 $w_c(t)$，可得

$$w_c(t) = \begin{cases} 4t^2\mathrm{J} & 0 \leqslant t \leqslant 1s \\ 4(2-t)^2\mathrm{J} & 1s < t \leqslant 2s \\ 0 & 其余 \end{cases}$$

波形如图 4-2d 所示。

例 4-2　如图 4-3a 所示电容 $C=1\mathrm{F}$，电容电压的波形图如图 4-3b 所示，试求电容的表达式，并绘出对应波形图。

解　由图 4-3b 列出对应的电压表达式为

$$u(t) = \begin{cases} t-1 & 0 \leqslant t \leqslant 3s \\ -2(t-4) & 3s < t \leqslant 4s \end{cases}$$

根据 $i = C\dfrac{\mathrm{d}u}{\mathrm{d}t}$，即

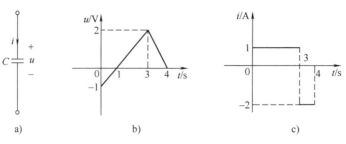

图 4-3　例 4-2 图

$$0 \leqslant t \leqslant 3\mathrm{s},\ u(t) = t - 1,\ i(t) = 1 \times \frac{\mathrm{d}(t-1)}{\mathrm{d}t} = 1\mathrm{A}$$

$$3\mathrm{s} < t \leqslant 4\mathrm{s},\ u(t) = -2(t-4),\ i(t) = 1 \times \frac{\mathrm{d}(-2t+8)}{\mathrm{d}t} = -2\mathrm{A}$$

所以，通过电容的电流为

$$i(t) = \begin{cases} 1\mathrm{A} & 0 \leqslant t \leqslant 3\mathrm{s} \\ -2\mathrm{A} & 3\mathrm{s} < t \leqslant 4\mathrm{s} \end{cases}$$

电容电流对应波形图如图 4-3c 所示。

4.2　电感元件

电感元件是由导线绕制而成的线圈，当线圈中通过电流 i 时，在线圈中就会产生磁通量 Φ，并储存能量，线圈中变化的电流和磁场可使线圈自身产生感应电动势。磁通量与线圈的匝数的乘积 $N\Phi$ 称为磁通链 Ψ，磁通链的单位是韦伯（Wb）。

电感元件也分为时变和非时变的、线性和非线性的，本书只讨论线性非时变的电感元件。

表征电感元件产生磁通、存储磁场能力的参数为电感，用 L 表示。线性非时变的电感元件的外特性是 $\Psi - i$ 平面上一条过原点的直线，如图 4-4b 所示。当规定磁通量 Φ 和磁通链 Ψ 的参考方向与电流 i 的参考方向之间符合右手螺旋关系时，在任一时刻，磁通链与电流的关系为

$$\Psi = Li \qquad (4\text{-}5)$$

式中，L 称为元件的电感，单位是亨（H）。线性非时变的电感元件 L 是正实数，电感及其符号如图 4-4a 所示，既表示电感元件，也表示元件参数。线性电感 L 不随电路的 Ψ 或 i 变化。对于密绕长线圈而言，L 的大小取决于磁导率 μ、线圈匝数 N、线圈截面积 S 及长度 l。

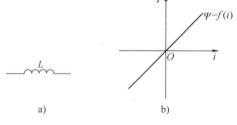

图 4-4　电感元件

4.2.1　电感元件的伏安特性

由楞次定律可知 $u = \dfrac{\mathrm{d}\Psi}{\mathrm{d}t}$，而 $\Psi = Li$，所以电感元件的伏安关系为

$$u = L\frac{\mathrm{d}i}{\mathrm{d}t} \qquad (4\text{-}6)$$

由此表明，电路中电感元件两端的电压与流过它的电流变化率成正比，电流变化越快，电压越高，而当电流不变时，电压为零，电感相当于短路。

由式（4-6）可得

$$i(t_2) = i(t_1) + \frac{1}{L}\int_{t_1}^{t_2} u(t)\,\mathrm{d}t$$

如果取初始时刻 $t_1 = 0$，则有

$$i(t_2) = i(0) + \frac{1}{L}\int_{0}^{t_2} u(t)\,\mathrm{d}t$$

由此可见，电感元件某一时刻流过的电流不仅与该时刻电感两端的电压有关，还与初始时刻的电流大小有关，可见，电感是一种电流"记忆"元件。

4.2.2　电感元件的功率

对于任意线性时不变的电感，其功率为

$$p = ui = Li\frac{\mathrm{d}i}{\mathrm{d}t} \tag{4-7}$$

那么在 t_1 到 t_2 时间内，电感元件吸收的电能为

$$w = \int_{t_1}^{t_2} u(\xi)i(\xi)\,\mathrm{d}\xi = \int_{t_1}^{t_2} i(\xi)L\frac{\mathrm{d}i(\xi)}{\mathrm{d}\xi}\,\mathrm{d}\xi$$

$$= L\int_{u(t_1)}^{u(t_2)} i(\xi)\,\mathrm{d}i(\xi) = \frac{1}{2}Li^2(t_2) - \frac{1}{2}Li^2(t_1) \tag{4-8}$$

式（4-8）表明，当 $i(t_2) > i(t_1)$ 时，$w > 0$，电感从外部电路吸收能量，以磁场的形式储存起来，为充电过程；反之，当 $i(t_2) < i(t_1)$ 时，$w < 0$，电感向外部电路释放能量，为放电过程。电感可以存储电能也是储能元件。而电感释放的电能也是取之于电路，它本身并不产生能量，因此，它是一种无源元件。

例 4-3　图 4-5a 所示电感 $L = 2\mathrm{H}$，电感电压 $u(t)$ 的波形图如图 4-5b 所示，$i(0) = 0$，试求电感上电流的表达式，并绘出对应波形图。

解　由电压的波形图可列出电压的表达式

$$u(t) = \begin{cases} -2 & 0 \leqslant t \leqslant 1\mathrm{s} \\ 0 & 1\mathrm{s} < t \leqslant 2\mathrm{s} \\ 3 & 2\mathrm{s} < t \leqslant 4\mathrm{s} \end{cases}$$

电感电压与电流的关系为

$$i(t_2) = i(t_0) + \frac{1}{L}\int_{t_0}^{t_2} u(\xi)\,\mathrm{d}\xi$$

当 $0 \leqslant t \leqslant 1\mathrm{s}$ 时，

$$i(t) = i(0) + \frac{1}{2}\int_{0}^{t} -2\,\mathrm{d}\xi = -t$$

$$i(1) = -1\mathrm{A}$$

当 $1\mathrm{s} < t \leqslant 2\mathrm{s}$ 时，

$$i(t) = i(1) + \frac{1}{2}\int_{1}^{t} 0\,\mathrm{d}\xi = -1\mathrm{A}$$

$$i(2) = -1A$$

当 2s < t ≤ 4s 时，

$$i(t) = i(2) + \frac{1}{2}\int_2^t 3\mathrm{d}\xi = -1 + 1.5(t-2)$$

$$i(4) = 2A$$

所以电感电流为

$$i(t) = \begin{cases} -t & 0 \leq t \leq 1\mathrm{s} \\ -1 & 1\mathrm{s} < t \leq 2\mathrm{s} \\ -1 + 1.5(t-2) & 2\mathrm{s} < t \leq 4\mathrm{s} \end{cases}$$

电流的波形图如图 4-5c 所示。

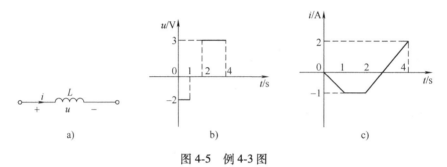

图 4-5　例 4-3 图

4.3　电容、电感元件的串联和并联

4.3.1　电容元件的串联和并联

图 4-6a 是 n 个电容元件串联的电路，流过各电容的电流为同一电流 i。根据电容的伏安关系，有

$$u_1 = \frac{1}{C_1}\int_{-\infty}^t i\mathrm{d}\xi,\ u_2 = \frac{1}{C_2}\int_{-\infty}^t i\mathrm{d}\xi,\ \cdots,\ u_n = \frac{1}{C_n}\int_{-\infty}^t i\mathrm{d}\xi$$

根据 KVL 定理，端口的电压为

$$u = u_1 + u_2 + \cdots + u_n = \left(\frac{1}{C_1} + \frac{1}{C_2} + \cdots + \frac{1}{C_n}\right)\int_{-\infty}^t i\mathrm{d}\xi = \frac{1}{C_{\mathrm{eq}}}\int_{-\infty}^t i\mathrm{d}\xi$$

则有

$$\frac{1}{C_{\mathrm{eq}}} = \frac{1}{C_1} + \frac{1}{C_2} + \cdots + \frac{1}{C_n} = \sum_{k=1}^n \frac{1}{C_k} \tag{4-9}$$

C_{eq} 可称为 n 个电容串联的等效电容，如图 4-6b 所示。

图 4-7a 是 n 个电容并联的电路，各电容的端电压是同一电压 u，根据电容的伏安关系有

$$i_1 = C_1\frac{\mathrm{d}u}{\mathrm{d}t},\ i_2 = C_2\frac{\mathrm{d}u}{\mathrm{d}t},\ \cdots,\ i_n = C_n\frac{\mathrm{d}u}{\mathrm{d}t}$$

根据 KCL 定理，端口的电流为

$$i = i_1 + i_2 + \cdots + i_n = (C_1 + C_2 + \cdots + C_n)\frac{\mathrm{d}u}{\mathrm{d}t} = C_{\mathrm{eq}}\frac{\mathrm{d}u}{\mathrm{d}t}$$

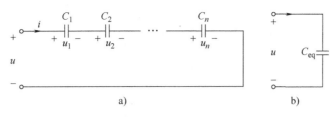

图 4-6 电容串联

则有

$$C_{eq} = C_1 + C_2 + \cdots + C_n = \sum_{k=1}^{n} C_k \tag{4-10}$$

C_{eq} 可称为 n 个电容并联的等效电容，如图 4-7b 所示。

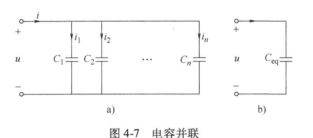

图 4-7 电容并联

4.3.2 电感元件的串联和并联

如图 4-8a 所示是 n 个电感元件串联的电路，流过各电感的电流为同一电流 i，根据电感的伏安关系 $u = L \dfrac{\mathrm{d}i}{\mathrm{d}t}$，再根据 KVL 定律，可求得 n 个电感串联的等效电感为

$$L_{eq} = L_1 + L_2 + \cdots + L_n = \sum_{k=1}^{n} L_k \tag{4-11}$$

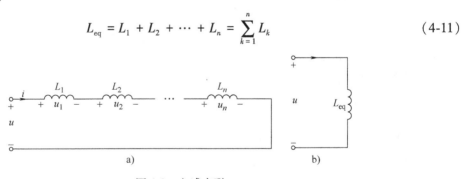

图 4-8 电感串联

如图 4-9a 所示是 n 个电感并联的电路，各电感的端电压是同一电压 u，根据电感的伏安关系和 KCL 定律，可求得 n 个电感并联的等效电感为

$$\frac{1}{L_{eq}} = \frac{1}{L_1} + \frac{1}{L_2} + \cdots + \frac{1}{L_n} = \sum_{k=1}^{n} \frac{1}{L_k} \tag{4-12}$$

本 章 小 结

本章主要讲解了动态元件电感和电容，讨论其在电路中电流与电压之间的约束关系，描述

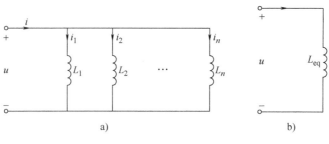

图 4-9　电感并联

了这两种元件功率和能量的表达式，说明其储能的特性；同时根据基尔霍夫电流与电压定律导出了两种元件的串联和并联关系即等效电感和等效电容的解法。

电容元件的伏安关系为

$$i = C \frac{\mathrm{d}u}{\mathrm{d}t}$$

在 t_1 到 t_2 时间内，电容元件吸收的电能为

$$w = \frac{1}{2} C u^2(t_2) - \frac{1}{2} C u^2(t_1)$$

电感元件的伏安关系为

$$u = L \frac{\mathrm{d}i}{\mathrm{d}t}$$

在 t_1 到 t_2 时间内，电感元件吸收的电能为

$$w = \frac{1}{2} L i^2(t_2) - \frac{1}{2} L i^2(t_1)$$

n 个电容串联则有

$$\frac{1}{C_{\mathrm{eq}}} = \frac{1}{C_1} + \frac{1}{C_2} + \cdots + \frac{1}{C_n} = \sum_{k=1}^{n} \frac{1}{C_k}$$

C_{eq} 可称为 n 个电容串联的等效电容。

n 个电容并联则有

$$C_{\mathrm{eq}} = C_1 + C_2 + \cdots + C_n = \sum_{k=1}^{n} C_k$$

C_{eq} 可称为 n 个电容并联的等效电容。

n 个电感串联的等效电感为

$$L_{\mathrm{eq}} = L_1 + L_2 + \cdots + L_n = \sum_{k=1}^{n} L_k$$

n 个电感并联的等效电感为

$$\frac{1}{L_{\mathrm{eq}}} = \frac{1}{L_1} + \frac{1}{L_2} + \cdots + \frac{1}{L_n} = \sum_{k=1}^{n} \frac{1}{L_k}$$

习　题

4-1　如图 4-10 所示，写出元件两端的电压 u 与电流 i 之间的约束方程。

4-2　图 4-11 中电容 $C = 2\mu\mathrm{F}$，所加的电压波形如图 4-11b 所示，求电流 i 和功率 p。

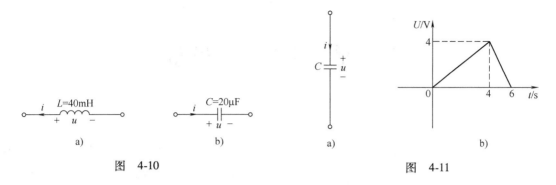

图 4-10　　　　　　　　　　　　　　　　图 4-11

4-3　已知图 4-12 中电感 $L = 0.2\text{H}$，流过该电感的电流为 $i = 4\sin(100t)\text{A}$ 并且 $t \geq 0$，求其端电压 u。

4-4　有一电容，其电流电压为关联参考方向。如其两端电压 $u = 4\cos(2t)\text{V}$ 并且 $-\infty < t < \infty$，求：

（1）电流 i，粗略画出电压和电流的波形。

（2）电容的最大储能是多少？

4-5　电路如图 4-13 所示，求图中端口的等效电感。

4-6　电路如图 4-14 所示，$C = 10\mu\text{F}$，求图中端口的等效电容。

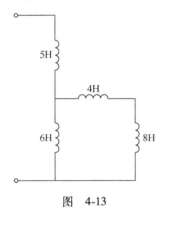

图 4-13

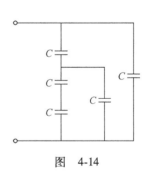

图 4-14

第 5 章　正弦稳态电路

■内容提要

正弦交流电路分析的基础知识主要涉及正弦量的特征和各种表示方法。本章重点介绍正弦量的相量表示法、正弦电流电路中三个无源元件的特征、基尔霍夫定律的相量形式和相量法的基本概念。

5.1　正弦量

在直流电路中，电压和电流的大小、方向都不随时间变化。如果电路中电压和电流随时间作周期性变化，且在一周期内的平均值为零，则称这种电路为交流电路。若电压和电流的波形随时间按正弦函数变化，则称这种电路为正弦交流电路。在电路中凡是随时间按正弦规律变化的电流、电压等都称为正弦量。

正弦交流电的波形如图 5-1a 所示，其电压 u 与电流 i 的参考方向如图 5-1b、c 实线所示。在正弦交流电的正半周，电压 u 与电流 i 的参考方向与实际方向相同，图 5-1b 中虚线所示；在正弦交流电的负半周，电压 u 与电流 i 的参考方向与实际方向相反，图 5-1c 中虚线所示。

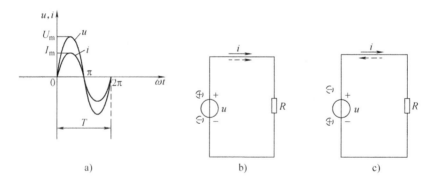

图 5-1　正弦交流电的波形及其电流参考方向

正弦交流电的电压 u 、电流 i 可用正弦函数也可以用余弦函数表示，本书中用正弦函数表示为

$$\begin{cases} u = U_{m}\sin\left(\omega t + \varphi_{u}\right) \\ i = I_{m}\sin\left(\omega t + \varphi_{i}\right) \end{cases} \tag{5-1}$$

5.1.1　正弦量的三要素

以 u 为例，U_{m} 表示正弦量最大的瞬时值，称为最大值或幅值，ω 称为正弦量的角频率，φ_{u} 称为正弦量的初相位，正弦量的实际变化规律由幅值、角频率和初相位确定，故称这 3 个量为正弦量的三要素，常用三角函数和波形图来表示正弦量。

1. 周期和频率

正弦量完成一个循环变化的时间称为该正弦量的周期，用 T 表示，单位为秒（s）。正弦量在单位时间内循环变化的次数称为频率，用 f 表示，单位为赫兹（Hz）。周期和频率互为倒数，即 $f = \dfrac{1}{T}$，角频率 ω 的单位为（rad/s），角频率 ω 和频率 f 之间的关系为 $\omega = \dfrac{2\pi}{T} = 2\pi f$。

我国电力网所供给的交流电的标准频率（简称工频）是 $f = 50\text{Hz}$，美国电力网频率为 60Hz，日本电力网频率同时存在 50Hz 和 60Hz。

2. 幅值

正弦量在任一瞬间的值称为瞬时值，用小写字母来表示，如用 u 和 i 分别表示电压和电流的瞬时值。瞬时值中的最大值称为幅值或最大值，一般用大写字母带下标"m"表示，如 U_m、I_m 和 E_m 等，反映正弦量变化幅度的大小。

3. 相位角和初相位

在振幅确定的情况下，正弦量的瞬时值由辐角 $\omega t + \varphi$ 决定，即 $\omega t + \varphi$ 决定着正弦量变化的进程，称为相位角，简称相位。$\omega t + \varphi$ 中的 φ 是 $t = 0$ 时的相位角，称为初相位，简称初相。

φ 的角度范围规定为 $-\pi \leqslant \varphi \leqslant \pi$。振幅、角频率（频率）和初相位这三要素可唯一确定一个正弦量。

5.1.2　正弦量的相位差

两个同频率的正弦量的相位之差称为它们的相位差。例如，$u_1 = U_\text{m}\sin(\omega t + \varphi_1)$，$u_2 = U_\text{m}\sin(\omega t + \varphi_2)$，则 u_1 与 u_2 的相位差为

$$\varphi_{12} = (\omega t + \varphi_1) - (\omega t + \varphi_2) = \varphi_1 - \varphi_2$$

上式表示两个同频率正弦量的相位差 φ_{12} 即为它们的初相位之差 $\varphi_1 - \varphi_2$。相位差的主值范围也为 $|\varphi_{12}| \leqslant 180°$。可以通过计算 φ_{12} 的正负来判断两个同频正弦量的相位关系。

若 $\varphi_{12} > 0$，则 u_1 超前 u_2；若 $\varphi_{12} < 0$，则 u_1 滞后 u_2；若 $\varphi_{12} = 0$，则 u_1 与 u_2 同相，当 $\varphi_{12} = \pm\dfrac{\pi}{2}$ 时，u_1 与 u_2 正交，当 $\varphi_{12} = \pm\pi$ 时，u_1 与 u_2 反相。

5.1.3　正弦电流、电压的有效值

由于交流电的大小、方向随时间变化，瞬时值表达式描述的只是某一瞬间的数值，实际测量瞬时值的大小不方便，在电路中需要研究它们的平均效果。因此，引入了有效值的概念。

正弦交流电流的有效值定义为：让正弦交流电流 i 和一直流电流 I 分别通过同一电阻 R，如果在同一周期 T 内所产生的热量相等，那么这个直流电流 I 的数值就称为交流电流 i 的有效值。由此定义有

$$I^2 RT = \int_0^T i^2(t) R\mathrm{d}t$$

交流电的有效值为

$$I = \sqrt{\frac{1}{T}\int_0^T i^2(t)\,\mathrm{d}t} \tag{5-2}$$

正弦交流电流为 $i(t) = I_\text{m}\sin(\omega t + \varphi_i)$，将其代入式（5-2）中，有效值为

$$I = \sqrt{\frac{1}{T}\int_0^T I_\text{m}^2 \sin^2(\omega t + \varphi_i)\,\mathrm{d}t}$$

因为
$$\int_0^T \sin^2(\omega t + \varphi_i)\mathrm{d}t = \int_0^T \frac{1 - \cos 2(\omega t + \varphi_i)}{2}\mathrm{d}t = \frac{1}{2}T$$

由此得出有效值和最大值关系为

$$I = \sqrt{\frac{1}{T}I_{\mathrm{m}}^2 \cdot \frac{T}{2}} = \frac{I_{\mathrm{m}}}{\sqrt{2}} = 0.707I_{\mathrm{m}} \text{ 或 } I_{\mathrm{m}} = \sqrt{2}I \qquad (5-3)$$

同理
$$U = \frac{U_{\mathrm{m}}}{\sqrt{2}} = 0.707U_{\mathrm{m}}$$

可见，正弦量的最大值与有效值之间存在着 $\sqrt{2}$ 倍的关系。例如，在我国日常生活中使用的电压 220V 是指有效值，其幅值（最大值）为 $220\sqrt{2}\,\mathrm{V} \approx 311\mathrm{V}$ 。

工程上说的正弦电压、电流一般指有效值，如设备铭牌额定值、电网的电压等级等，但绝缘水平、耐压值指的是最大值。因此，在考虑电气设备的耐压水平时应按最大值考虑。

5.2 正弦量的相量表示法

在对激励为正弦交流电的电路进行稳态分析时，经常遇到正弦信号的代数运算和微分、积分运算。利用三角函数关系进行计算，是以时间为自变量来分析激励和响应的关系，称为时域分析法，显然比较繁杂。一般工程中广泛采用相量法来分析正弦电流电路，不仅可以大大地简化运算，还可以将瞬时值的微分方程变为相量的代数方程，使电路方程的求解变得更容易。相量法是以复数运算为基础的，故先介绍有关复数的概念。

5.2.1 复数及其运算

1. 复数的表示形式

1）代数形式：$A = a + \mathrm{j}b$ ，式中，a 为复数的实部，b 为复数的虚部。

2）三角函数形式：$A = |A|(\cos\varphi + \mathrm{j}\sin\varphi)$ ，式中，$|A| = \sqrt{a^2 + b^2}$ 称为复数 A 的模（或幅值），为正值。$\varphi = \arctan\dfrac{b}{a}$ 称为复数 A 的辐角。

3）指数形式：根据欧拉公式 $\mathrm{e}^{\mathrm{j}\varphi} = \cos\varphi + \mathrm{j}\sin\varphi$ ，复数的三角函数形式又可以变换成为指数形式 $A = |A|\mathrm{e}^{\mathrm{j}\varphi}$ 。

4）极坐标形式：$A = |A|\angle\varphi$ 。

5）矢量图形式：复数可以用复平面上的有向线段来表示，如图 5-2 所示。

2. 复数的运算

设有两个复数，即

$$A_1 = a_1 + \mathrm{j}b_1 = |A_1|\mathrm{e}^{\mathrm{j}\varphi_1} = |A_1|\angle\varphi_1$$
$$A_2 = a_2 + \mathrm{j}b_2 = |A_2|\mathrm{e}^{\mathrm{j}\varphi_2} = |A_2|\angle\varphi_2$$

（1）复数的加法和减法

复数的相加或相减就是把它们的实部和虚部分别相加或相减，例如

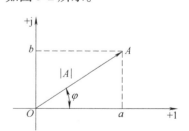

图 5-2 复数的相量表示

$$A_1 \pm A_2 = (a_1 \pm a_2) + j(b_1 \pm b_2)$$

复数的加法、减法也可以在复平面上表示，如图 5-3a 所示。

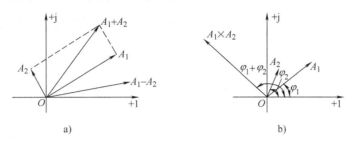

a)　　　　　　　　　　　　　　　　b)

图 5-3　复数的加法、减法和乘法

（2）复数的乘法和除法

复数的乘法运算用极坐标或指数形式比较方便。例如：

$$A_1 \times A_2 = |A_1| e^{j\varphi_1} \times |A_2| e^{j\varphi_2} = |A_1| \times |A_2| e^{j(\varphi_1 + \varphi_2)}$$

$$A_1 \times A_2 = |A_1| \angle \varphi_1 \times |A_2| \angle \varphi_2 = |A_1| \times |A_2| \angle (\varphi_1 + \varphi_2)$$

两个复数相乘也可以在复平面上用相量乘法求得，如图 5-3b 所示。复数的除法也采用极坐标或指数形式，复数相除时，其模相除，辐角相减。例如：

$$\frac{A_1}{A_2} = \frac{|A_1| \angle \varphi_1}{|A_2| \angle \varphi_2} = \frac{|A_1|}{|A_2|} \angle (\varphi_1 - \varphi_2)$$

$$\frac{A_1}{A_2} = \frac{|A_1| e^{j\varphi_1}}{|A_2| e^{j\varphi_2}} = \frac{|A_1|}{|A_2|} e^{j(\varphi_1 - \varphi_2)}$$

复数 $e^{j\varphi} = 1 \angle \varphi$ 是一个模等于 1 而辐角为 φ 的复数。任意复数 $A = |A| e^{j\varphi}$ 乘以 $e^{j\varphi} = 1 \angle \varphi$ 等于把复数 A 在复平面上向逆时针方向旋转一个角度 φ 而 A 的模不变。所以称为旋转因子。

由欧拉公式可以得出 $e^{j\frac{\pi}{2}} = j$，$e^{-j\frac{\pi}{2}} = -j$，$e^{j\pi} = -1$，$e^{j0°} = 1$。因此，都可以看作是旋转因子。例如，一个复数乘以 j 就等于将这个复数在复平面上向逆时针方向旋转 $\frac{\pi}{2}$。一个复数乘以 $-j$（即一个复数除以 j）就等于将这个复数在复平面上向顺时针方向旋转 $\frac{\pi}{2}$。

5.2.2　正弦量的相量表示

在线性定常电路中，如果全部激励都是同一频率的正弦量，则电路中的全部稳态响应也都是同一频率的正弦量，这意味着所求稳态响应的频率为已知量，不必再考虑。即只要求出电压、电流的最大值（或有效值）和初相位，则相应正弦量便完全确定。就是把正弦量用相量这一特殊形式的复数表示，从而将正弦量的计算转化为复数的计算。

设一正弦电压为 　　　　　　　　$u = U_m \sin(\omega t + \varphi)$

根据欧拉公式 $e^{j\theta} = \cos\theta + j\sin\theta$，令 $\omega t + \varphi = \theta$，则有

$$U_m e^{j(\omega t + \varphi)} = U_m \cos(\omega t + \varphi) + j U_m \sin(\omega t + \varphi)$$

于是有

$$u = U_m \sin(\omega t + \varphi) = U_m e^{j(\omega t + \varphi)} = U_m e^{j\omega t} e^{j\varphi}$$

式中，$U_m e^{j\varphi}$ 是一复数，其模是正弦量的振幅，辐角是正弦量的初相位，即该复数包含了一个正

弦量的两个要素，这一复数称为相量，用上面带点的大写字母表示，即

$$\dot{U}_{\mathrm{m}} = U_{\mathrm{m}} \mathrm{e}^{\mathrm{j}\varphi} = U_{\mathrm{m}} \angle \varphi \tag{5-4}$$

相量 $\dot{U}_{\mathrm{m}}$ 中的模是正弦量的振幅，称为幅值相量。相量的模也可用正弦电压（电流）的有效值，这种相量称为有效值相量。比如电压有效值相量为

$$\dot{U} = U \mathrm{e}^{\mathrm{j}\varphi} = U \angle \varphi \ 或 \ \dot{U}_{\mathrm{m}} = \sqrt{2} U \mathrm{e}^{\mathrm{j}\varphi} = \sqrt{2} U \angle \varphi$$

需要注意的是，正弦量与相量的这种关系是变换关系或对应关系，而不是相等关系，不能认为相量等于正弦量。

5.2.3 相量图

相量是一复数，因此相量可以用复平面上的有向线段来表示。相量在复平面上的图形称为相量图，如图 5-4 所示。它是按正弦量的大小和相位用初始值在复平面上画出的有向线段。如果几个同频率的正弦量在同一复平面上用其图形表示出来，就能形象地看出各个正弦量的大小和相互间的相位关系。

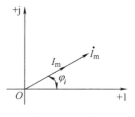

图 5-4　相量图

5.3　电路定律的相量形式

5.3.1　基尔霍夫定律的相量形式

正弦稳态电路（也称正弦电流电路）中各电压、电流变量均为同频率的正弦量，所以由 KCL 及 KVL 的时域形式通过相量法可以转化为相量形式。

$$\sum \dot{I} = \mathbf{0}, \ \sum \dot{U} = \mathbf{0} \tag{5-5}$$

所以，KCL、KVL 的相量形式与其时域形式一致。即对于结点，电流相量的相量和为零；对于回路，电压相量的相量和为零。

5.3.2　R、L、C 元件的相量形式

1. 电阻

（1）电阻元件伏安关系式的相量形式

在正弦稳态电路中，设通过电阻元件的电流为 $i_R = \sqrt{2} I_R \sin(\omega t + \varphi_i)$，在图 5-5a 所示的参考方向下

$$u_R = R i_R = R \sqrt{2} I_R \sin(\omega t + \varphi_i)$$

将 i_R 和 u_R 均表示为相量，有

$$\dot{I}_R = I_R \angle \varphi_i$$

得

$$\dot{U}_R = R I_R \angle \varphi_i = R \dot{I}_R \tag{5-6}$$

上式即为电阻元件伏安关系式的相量形式，电阻元件对应于相量的电路模型如图 5-5b 所示。

由式（5-6）可得如下几点结论：

1）电阻元件的电压相量、电流相量满足欧姆定律。

2）电压、电流的有效值也满足欧姆定律，即 $U_R = R I_R$

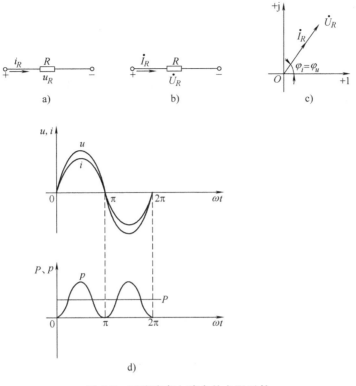

图 5-5　正弦稳态电路中的电阻元件

3）电阻电压的相位等于电阻电流的相位，即 $\varphi_i = \varphi_u$

这表明 u_R 和 i_R 的相位差为零，两者同相位。u_R 和 i_R 的相量图如图 5-5c 所示。

（2）电阻元件的功率

1）瞬时功率：在正弦稳态情况下，电阻元件的瞬时功率为

$$p_R = u_R i_R = \sqrt{2}\,U_R\sin(\omega t + \varphi) \times \sqrt{2}\,I_R\sin(\omega t + \varphi)$$
$$= UI[\,1 - \cos2(\omega t + \varphi)\,] \tag{5-7}$$

由于 $\cos2(\omega t + \varphi) \leqslant 1$，则必有 $p_R \geqslant 0$，这表明在正弦稳态电路中电阻元件总是吸收能量的，它是一纯耗能元件。不难得知，曲线位于一、二象限，即处于横轴的上方。如图 5-5d 所示。

2）平均功率：将周期性电量的瞬时功率在一个周期里的平均值定义为平均功率，也称有功功率，单位为 W（瓦），并用大写字母 P 表示。

电阻的平均功率为

$$P = \frac{1}{T}\int_0^T p_R \mathrm{d}t = \frac{1}{T}\int_0^T UI[\,1 - \cos2(\omega t + \varphi)\,]\mathrm{d}t$$
$$= \frac{1}{T}\int_0^T UI\mathrm{d}t - \frac{1}{T}\int_0^T UI\cos2(\omega t + \varphi)\mathrm{d}t = UI = \frac{U^2}{R} = I^2 R \tag{5-8}$$

2. 电感

（1）电感元件伏安关系式的相量形式

在正弦稳态电路中，设通过电感元件的电流为 $i_L = \sqrt{2}\,I_L\sin(\omega t + \varphi_i)$，在图 5-6a 所示的参

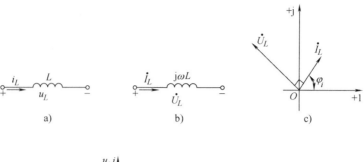

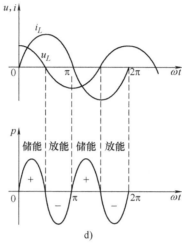

图 5-6   正弦稳态电路中的电感元件

考方向下，电感的端电压为

$$u_L = L\frac{\mathrm{d}i_L}{\mathrm{d}t} = \sqrt{2}\,\omega L I_L \cos(\omega t + \varphi_i) = \sqrt{2}\,\omega L I_L \sin(\omega t + \varphi_i + 90°)$$

将 i_L 和 u_L 分别表示为相量，有 $\dot{I}_L = I_L \angle \varphi_i$

$$\dot{U}_L = \omega L I_L \angle(\varphi_i + 90°) = \mathrm{j}\omega L I_L \angle \varphi_i = \mathrm{j}\omega L \dot{I}_L$$

令 $X_L = \omega L$，称为感抗，单位为 Ω，则 $\dot{U}_L = \mathrm{j}X_L\dot{I}_L$，即为电感元件伏安关系式的相量形式，电感元件对应的相量电路模型如图 5-6b 所示。

由 $\dot{U}_L = \mathrm{j}X_L\dot{I}_L$ 可得如下几点结论：

1）$U_L = X_L I_L$

2）电感元件的电压和电流相位不同，两者的初相位的关系为

$$\varphi_u = \varphi_i + 90°$$

即电感电压相量超前于电流相量 $90°$。$\dot{I}_L$ 和 $\dot{U}_L$ 的相量图如图 5-6c 所示。

3）$X_L = \omega L$ 是电路频率的函数，对于同一电感元件，当频率不同时，有不同的感抗值。当 $\omega \to \infty$ 时，$X_L \to \infty$，即电感此时在电路中相当于开路；当 $\omega \to 0$ 时，$X_L \to 0$，即在直流电路中，电感元件相当于短路。

（2）电感元件的功率

1）瞬时功率：在正弦稳态情况下，电感元件的瞬时功率为

$$p_L = u_L i_L = \sqrt{2}\,U_L \sin(\omega t + \varphi_i + 90°) \times \sqrt{2}\,I_R \sin(\omega t + \varphi_i)$$
$$= U_L I_L \sin 2(\omega t + \varphi_i) \tag{5-9}$$

可见，p_L 按正弦规律变化，其频率是电源频率的两倍。在电流一个周期内，p_L 正负交替变化两次，且正半周和负半周的面积相等。当 $p_L > 0$ 时，电感元件 L 从电源吸收能量；当 $p_L < 0$ 时，电感元件 L 向电源输送能量。这表明电感元件 L 在一段时间内从电源吸取能量并储存起来，在另一段时间内又把储存的能量全部返送至电源，这种现象称为能量交换，如图 5-6d 所示。

2）有功功率：电感元件的有功功率为

$$P_L = \frac{1}{T}\int_0^T p\,\mathrm{d}t = \frac{1}{T}\int_0^T U_L I_L \sin 2(\omega t + \varphi_i)\,\mathrm{d}t = 0 \tag{5-10}$$

这表明电感元件不消耗能量，即没有功率损耗。

3）无功功率：储能元件瞬时功率的最大值称为无功功率，它反映的是能量交换的最大值。无功功率用大写字母 Q 表示，单位为乏（var），电感元件的无功功率为

$$Q_L = U_L I_L = I_L^2 X_L = \frac{U_L^2}{X_L} \tag{5-11}$$

需要说明的是，无功功率并非是"无用"的功，这是相对于"有功"而言的。它是许多电器正常工作所必需的，如电机运行时建立磁场，因而需要无功功率。

3. 电容

（1）电容元件伏安关系式的相量形式

在正弦稳态电路中，设电容元件两端的电压为 $u_C = \sqrt{2}\,U_C \sin(\omega t + \varphi_u)$

如图 5-7a 所示，电容电流为

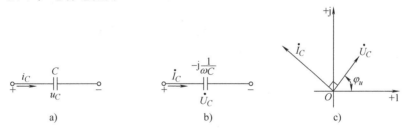

a)　　　　　　　b)　　　　　　　c)

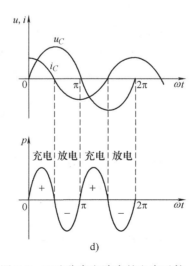

d)

图 5-7　正弦稳态电路中的电容元件

$$i_C = C \frac{\mathrm{d}u_C}{\mathrm{d}t} = \sqrt{2}\,\omega C U_C \cos(\omega t + \varphi_u) = \sqrt{2}\,\omega C U_C \sin(\omega t + \varphi_u + 90°)$$

$$= \sqrt{2}\,I_C \sin(\omega t + \varphi_i)$$

将 i_C 和 u_C 均用相量表示，有 $\dot{U}_C = U_C \angle \varphi_u$

$$\dot{I}_C = I_C \angle \varphi_i = \omega C U_C \angle (\varphi_u + 90°) = \mathrm{j}\omega C \dot{U}_C$$

或

$$\frac{\dot{U}_C}{\dot{I}_C} = -\,\mathrm{j}\,\frac{1}{\omega C}$$

令 $X_C = \dfrac{1}{\omega C}$，称为容抗，其单位为 Ω，则有 $\dfrac{\dot{U}_C}{\dot{I}_C} = -\mathrm{j}X_C$，即为电容元件的伏安关系式的相量形式，相量形式的电容元件的电路模型如图 5-7b 所示。

由 $\dfrac{\dot{U}_C}{\dot{I}_C} = -\mathrm{j}X_C$ 可有如下结论：

1）有效值 U_C 和 I_C 之间满足 $\quad \dfrac{U_C}{I_C} = X_C$

2）i_C 和 u_C 初相位之间的关系为 $\varphi_i = \varphi_u + 90°$

表明电容电流超前电压 90°。$\dot{I}_C$ 和 $\dot{U}_C$ 的相量图如图 5-7c 所示。

3）容抗 $X_C = \dfrac{1}{\omega C}$ 是电路频率的函数，且和频率成反比。对于同一电容元件，当频率不同时，有不同的容抗值。当 $\omega \to \infty$ 时，$X_C = 0$，即电容此时在电路中相当于短路；当 $\omega \to 0$ 时 $X_L \to \infty$，即在直流电路中，电容元件相当于开路。

（2）电容元件的功率

1）瞬时功率：在正弦稳态情况下，电容元件的瞬时功率为

$$\begin{aligned} p_C = u_C i_C &= \sqrt{2}\,U_C \sin(\omega t + \varphi_u) \times \sqrt{2}\,I_C \sin(\omega t + \varphi_u + 90°) \\ &= U_C I_C \sin 2(\omega t + \varphi_u) \end{aligned} \tag{5-12}$$

可见，p_C 按正弦规律变化，其频率是电源的两倍。当 $p_C > 0$ 时，电容元件 C 从电源吸取能量并储存；当 $p_C < 0$ 时，电容元件 C 把储存的能量返送至电源，这种现象称为能量交换，在电流或电压的一个周期内，电容和电源间将出现两次能量交换。如图 5-7d 所示。

2）有功功率（平均功率）：电容元件的有功功率为 $P_C = \dfrac{1}{T} \displaystyle\int_0^T p_C \mathrm{d}t = 0$，这表明电容元件不消耗能量，电容是非耗能元件。

3）无功功率：瞬时功率最大值的负值称为电容元件的无功功率，它反映的是电容元件进行能量交换的最大速率。无功功率用大写字母 Q 表示，单位为乏（var），电容元件的无功功率为

$$Q_C = -U_C I_C = -I_C{}^2 X_C = -\frac{U_C^2}{X_C} \tag{5-13}$$

无功功率是电容中建立电场所必需的。

5.4　阻抗、导纳的串联和并联

运用相量法分析正弦交流电路时，需要应用阻抗和导纳的概念，下面分别加以介绍。

5.4.1　阻抗和导纳

1. 阻抗

图 5-8a 是一个不含独立源的线性一端口网络。当它在正弦激励下处于稳定状态时，端口的电压、电流一定是同频率的正弦量。应用相量法，端口的电压相量与电流相量的比值定义为该一端口的等效阻抗，即

$$Z = \frac{\dot{U}}{\dot{I}} = \frac{U}{I} \angle \varphi_u - \varphi_i = |Z| \angle \varphi_Z \tag{5-14}$$

可见，Z 是一个复数，也称为复阻抗，其图形和符号如图 5-8b 所示。式（5-14）中 $|Z|$ 是阻抗的模，φ_Z 是阻抗角，显然

$$|Z| = \frac{U}{I} , \quad \varphi_Z = \varphi_u - \varphi_i$$

阻抗的代数形式为

$$Z = R + jX \tag{5-15}$$

式中，实部 $R = |Z|\cos\varphi_Z$，称为电阻，虚部 $X = |Z|\sin\varphi_Z$，称为电抗。R、X 和 $|Z|$ 之间的数值关系可以用一个直角三角形来表示，称为阻抗三角形，如图 5-8c 所示。阻抗的两种表达形式可以相互转换，即

$$|Z| = \sqrt{R^2 + X^2} \quad , \quad \varphi_Z = \arctan\frac{X}{R}$$

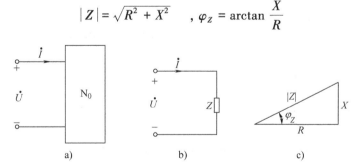

图 5-8　一端口网络的阻抗

如果一端口网络内部分别是电阻 R、电感 L 或电容 C，则对应的阻抗分别为 $Z_R = R$，$Z_L = j\omega L = jX_L$，$Z_C = \frac{1}{j\omega C} = -jX_C$，则所有 R、L、C 元件约束可以统一为 $\dot{U} = Z\dot{I}$。

2. 导纳

阻抗的倒数定义为导纳，用 Y 表示；也可以将无源一端口网络电流相量 $\dot{I}$ 和电压相量 $\dot{U}$ 之比定义为该网络的导纳 Y，即

$$Y = \frac{1}{Z} = \frac{\dot{I}}{\dot{U}} \tag{5-16}$$

因此有
$$Y = \frac{I}{U} \angle \varphi_i - \varphi_u = |Y| \angle \varphi_Y$$

Y 也被称为复导纳，Y 的幅值 $|Y|$ 称为导纳模，辐角 φ_Y 称为导纳角。

显然
$$|Y| = \frac{I}{U} \qquad \varphi_Y = \varphi_i - \varphi_u$$

导纳还可以表示为代数形式 $Y = G + jB$。其实部为 G，称为电导；虚部为 B，称为电纳。这样

$$|Y| = \sqrt{G^2 + B^2}, \qquad \varphi_Y = \arctan\frac{B}{G}$$

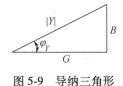

G、B、$|Y|$ 之间的关系可构成一个三角形，称为导纳三角形，如图 5-9 所示。

图 5-9 导纳三角形

5.4.2 R、L、C 的串联和并联

1. RLC 串联

如果一端口内部是 RLC 串联电路，如图 5-10a 所示，根据 KVL，可得

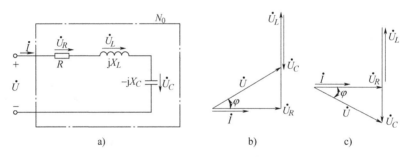

图 5-10 RLC 串联电路的阻抗及电压电流相量图

$$\dot{U} = \dot{U}_R + \dot{U}_L + \dot{U}_C = R\dot{I} + j\omega L\dot{I} - j\frac{1}{\omega C}\dot{I}$$

则该一端口的等效阻抗为

$$Z = \frac{\dot{U}}{\dot{I}} = R + j\omega L - j\frac{1}{\omega C} = R + j\left(\omega L - \frac{1}{\omega C}\right)$$

$$= R + jX = |Z| \angle \varphi$$

当 $X > 0$ 即 $\omega L > \frac{1}{\omega C}$ 时，等效阻抗的辐角 $0° < \varphi < 90°$。此时端口的电压超前电流，电路呈现感性，电路中各元件电压、电流的相量图如图 5-10b 所示。

当 $X < 0$ 即 $\omega L < \frac{1}{\omega C}$ 时，等效阻抗的辐角 $-90° < \varphi < 0°$。此时端口的电压滞后电流，电路呈现容性，电路中各元件电压、电流的相量图如图 5-10c 所示。

当 n 个阻抗串联时，可以用一个阻抗来等效替代，其等效阻抗为

$$Z_{eq} = Z_1 + Z_2 + \cdots + Z_n \qquad (5-17)$$

阻抗串联的分压公式有

$$\dot{U}_k = \frac{Z_k}{Z_{eq}}\dot{U} \quad k = 1,\ 2,\ \cdots,\ n \tag{5-18}$$

式中, $\dot{U}$ 为总电压相量, $\dot{U}_k$ 为第 k 个阻抗 Z_k 上的电压相量。

2. RLC 并联

如果一端口内部是 RLC 并联电路, 如图 5-11a 所示, 根据 KCL, 可得

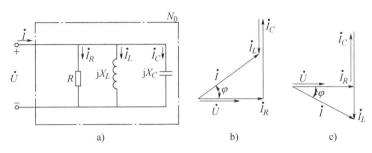

图 5-11　RLC 并联电路的导纳及相量图

$$\dot{I} = \dot{I}_R + \dot{I}_L + \dot{I}_C = \frac{\dot{U}}{R} + j\omega C\dot{U} - j\frac{1}{\omega L}\dot{U}$$

所以

$$Y = \frac{\dot{I}}{\dot{U}} = \frac{1}{R} + j\left(\omega C - \frac{1}{\omega L}\right)$$

其中, Y 的实部就是电路中电导 G , 虚部即电纳 B 为

$$B = B_C + B_L = \omega C - \frac{1}{\omega L}$$

式中, B_C 为电容的容纳; B_L 为电感的感纳。

当 $B > 0$ 即 $\omega C > \dfrac{1}{\omega L}$ 时, 导纳角 $0° < \varphi < 90°$ 。电路呈现容性, 电路中各元件电压、电流的相量图如图 5-11b 所示。

当 $B < 0$ 即 $\omega C < \dfrac{1}{\omega L}$ 时, 导纳角 $-90° < \varphi < 0°$ 。感纳的作用大于容纳的作用, 电路呈现感性, 电路中各元件电压、电流的相量图如图 5-11c 所示。

当 n 个导纳并联时, 可以用一个导纳来等效替代, 其等效导纳为

$$Y_{eq} = Y_1 + Y_2 + \cdots + Y_n \tag{5-19}$$

与电阻电路的情况类似, 有分流公式

$$\dot{I}_k = \frac{Y_k}{Y_{eq}}\dot{I} \quad k = 1,\ 2,\ \cdots,\ n \tag{5-20}$$

式中, $\dot{I}$ 为总电流相量, $\dot{I}_k$ 为第 k 个导纳 Y_k 上的电流相量。

5.5　正弦稳态电路的相量分析法

由前面介绍的电路元件的相量模型和相量形式的电路定律可知, 正弦稳态电路中, 当所有

的量都表示为相量形式以后，适用于直流电路的欧姆定律和基尔霍夫定律仍然适用于交流电路。所以，原来应用于直流电路中的网孔法、结点法以及戴维南定理、叠加定理、电源等效变换等分析方法仍适用于正弦稳态电路。

在正弦稳态电路的相量分析中，若电路中各正弦量的初相位都是未知时，须选定其中一个正弦量作为参考正弦量，其初相位设为 0° 或者其他合适的数值。

例 5-1 求图 5-12a 所示正弦稳态电路中的电流 i_C。已知 $R_1 = 2\Omega$、$R_2 = 3\Omega$、$L = 2H$、$C = 0.25F$、$u_{S1} = 4\sqrt{2}\sin 2t\,V$、$u_{S2} = 10\sqrt{2}\sin(2t + 53.1°)\,V$。

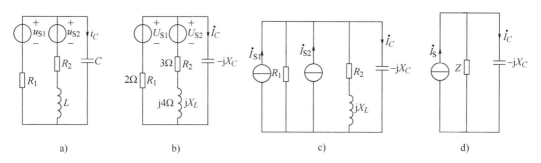

图 5-12 例 5-1 图

解 $\dot{U}_{S1} = 4\angle 0°V$、$\dot{U}_{S2} = 10\angle 53.1°V$ 该电路由三条支路并联而成，现对电路作等效变换。如图 5-12c、d 所示。其中

$$\dot{I}_{S1} = \frac{\dot{U}_{S1}}{R_1} = 2\angle 0°A \ , \ \dot{I}_{S2} = \frac{\dot{U}_{S2}}{R_2 + jX_L} = 2\angle 0°A$$

$$\dot{I}_S = \dot{I}_{S1} + \dot{I}_{S2} = 2\angle 0°A + 2\angle 0°A = 4\angle 0°A$$

$$Z = R_1 \ // \ (R_2 + jX_L) = 2 \ // \ (3 + j4) = 1.56\angle 14.4°\Omega = (1.51 + j0.39)\Omega$$

$$\dot{I}_C = \dot{I}_S \frac{Z}{Z + (-jX_C)} = 4\angle 0° \times \frac{1.56\angle 14.4°}{1.51 + j0.39 - j2}A = 2.82\angle 61.3°A$$

则所求电流为 $i_C = 2.82\sqrt{2}\sin(2t + 61.3°)A$，利用 Multisim 仿真例题 5-1 的图如图 5-13 所示。

例 5-2 求图 5-14 所示电路中的电流 i_L。图中电压源

$u_S = 10.39\sqrt{2}\sin(2t - 30°)\,V$，电流源 $i_S = 3\sqrt{2}\sin(2t - 30°)A$。

解 电路中的电源为同一频率，则有

$$\dot{U}_S = 10.39\angle - 30°V、\dot{I}_S = 3\angle - 30°A、\frac{1}{\omega C} = 1\Omega、\omega L = 1\Omega$$

本例将仿照电阻电路用不同方法求解。

1）用结点电压法求解，列方程为

$$(2j - j)\dot{U}_{10} - (-j)\dot{U}_{20} = j\dot{U}_S$$

$$- (-j)\dot{U}_{10} + (j - j)\dot{U}_{20} = -\dot{I}_S$$

$$\dot{I}_L = \frac{\dot{U}_{10} - \dot{U}_{20}}{j}$$

解得 $\dot{U}_{10} = j\dot{I}_S$ $\dot{U}_{20} = \dot{U}_S - j\dot{I}_S$ $\dot{I}_L = -j\dot{U}_{10} - \dot{U}_{20} = j\dot{U}_S + 2\dot{I}_S$

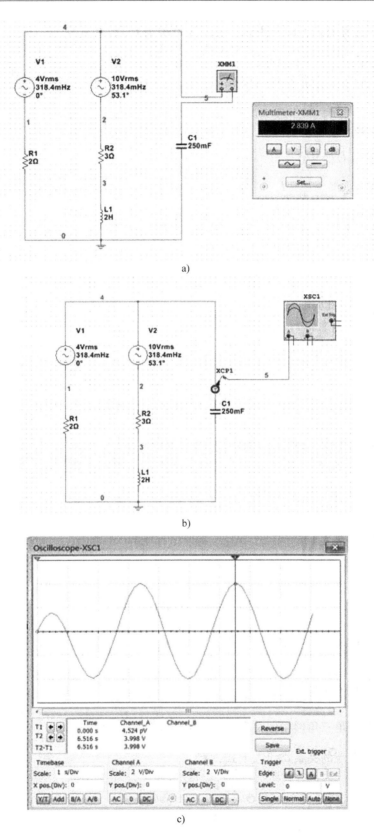

a)

b)

c)

图 5-13　例 5-1 的仿真图

2）用网孔法（顺时针方向）求解，设网孔电流为 $\dot{I}_1$、$\dot{I}_2$ 和 $\dot{I}_\mathrm{S}$

$$-2\mathrm{j}\dot{I}_1 - (-\mathrm{j})\dot{I}_2 = \dot{U}_\mathrm{S}$$

$$-(-\mathrm{j})\dot{I}_1 + (\mathrm{j} - \mathrm{j}2)\dot{I}_2 - (-\mathrm{j})\dot{I}_\mathrm{S} = 0$$

$$\dot{I}_L = \dot{I}_2$$

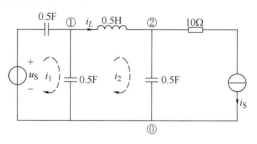

图 5-14　例 5-2 图

3）用叠加定理求解。

$\dot{U}_\mathrm{S}$ 单独作用时，$\dot{I}'_L = \mathrm{j}\dot{U}_\mathrm{S}$

$\dot{I}_\mathrm{S}$ 单独作用时，$\dot{I}''_L = \dfrac{-\mathrm{j}}{-\mathrm{j}0.5}\dot{I}_\mathrm{S} = 2\dot{I}_\mathrm{S}$

$$\dot{I}_L = \dot{I}'_L + \dot{I}''_L$$

4）用戴维南定理等效电路求解。

端口 1-2 的开路电压 $\dot{U}_\mathrm{oc} = \dfrac{1}{2}\dot{U}_\mathrm{S} - \mathrm{j}\dot{I}_\mathrm{S}$

端口 1-2 的等效阻抗 Z_eq 为

$$Z_\mathrm{eq} = \left(\frac{1}{\mathrm{j}2} - \mathrm{j}\right)\Omega = -\mathrm{j}1.5\,\Omega$$

解得

$$\dot{I}_L = \dot{I}_2 = \frac{\dot{U}_\mathrm{oc}}{\mathrm{j} - \mathrm{j}1.5} = \mathrm{j}\dot{U}_\mathrm{S} + 2\dot{I}_\mathrm{S} = 10\angle 30°\,\mathrm{A}$$

$$i_L(t) = 10\sqrt{2}\sin(2t + 30°)\,\mathrm{A}$$

例 5-3　如图 5-15a 所示电路，当选择适当参数时，可使 $\dot{U}_2$ 与 $\dot{U}_1$ 同相位。现有 $R_1 = R_2 = 250\mathrm{k}\Omega$、$C_1 = C_2 = 0.01\mu\mathrm{F}$。问当 ω 为多少时，可使 $\dot{U}_2$ 与 $\dot{U}_1$ 同相位？

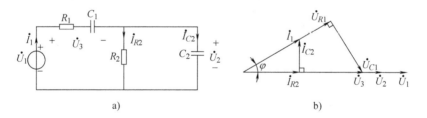

图 5-15　例 5-3 图和相量图

解　采用画相量图方法求解此题。选 $\dot{U}_2$ 为参考相量。因 $\dot{U}_1 = \dot{U}_2 + \dot{U}_3$，按题意要求，$\dot{U}_1$ 与 $\dot{U}_2$ 同相位，且 $\dot{U}_3$ 与 $\dot{U}_2$ 同为容性阻抗上的电压，因此 $\dot{U}_3$ 与 $\dot{U}_1$ 一定同相位；画出各电压的相量图后，再根据各元件电压电流的相位关系做出各电流的相量图，如图 5-15b 所示。

根据图中两个直角三角形相似关系，有 $\tan\varphi = \dfrac{I_{C2}}{I_{R2}} = \dfrac{U_{C1}}{U_{R1}}$

将各元件的电压和电流的关系式代入上式，有

$$\frac{I_1\dfrac{1}{\omega C_1}}{I_1 R_1} = \frac{U_2\omega C_2}{\dfrac{U_2}{R_2}}$$

整理，可得

$$\omega R_2 C_2 = \frac{1}{\omega R_1 C_1}$$

则

$$\omega = \sqrt{\frac{1}{R_2 R_1 C_1 C_2}} = \sqrt{\frac{1}{R_1^2 C_1^2}} = \frac{1}{R_1 C_1} = 400\text{rad/s}$$

　　一个电路既可用画相量图的方法求解，也可用列方程的方法求解，还可以两种方法混合使用，如果方法选择得当，可使分析计算简便。

5.6　正弦稳态电路的功率

5.6.1　功率

　　在正弦交流电路的分析中，功率的计算十分重要，而且相应的概念较多且复杂，需要我们注意学习和掌握。

1. 瞬时功率

　　图 5-16a 所示为正弦稳态二端网络 N。设 N 的端口电压、电流的参考方向为关联参考方向，且瞬时值表达式为

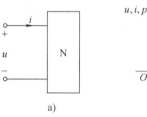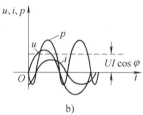

$$u(t) = \sqrt{2}U\sin \omega t \ , \ i(t) = \sqrt{2}I\sin(\omega t - \varphi)$$

式中，φ 为电压与电流之间的相位差角，瞬时功率用小写字母 $p(t)$ 表示，即

图 5-16　正弦稳态二端网络 N 的功率

$$\begin{aligned} p(t) = u(t)i(t) &= \sqrt{2}U\sin \omega t \cdot \sqrt{2}I\sin(\omega t - \varphi) \\ &= UI\cos \varphi - UI\cos(2\omega t - \varphi) \end{aligned} \tag{5-21}$$

　　正弦稳态二端网络端口电压、电流和瞬时功率的波形如图 5-16b 所示。瞬时功率 $p(t)$ 由两部分构成，一部分为常量，不随时间变化；另一部分为时间的函数且以两倍于电源的角频率按正弦规律变化。如图 5-16b 中的波形对应于网络 N 中既含有电阻元件又含有储能元件的情况。从图中可以看出，瞬时功率 p 时正时负。当 $p > 0$ 时，表示能量由电源输出至网络 N，此时能量的一部分转化为热能消耗在电阻上，一部分转化为电磁能量储存于动态元件之中。当 $p < 0$ 时，表示 N 中的储能元件将储存的电磁能量释放，此时能量的一部分转化为电阻所消耗的热能，一部分返回至电源。这表明网络 N 和电源之间存在着能量相互转换的情况，称为"能量交换"。

2. 平均功率

　　正弦稳态二端网络的平均功率为

$$P = \frac{1}{T}\int_0^T p(t)\,\mathrm{d}t = \frac{1}{T}\int_0^T [UI\cos \varphi - UI\cos(2\omega t - \varphi)]\,\mathrm{d}t = UI\cos \varphi \tag{5-22}$$

　　在正弦交流电路中，无源二端网络吸收的平均功率不仅与网络的电压和电流的有效值有关，而且还与电压与电流的相位差有关。式中 $\cos \varphi$ 称为功率因数，φ 是该无源二端网络的阻抗角。纯电阻电路的功率因数等于 1；纯电抗电路的功率因数等于零；一般情况下，功率因数在 0~1 之间。

　　如果该无源二端网络用复阻抗 $Z = R + \mathrm{j}X$ 表示，则平均功率还可表示为

$$P = UI\cos\varphi = I^2\frac{U}{I}\cos\varphi = I^2 Z\cos\varphi = I^2 R$$

对 R、L、C 等三种电路元件，它们的平均功率为

$$R：P_R = UI\cos\varphi = UI\cos 0° = UI = I^2 R = \frac{U^2}{R}$$

$$L：P_L = UI\cos\varphi = UI\cos 90° = 0$$

$$C：P_C = UI\cos\varphi = UI\cos(-90°) = 0$$

3. 无功功率

正弦稳态一端口电路内部与外部能量交换的最大速率定义为无功功率 Q

$$Q = UI\sin\varphi$$

上式说明无功功率不仅取决于电压有效值、电流有效值的大小，还与电压与电流的相位差的正弦有关。

当 $\sin\varphi > 0$ 时，即 $Q > 0$，认为该正弦稳态一端口电路"吸收"无功功率 Q；当 $\sin\varphi < 0$ 时，即 $Q < 0$，认为该正弦稳态一端口电路"发出"无功功率 $|Q|$。

对 R、L、C 等三种电路元件，它们的无功功率为

$$R：Q_R = UI\sin\varphi = UI\sin 0° = 0$$

$$L：Q_L = UI\sin\varphi = UI\sin 90° = UI > 0 \text{（吸收）}$$

$$C：Q_C = UI\sin\varphi = UI\sin(-90°) = -UI < 0 \text{（发出）}$$

如果正弦稳态一端口电路仅由 R、L、C 元件组成，可以证明，该正弦稳态一端口电路吸收的总无功功率等于该电路内各电感和电容吸收的无功功率之和。

4. 视在功率

视在功率是用来表示某些电气设备容量的，如发电机提供的电压是由发电机的绝缘性能限定的，称为额定电压；它提供的最大电流则是由导线的材料、截面积和散热条件确定的，称为额定电流，额定电压与额定电流通常用有效值表示，两者的乘积表示这台发电机的容量，即表示这台发电机可能提供的最大功率，称为视在功率，用大写字母 S 表示，即

$$S = UI$$

视在功率的单位为伏安（V·A）或千伏安（kV·A）。

有功功率和无功功率均可用视在功率表示，即

$$\begin{cases} P = UI\cos\varphi = S\cos\varphi \\ Q = UI\sin\varphi = S\sin\varphi \end{cases}$$

可见，S、P、Q 三者之间的关系可用一直角三角形表示。如图 5-17a 所示，这个三角形称为功率三角形。若将阻抗三角形的各边乘以电流可得到电压三角形，将电压三角形的各边再乘以电流就得到功率三角形。因此，阻抗三角形、电压三角形及功率三角形是相似三角形，如图 5-17b 所示。

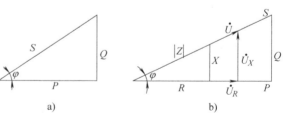

图 5-17 功率三角形

a）功率三角形 b）S、P、Q 相似三角形

例 5-4 如图 5-18 所示电路中 $R = 2\Omega$，$C = 2000\mu F$，$L = 10mH$，电源 $u_S = 10\sqrt{2}\sin(100t + 15°)V$，求电源发出的有功功率和无功功率，以及电阻、电感和电容各自吸收的有功功率和无功功率。

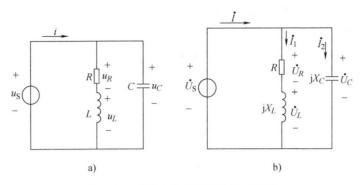

图 5-18　例 5-4 的电路图及相量模型

a) 电路图　b) 相量模型

解　由题意有

$$\dot{U}_{\mathrm{S}} = 10 \angle 15°\mathrm{V}$$

$$X_L = \omega L = 100 \times 10 \times 10^{-3}\Omega = 1\Omega$$

$$X_C = -\frac{1}{\omega C} = -\frac{1}{100 \times 2000 \times 10^{-6}}\Omega = -5\Omega$$

从电源两端看过去，电路的总阻抗为

$$Z = \frac{(R + jX_L) \times jX_C}{R + jX_L + jX_C} = \frac{(2 + j1) \times (-j5)}{2 + j1 - j5}\Omega = 2.5\Omega$$

因此，端口电流为

$$\dot{I} = \frac{\dot{U}_{\mathrm{S}}}{Z} = 4 \angle 15°\mathrm{A}$$

电源发出的有功功率为

$$P_{\mathrm{S}} = UI\cos\varphi = 10 \times 4 \times \cos 0°\mathrm{W} = 40\mathrm{W}$$

电源发出的无功功率为

$$Q_{\mathrm{S}} = UI\sin\varphi = 10 \times 4 \times \sin 0° = 0$$

流过电阻和电感的电流为

$$\dot{I}_1 = \frac{\dot{U}_{\mathrm{S}}}{R + jX_L} = \frac{10 \angle 15°}{2 + j1}\mathrm{A} = 4.47 \angle -11.57°\mathrm{A}$$

电阻电压为

$$\dot{U}_R = \dot{I}_1 R = 8.94 \angle -11.57°\mathrm{V}$$

因此，电阻吸收的有功功率为

$$P_R = U_R I_1\cos\varphi_R = 8.94 \times 4.47 \times \cos 0°\mathrm{W} = 40\mathrm{W}$$

电阻吸收的无功功率为

$$Q_R = U_R I_1\sin\varphi_R = 8.94 \times 4.47 \times \sin 0° = 0$$

电感两端电压为

$$\dot{U}_L = j\omega L \dot{I}_1 = 4.47 \angle 78.43°\mathrm{V}$$

因此，电感吸收的有功功率为

$$P_L = U_L I_1 \cos \varphi_L = 4.47 \times 4.47 \times \cos 90° = 0$$

电感吸收的无功功率为

$$Q_L = U_L I_1 \sin \varphi_L = 4.47 \times 4.47 \times \sin 90° \text{var} \approx 20\text{var}$$

流过电容的电流为

$$\dot{I}_2 = \frac{\dot{U}_S}{jX_C} = 2 \angle 105° \text{A}$$

因此，电容吸收的有功功率为

$$P_C = U_S I_2 \cos \varphi_C = 10 \times 2 \times \cos(-90°) = 0$$

电容吸收的无功功率为

$$Q_C = U_S I_2 \sin \varphi_C = 10 \times 2 \times \sin(-90°) \text{var} = -20\text{var}$$

5.6.2 功率因数

1. 用电设备在低功率因数状态下运行的缺点

在供电系统中，如果设备处于低功率因数状态下运行，则有两个缺点：一是不能充分利用电气设备的容量，使设备处于闲置状态；二是输电线路的电能损失增大，使传输效率降低。从提高经济效益的角度考虑，以上两点都应尽量避免。

如一台变压器其容量为 $S = 10 \times 10^3 V \cdot A$；如果接电阻性负载设备，则 $P = S\cos 0° = S = 10 \times 10^3 V \cdot A$；如果接感性或容性负载，则 $|\cos \varphi| < 1$，所以 $P < S$。$|\cos \varphi|$ 越小，P 越小；$|\cos \varphi|$ 越大，P 越大，发电设备的容量便能得到较充分的利用。

另外，对同一负载来说 $P = UI\cos \varphi$。当 U、P 均为定值时，I 与 $\cos \varphi$ 成反比。而在保证负载的额定 U 和额定 P 的同时，发电方总是希望 I 越小越好。因为 I 越小，在线路上的功率损失和电压损失就越小。设线路阻抗 $Z_1 = R_1 + jX_1$，$P_1 = R_1 I^2$，$U_1 = |Z_1| I$。可见不管从充分利用发电设备的容量还是从减小线路的功率损耗和电压损耗考虑，都希望提高功率因数。

2. 功率因数的提高

造成供电系统功率因数低的主要原因是电感性负载偏多。提高功率因数的措施是在负载端并联电容器（称为静止补偿器）或在电力系统中安装调相电机（称为同步补偿器）的方法来实现。如图 5-19a 所示的电感性负载的有功功率为 P，端电压为 U。要求将它的功率因数从 $\cos\varphi$ 提高到 $\cos\varphi'$，计算需并联电容的 C 值为多少。

在并联电容之前，电路中的电流

$$I_1 = \frac{P}{U\cos \varphi}$$

当并联电容 C 之后，负载电流 $\dot{I}_1$ 不会产生任何变化，而电容电流 $\dot{I}_2$ 超前于电压 $\dot{U}$ 相量 $90°$，输电线电流 $\dot{I} = \dot{I}_1 + \dot{I}_2$，由图 5-19b 所示的相量图可以看出，总电流 I 较并联电容之前的 I_1 减小了。

并联电容之前电流 I_1 的无功分量（$\dot{I}_1$ 在虚轴上的投影的长度）

$$I_{1b} = I_1 \sin \varphi = \frac{P}{U\cos\varphi}\sin \varphi = \frac{P}{U}\tan \varphi$$

并联电容之后电流 I 的无功分量（$\dot{I}$ 在虚轴上的投影的长度）

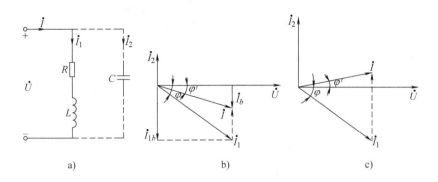

图 5-19　功率因数的提高

a）电路图　b）电容补偿　c）电容过补偿

$$I_b = I\sin \varphi' = \frac{P}{U\cos\varphi'}\sin \varphi' = \frac{P}{U}\tan \varphi'$$

而电容电流 $\dot{I}_2$ 的有效值为

$$I_2 = I_{1b} - I_b$$

由图 5-19a 可计算电容电流为 $I_2 = \omega CU$ ，故有

$$C = \frac{I_2}{\omega U} = \frac{I_{1b} - I_b}{\omega U} = \frac{P(\tan \varphi - \tan \varphi')}{\omega U^2}$$

上述结果表明：补偿后，电源"发出"的无功功率减少了，而电源"发出"的有功功率不变，视在功率也相应减少了。

从能量交换的角度分析，并联电容的容性无功功率补偿了负载电感中的感性无功功率，减小了电源对负载供给的无功功率，从而减少了负载与电源之间的功率交换，也就减小了输电线路的电流，达到降低线损的目的。

如图 5-19c 所示是另一种无功补偿方式，称为过补偿。

$$I_2 = I_1\sin\varphi + I\sin |\varphi'|, \quad C = \frac{I_2}{\omega U}$$

这种情况下所需的电容较大，显然是不经济的。

例 5-5　图 5-20 所示电路为荧光灯简化电路图。图中 L 为带铁心的电感，称为镇流器。已知供电电源电压有效值 $U = 220\text{V}$ ，频率 $f = 50\text{Hz}$ ，额定视在功率 $S_N = 1\text{kV} \cdot \text{A}$ ，荧光灯负载有功功率 $P = 0.8\text{kW}$ ，功率因数 $\cos \varphi_{RL} = 0.6$ 。

1）该电源提供的电流是否超过额定值？

2）欲将电路的功率因数由 0.6 提高到 0.95，应并联多大电容 C ？

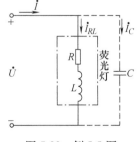

图 5-20　例 5-5 图

3）并联电容后，电源流出的电流是多少？

4）并联电容 C 前后电路的无功功率是多少？

解　1）荧光灯感性负载未并联电容 C 时，电源发出的电流即为荧光灯支路电流 $\dot{I}_{RL}$ ，荧光灯支路的功率 $P = 0.8\text{kW}$ ，于是有

$$P = UI_{RL}\cos \varphi_{RL}$$

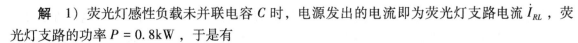

$$I_{RL} = \frac{P}{U\cos\varphi_{RL}} = \frac{0.8 \times 10^3}{220 \times 0.6}\text{A} \approx 6.06\text{A}$$

电源的额定电流为 $I_N = \dfrac{S_N}{U} = \dfrac{1 \times 10^3}{220}\text{A} \approx 4.55\text{A}$

可见电源提供的电流 6.06A 已超过额定电流 4.55A，使电源过载工作，此时过载容量为

$$S = UI_{RL} = 220 \times 6.06\text{V} \cdot \text{A} = 1330\text{V} \cdot \text{A} = 1.33\text{kV} \cdot \text{A} > S_N$$

2）并联电容 C 后，功率因数由原来的 $\cos\varphi_{RL} = 0.6$，提高到现在的 $\cos\varphi = 0.95$，即功率因数角由 $\varphi_{RL} = 53.13°$ 减少到 $\varphi = 18.19°$，则有

$$C = \frac{P}{U^2\omega}(\tan\varphi_{RL} - \tan\varphi) = \frac{0.8 \times 10^3}{220^2 \times 314}(\tan 53.13° - \tan 18.19°)\text{F} = 52.6\mu\text{F}$$

即欲将功率因数提高到 0.95 需并联 52.6μF 的电容。

3）并联电容 C 后，有功功率 P 及荧光灯支路电流 $\dot{I}_{RL}$ 均不变，电源提供的电流为

$$I = \frac{P}{U\cos\varphi} = \frac{0.8 \times 10^3}{220 \times 0.95}\text{A} = 3.83\text{A}$$

显然电源此时提供的电流 3.83A 比未并联电容 C 时的电流 6.06A 减小了，所以降低了线路的损耗。且比其额定电流 4.55A 也减小了，使电源不再过载工作。并联 C 后电源向负载提供的视在功率实际为

$$S = UI = 220 \times 3.83\text{V} \cdot \text{A} = 0.84\text{kV} \cdot \text{A}$$

比未并联电容时的视在功率 1.33kV·A 减小了，比额定视在功率 1kV·A 也减小了。

4）并联电容前无功功率为

$$Q = UI_{RL}\sin\varphi_{RL} = 220 \times 6.06\sin 53.13°\text{var} = 1.07\text{kvar}$$

并联电容 C 后，无功功率为

$$Q = UI\sin\varphi = 220 \times 3.83\sin 18.19°\text{var} = 0.26\text{kvar}$$

显然并联 C 后电路的无功功率减小了，即电源与电感之间的电能交换减少了，电感所需要的无功功率由并联电容 C 补偿了。

综上所述，并联电容 C 前后，电源的相关变量的变化情况见表 5-1。

表 5-1 并联电容 C 前后电源相关变量的变化结果比较表

和电源相关的各变量	并联电容 C 前	并联电容 C 后	结 果
I	6.06A	3.83A	减小
S	1.33kV·A	0.84kV·A	减小
P	0.8kW	0.8kW	不变
Q	1.07kvar	0.26kvar	减小
φ	53.13°	18.19°	减小

并联电容 C 后引起功率因数 λ 提高，从而使线路总电流、电源的视在功率及电路的无功功率均减少。从而降低了线路的损耗，提高了电源容量的利用率，减少了电能的浪费，最终提高了经济效益。

5.7　复功率

任意单口网络如图 5-21 所示。设 $\dot{U} = U \angle \varphi_u$，$\dot{I} = I \angle \varphi_i$，故 $\dot{I}$ 的共轭复数为 $\dot{I}^* = I \angle -\varphi_i$。则定义网络吸收的复功率为

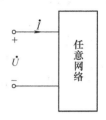

$$\tilde{S} = \dot{U}\dot{I}^* = U \angle \varphi_u I \angle -\varphi_i$$
$$= UI \angle (\varphi_u - \varphi_i) = UI\cos(\varphi_u - \varphi_i) + jUI\sin(\varphi_u - \varphi_i)$$
$$= P + jQ$$

$$\tilde{S} = P + jQ = \sqrt{P^2 + Q^2} \angle \arctan \frac{Q}{P}$$

图 5-21　任意单口网络图

可见复功率没有明确的物理意义：其实部与虚部即分别为网络的有功功率与无功功率，$\tilde{S}$ 的模即为网络的视在功率。复功率的引入使电路功率的计算简便了。

因为　　　　　　　　　　　　　$\dot{U} = Z\dot{I}$

所以　　　　　　　　　　　　　$\tilde{S} = \dot{U}\dot{I}^* = Z\dot{I}\dot{I}^*$

可见，功率三角形 ≈ 电压三角形 ≈ 阻抗三角形。

又因为 $\dot{I} = Y\dot{U}$，所以 $\dot{I}^* = Y^* U^*$

$$\tilde{S} = \dot{U}Y^*\dot{U}^* = U^2 Y^* = (G - jB)U^2 = GU^2 + j(-B)U^2$$

可见，计算 P 可以用 $P = UI\cos\varphi = S\cos\varphi$、$P = RI^2$、$P = GU^2$ 等方法。同理 $Q = UI\sin\varphi = S\sin\varphi$、$Q = XI^2$、$Q = -BU^2$。

从上面公式的推导可以进一步理解复功率 $\tilde{S}$ 不是相量，是一个复数，它不代表正弦量，没有任何实际意义。定义复功率 $\tilde{S}$ 就是为了把有功功率 P、无功功率 Q、视在功率 S 及功率因数角 φ 统一为一个表达式，以便很容易地获得它们之间的关系，复功率 $\tilde{S}$ 只是一个辅助的计算量。

例 5-6　某交流电动机接在 220V（有效值），频率为 50Hz 的正弦电压上，当正常运行时，测得其有功功率为 7.5kW，无功功率为 5.5kvar，求其功率因数 λ，若以电阻和电抗（感抗）作为它的等效电路，求 R 和 X 的值。

解　　　　　　　　$P = 7.5 \times 10^3 \text{W}$　　　$Q = 5.5 \times 10^3 \text{var}$

$$S = \sqrt{P^2 + Q^2} = \sqrt{7.5^2 + 5.5^2} \times 10^3 \text{V} \cdot \text{A} = 9.3 \times 10^3 \text{V} \cdot \text{A}$$

$$\lambda = \cos\varphi = \frac{P}{S} = \frac{7.5 \times 10^3}{9.3 \times 10^3} = 0.806$$

$$\varphi = 36.29°$$

因为 $P = UI\cos\varphi$、$U = 220\text{V}$，所以有

$$I = \frac{P}{U\cos\varphi} = \frac{7.5 \times 10^3}{220 \times 0.806} \text{A} \approx 42\text{A}$$

$$|Z| = \frac{U}{I} = \frac{220}{42}\Omega \approx 5.2\Omega$$

$$R = |Z|\cos\varphi = 5.2 \times 0.806\Omega \approx 4.19\Omega$$

$$X = |Z| \sin \varphi = 5.2 \times 0.592 \Omega \approx 3.08 \Omega$$

5.8 最大功率传输定理

最大功率传输问题是戴维南定理的一个重要应用。在电子设计工作中，常常遇到如何使电阻负载从电路获得最大功率的问题，如图 5-22a 所示，即若提供功率和能量的有源单口网络 N_S 一定，而负载电阻 R_L 可变，当 R_L 为何值时，网络传输给负载 R_L 的功率最大，最大功率 P_{max} 应如何计算。

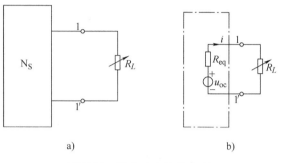

a)　　　　　　　　b)

图 5-22　最大功率传输定理

例 5-7　电路如图 5-23 所示，已知有源网络 A 的戴维南等效电路的等效电势 $\dot{E}_0 = E_0 \angle \varphi$ ，等效阻抗，负载阻抗，其参数分别可调，问当 Z 取何值时，负载可获得最大功率？

解　流过负载的电流为　$\dot{I} = \dfrac{\dot{E}_0}{Z_0 + Z}$

电流的有效值为　$I = \dfrac{E_0}{\sqrt{(R + R_0)^2 + (X + X_0)^2}}$

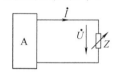

图 5-23　例 5-7 图

负载上的有功功率的值为 $P = I^2 R = \dfrac{E_0^2 R}{(R + R_0)^2 + (X + X_0)^2}$ 可见，功率的变化与 R 和 X 均有关，但功率 P 与 $(X + X_0)^2$ 参数为单调递减关系，在相同 R 值情况下，当 $X + X_0 = 0$ 时，功率有最大值。因此取 $X = -X_0$；此时功率表达式为

$$P = \frac{E_0^2 R}{(R + R_0)^2}$$

根据分析直流电路最大功率输出同样的方法，可知当 $R = R_0$ 时，功率有极大值 $P_{max} = \dfrac{E_0^2}{4 R_0}$ 。

上面分析表明，在正弦交流电路中，当负载阻抗取电源内阻抗的共轭复数时，即 $Z = Z^* = R_0 - jX_0$ 时，负载上获得最大功率。上述负载和有源网络的匹配条件称为共轭匹配。

本 章 小 结

1. 制定了参考方向后，正弦电流的数学表达式为 $i = I_m \sin(\omega t + \varphi_i)$ 最大值、角频率和初相位是确定一个正弦量的三要素。

2. 周期量正弦电流的有效值 I 与最大值 I_m 的关系式 $I = I_m / \sqrt{2}$ 。

3. 两个同频率的正弦量 i_1 和 i_2 的计时起点改变时，它们的初相位也跟着改变，但它们间的相位差保持不变。

4. 相量是一个复数，它的模是正弦量的有效值，它的辐角是正弦量的初相位。

5. 两类约束的相量形式

1）RLC 电压与电流之间的相量关系见表 5-2。

表 5-2　*RLC* 电压与电流关系的相量形式

元件名称	相量关系	有效值关系	相位关系	向量图
电阻 R	$\dot{U}_R = R\dot{I}$	$U_R = RI$	$\varphi_u = \varphi_i$	
电感 L	$\dot{U}_L = jX_L\dot{I}$	$U_L = X_L I$	$\varphi_u = \varphi_i + 90°$	
电容 C	$\dot{U}_C = -jX_C\dot{I}$	$U_C = X_C I$	$\varphi_u = \varphi_i - 90°$	

2）基尔霍夫定律的相量形式。

$$\sum \dot{U} = 0 \text{ 和 } \sum \dot{I} = 0$$

6. 阻抗、导纳及相量模型见表 5-3。

表 5-3　阻抗、导纳及相量模型

RLC	串联电路	并联电路
阻抗 Z 导纳 Y	$Z = R + j(\omega L - \dfrac{1}{\omega C}) = R + jX$	$Y = G + j(\omega C - \dfrac{1}{\omega L}) = G + jB$
阻抗模 $\lvert Z \rvert$ 导纳模 $\lvert Y \rvert$	$\lvert Z \rvert = \sqrt{R^2 + (\omega L - \dfrac{1}{\omega C})^2} = \sqrt{R^2 + X^2}$	$\lvert Y \rvert = \sqrt{G^2 + (\omega C - \dfrac{1}{\omega L})^2} = \sqrt{G^2 + B^2}$
阻抗角 φ_Z 导纳角 φ_Y	$\varphi_Z = \arctan \dfrac{\omega L - \dfrac{1}{\omega C}}{R}$	$\varphi_Y = \dfrac{\omega C - \dfrac{1}{\omega L}}{G}$
电路特性	$\varphi_Z > 0$ 时，感性；$\varphi_Z < 0$ 时，容性； $\varphi_Z = 0$ 时，阻性	$\varphi_Y < 0$ 时，感性；$\varphi_Y > 0$ 时，容性； $\varphi_Y = 0$ 时，阻性

7. 正弦稳态电路的相量分析法

1）一般电路分析方法：按照列方程的方法进行求解。

2）网孔法、结点电压法、电源变换及戴维南定理的直流电路方法均适用于正弦稳态电路，不同的是各变量均是相量形式。

3）相量图法：相量图法是通过电流、电压的相量图求得未知相量。画相量图时要选择参考相量，令参考相量初相位为零度。通常，串联电路，选电流相量作为参考相量；对于并联电路，选择电压相量为参考相量。从参考相量出发，利用元件电压与电流的关系及 KCL、KVL 确定有关电流与电压间的相量关系，定性画出相量图。利用相量图的几何关系，求得所需的电流、电压相量。

4）正弦稳态的叠加

在电路中，若各激励源的频率不同，只能用叠加法来求解。要分别做出各个频率电源作用时对应的相量模型，求出对应的相量，再写出瞬时值，将瞬时值叠加。

8. 正弦稳态电路的功率

$$P = UI\cos\varphi, \quad Q = UI\sin\varphi, \quad S = UI, \quad \tilde{S} = \dot{U}\dot{I}^* = P + jQ$$

9. 提高功率因数的方法

在实际生产和生活中大多数电气设备为感性负载，它们的功率因数都较低，因此不能充分

利用电源设备的容量，要提高功率因数，常用的方法是在感性负载两端并联电容器，可以用下式计算并联的电容量，即

$$C = \frac{P(\tan\varphi - \tan\varphi')}{\omega U^2}$$

10. 最大功率传输定理

负载阻抗的电阻 R_L 和电抗 X_L 均可独立变化时获得最大功率的条件是 $Z_L = R_S - jX_S = Z_S^*$，即当负载阻抗和信号源内阻为一对共轭复数，也称为最大功率"匹配"时，此时功率最大，为 $P_{L\max} = \dfrac{U_{OC}^2}{4R_{eq}}$。

习　题

5-1　如图 5-24 所示电路中，已知 $u = 10\sqrt{2}\cos(200t + 113.13°)\,\mathrm{V}$。求 i 和 u_1。

5-2　求图 5-25a 的输入端阻抗 Z_{ab} 和 5-25b 输入端导纳 Y_{ab}。

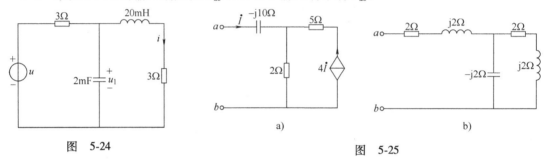

图　5-24　　　　　　　　　　　　　　　　图　5-25

5-3　如图 5-26 所示电路中 $\dot{I}_S = 2\angle0°\mathrm{A}$，求电压 $\dot{U}$。

5-4　如图 5-27 所示电路中，电流表的读数分别是 $\mathrm{A_1}$ 为 5A、$\mathrm{A_2}$ 为 20A、$\mathrm{A_3}$ 为 25A。求：（1）图中电流表 A 的读数。（2）如果维持 $\mathrm{A_1}$ 的读数不变，而把电源的频率提高一倍，再求电流表 A 的读数。

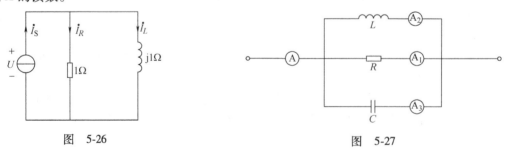

图　5-26　　　　　　　　　　　　　　　图　5-27

5-5　如图 5-28 所示电路中，工作频率为 $\omega = 10^3\,\mathrm{rad/s}$，已知电容 $C = 4\mu\mathrm{F}$、$R = 1\mathrm{k}\Omega$、$\dfrac{I_1}{I_2} = \dfrac{1}{3}$，求 $\dot{U}_1$ 在相位上超前于 $\dot{U}_2$ 的相角。

5-6　正弦稳态电路如图 5-29 所示，已知图中各交流电压表的读数：V 的读数为 25V，$\mathrm{V_1}$ 的读数为 15V，$\mathrm{V_3}$ 的读数为 100V，求电压表 $\mathrm{V_2}$ 的读数。

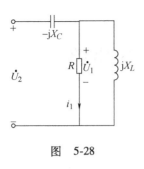

图　5-28

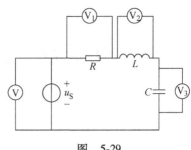

图　5-29

5-7　电路如图 5-30 所示，已知 $I_1 = 5A$、$I_2 = 5\sqrt{2}\,A$、$U = 220V$、$R = 5\Omega$、$R_2 = X_L$。试求 I、X_C、X_L 及 R_2。

5-8　电路如图 5-31 所示，已知电源电压 $\dot{U}_S = 10\angle 0°V$。试求：

（1）电压源 $\dot{U}_S$ 发出的有功功率以及电压 $\dot{U}_{AB}$；

（2）若电源改为 10V 直流电源，则 U_{AB} 为何值？

（3）若在 A、B 之间接一内阻为 0.5Ω 的电流表，其读数为多少？

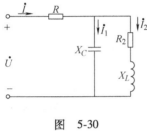

图　5-30

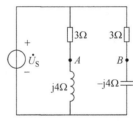

图　5-31

5-9　如图 5-32 所示无源二端网络的输入电压和电流分别为

$$u = 220\sqrt{2}\sin(314t + 30°)V、i = 5.4\sqrt{2}\sin(314t - 54°)V$$

试求：（1）二端网络的串联等效电路。

　　　（2）二端网络的功率因数，输入的有功功率和无功功率。

5-10　如图 5-33 所示电路中，已知 $U = 220V$，感性负载吸收的有功功率 $P = 100kW$、$\cos\varphi = 0.85$、$f = 50Hz$。试求：

（1）通过负载的电流 I_L 及未并联电容时电源的视在功率 S。

（2）欲将功率因数提高到 0.95，应并联多大电容？

5-11　如图 5-34 所示正弦电路中，已知 $U_S = 10V$，$\omega = 10^3 rad/s$，Z_N 为何值时它获得最大功率？P_{Zmax} 为多大？

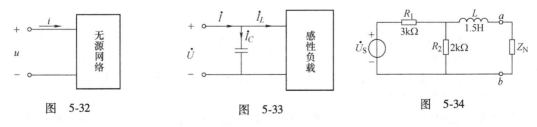

图　5-32　　　　　　　图　5-33　　　　　　　图　5-34

第6章 含有耦合电感的电路

■内容提要

耦合电感和理想变压器属于电路的耦合元件，它们由一条以上的支路构成，且一条支路上的电压、电流与其他支路的电压、电流有直接关系。本章首先介绍耦合电感的参数、同名端及其端口的伏安关系，分析含耦合电感的正弦稳态电路。然后介绍空心变压器一般概念。最后介绍理想变压器的端口伏安关系及其应用。

6.1 耦合电感

6.1.1 互感

如图 6-1 表示两个绕组的磁耦合（简称耦合电感），当绕组 1 中流过电流 i_1 时，它产生的磁场不仅与绕组 1 交链，而且将有一部分或全部与相邻的绕组 2 交链。i_1 在绕组 1 和绕组 2 中产生的磁通分别为 Φ_{11} 和 Φ_{21}，这种一个绕组的磁通交链另一个绕组的现象，称为磁耦合。电流 i_1 称为施感电流，Φ_{11} 称为自感磁通，Φ_{21} 称为耦合磁通或互感磁通。Φ_{11} 穿过绕组 1 时，产生磁通链 Ψ_{11}，称为自感磁通链。如果绕组 1 的匝数为 N_1，有 $\Psi_{11} = N_1\Phi_{11}$，Φ_{21} 在绕组 2 中产生的磁通链为 Ψ_{21}，称为互感磁通链，如果绕组 2 的匝数为 N_2，并假设互感磁通 Φ_{21} 与绕组 2 的每一匝都交链，则 $\Psi_{21} = N_2\Phi_{21}$。如果绕组 1 中的电流 i_1 随时间变化，则自感磁通 Φ_{11} 和互感磁通 Φ_{21} 将随电流的变化而变化。

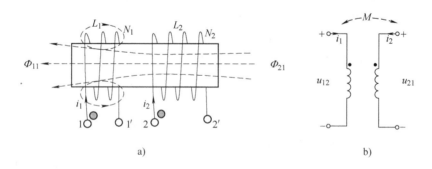

图 6-1 两个绕组的磁耦合
a) 绕组的磁耦合 b) 耦合电感的电路符号

同理，当绕组 2 中流过电流 i_2 时，它产生的磁场不仅与绕组 2 本身交链，而且将有一部分或全部与相邻的绕组 1 交链。i_2 在绕组 2 中产生自感磁通 Φ_{22} 和自感磁通链 Ψ_{22}，在绕组 1 中产生互感磁通 Φ_{12} 和互感磁通链 Ψ_{12}。如果绕组 2 中的电流 i_2 随时间变化，则自感磁通 Φ_{22} 和互感磁通 Φ_{12} 将随电流的变化而变化。

每个耦合绕组中的磁通链等于自感磁通链和互感磁通链的代数和，设绕组 1 和绕组 2 的磁通链分别为 Ψ_1 和 Ψ_2，有

$$\begin{cases} \varPsi_1 = \varPsi_{11} + \varPsi_{12} \\ \varPsi_2 = \varPsi_{21} + \varPsi_{22} \end{cases} \tag{6-1}$$

当周围空间介质为线性时，自感磁通链可表示为

$$\begin{cases} \varPsi_{11} = L_1 i_1 \\ \varPsi_{22} = L_2 i_2 \end{cases} \tag{6-2}$$

互感磁通链可表示为

$$\begin{cases} \varPsi_{21} = M_{21} i_1 \\ \varPsi_{12} = M_{12} i_2 \end{cases} \tag{6-3}$$

式中，M_{21}、M_{12} 为互感系数或互感，单位为 H（亨）。当仅有两个绕组发生磁耦合时，互感系数相等，常用 M 表示两个绕组之间的互感，即

$$M_{12} = M_{21} = M \tag{6-4}$$

因此，耦合绕组 1 和绕组 2 的磁通链可分别表示为

$$\begin{cases} \varPsi_1 = L_1 i_1 \ \pm M i_2 \\ \varPsi_2 = L_2 i_2 \ \pm M i_1 \end{cases} \tag{6-5}$$

需要注意的是：自感磁通链总是为正，而互感磁通链的取值可正可负。当互感磁通链的方向与自感磁通链的方向一致时，彼此相互加强，则互感磁通链取正值；反之，互感磁通链取负值。互感磁通链的方向由它们的电流方向、线圈绕向和相对位置共同决定。

设两个耦合电感的电压和电流均为关联参考方向，且电流与磁通的关系符合右手螺旋法则，根据电磁感应定律，有

$$\begin{cases} u_1 = \dfrac{\mathrm{d}\varPsi_1}{\mathrm{d}t} = u_{11} \ \pm u_{12} = L_1 \dfrac{\mathrm{d}i_1}{\mathrm{d}t} \ \pm M \dfrac{\mathrm{d}i_2}{\mathrm{d}t} \\[2ex] u_2 = \dfrac{\mathrm{d}\varPsi_2}{\mathrm{d}t} = u_{22} \ \pm u_{21} = L_2 \dfrac{\mathrm{d}i_2}{\mathrm{d}t} \ \pm M \dfrac{\mathrm{d}i_1}{\mathrm{d}t} \end{cases} \tag{6-6}$$

式（6-6）为两个耦合电感伏安关系。式中，u_1 为绕组 1 上的电压，u_{11} 为自感电压，u_{12} 为变化的电流 i_2 在电感 L_1 中产生的互感电压，u_2 为绕组 2 上的电压，u_{22} 为自感电压，u_{21} 为变化的电流 i_1 在电感 L_2 中产生的互感电压，耦合电感上的电压等于自感电压和互感电压的代数和。自感电压总是为正，互感电压可正可负。当自感磁通链和互感磁通链相互"增强"时，互感电压为正值；反之，互感电压为负值。

用相量表示为

$$\begin{cases} \dot{U}_1 = \mathrm{j}\omega L_1 \dot{I}_1 \ \pm \mathrm{j}\omega M \dot{I}_2 \\ \dot{U}_2 = \mathrm{j}\omega L_2 \dot{I}_2 \ \pm \mathrm{j}\omega M \dot{I}_1 \end{cases} \tag{6-7}$$

式中，$\mathrm{j}\omega L_1$ 和 $\mathrm{j}\omega L_2$ 分别为两个耦合绕组的自阻抗，$\mathrm{j}\omega M$ 为互阻抗。

用 CCVS 表示互感电压的等效电路的相量电路如图 6-2 所示。

6.1.2　同名端与耦合系数

如前所述，互感磁通链的方向由它们的电流方向、线圈绕向和相对位置共同决定。在实际电路中，互感元件通常不画出绕向结构，这样就要用一种标记来指出两个绕组之间的绕向结构关系。电工理论中采用一种称为同名端的标记方法，用 " ● " 号来特定标记每个磁耦合绕组

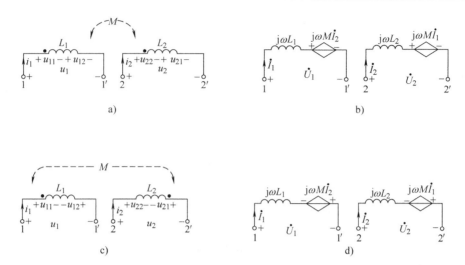

图 6-2 用 CCVS 表示互感电压的等效电路

的对应端子，同名端标记的方法为：先在第一个绕组的任一端作一个标记，令电流 i_1 流入该端子；然后在另一绕组找出一个端子标记，使得当电流 i_2 流入该端子时，i_1 和 i_2 两个电流产生的磁通是相互加强的，则称这两个标记端为同名端。同理，另两个端子也为同名端。

在如图 6-3 所示的电路中，当 i_1 和 i_2 分别从 a 端和 d 端流进时，所产生的磁通相互增强，则 a 与 d 是同名端，同理，b 与 c 也是一对同名端；类似地，a 与 c 是一对异名端，b 与 d 也是一对异名端。

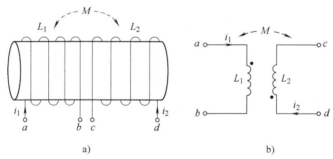

图 6-3 耦合电感的同名端

标注同名端以后，可以确定耦合电感的互感电压的参考方向，其规则是：假设一互感电压的"+"极性端设在同名端，当产生该互感电压的另一绕组的电流从同名端流进时，互感电压前取"+"号，反之，取"-"号。

为了定量地描述耦合电感绕组之间耦合的疏密程度，工程中引入耦合因数的概念，记为 K，即

$$K = \sqrt{\frac{M^2}{L_1 L_2}} = \frac{M}{\sqrt{L_1 L_2}} \tag{6-8}$$

根据

$$M = M_{12} = \frac{N_1 \Phi_{12}}{i_2} = M_{21} = \frac{N_2 \Phi_{21}}{i_1}$$

而

$$L_1 = \frac{N_1 \Phi_{11}}{i_1} , \; L_2 = \frac{N_2 \Phi_{22}}{i_2}$$

因为 $\Phi_{12} \leqslant \Phi_{22}$，$\Phi_{21} \leqslant \Phi_{11}$，所以 $K = \sqrt{\dfrac{\Phi_{12}\Phi_{21}}{\Phi_{11}\Phi_{22}}} \leqslant 1$

K 值越大，表示两个绕组之间耦合越紧密，$K = 0$ 为无耦合，$K = 1$ 为全耦合。

耦合因数的大小与两个绕组的结构、相互位置关系和周围介质有关。如果两个绕组紧密地绕在一起，其耦合因数比较大，甚至接近 1。相反，如果两个绕组相互垂直，其耦合因数比较小，可能近似为零。改变或调整两个绕组的相互位置，可以改变耦合因数的大小，当 L_1 和 L_2 一定时，可以改变 M 的大小。

在电力系统或一些电子电路中，有时需要比较高的能量或信号传输效率，总是期望尽可能紧密地耦合，使耦合因数接近于 1，可采用铁心达到这一目的。

但在一些工程应用中，有时需要尽量减少互感的作用，以避免绕组之间的相互干扰，为此，除屏蔽以外，一个有效的方法就是合理布置这些绕组的相互位置，大大地减小它们之间的耦合作用，使实际的电子或电气设备少受或不受干扰，能正常运行。

例 6-1　在图 6-4 所示电路中，$L_1 = 16\mathrm{mH}$、$L_2 = 9\mathrm{mH}$，耦合系数 $K = 0.5$。求两个绕组之间的互感。

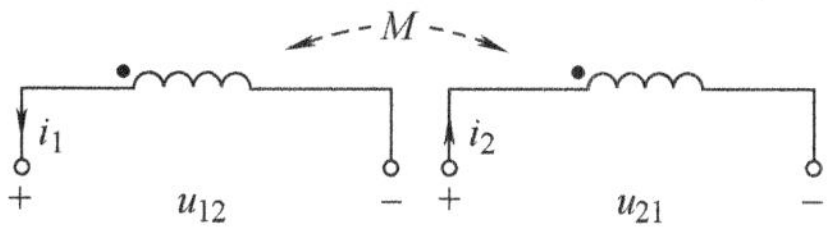

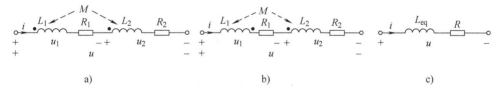

图 6-4　例 6-1 图

解　$K = \dfrac{M}{\sqrt{L_1 L_2}}$

所以 $M = K\sqrt{L_1 L_2} = 0.5 \times \sqrt{16 \times 9}\,\mathrm{mH} = 6\mathrm{mH}$

6.2　含有耦合电感电路的计算

在分析含有耦合电感的正弦交流电路时，可以采用两种方法：一种是带耦合直接分析法，这种分析方法和前面介绍的正弦稳态电路的分析方法一样，即采用相量法列写 KCL 和 KVL 方程，其中 KCL 方程的形式不变，但在列写 KVL 方程时，应将耦合电感上的互感电压包含进去；另一种是去耦合分析法。

6.2.1　耦合电感的连接

两个耦合绕组有串联和并联两种常见的连接形式。

设有两个耦合绕组，如将两绕组的异名端相连，称为顺向串联（顺接），如图 6-5a 所示。

图 6-5　耦合绕组的串联

a）顺向串联　b）反向串联　c）去耦等效电路

在图示的参考方向下，绕组 1 与绕组 2 的端电压分别为

$$\begin{cases} u_1 = R_1 i + L_1 \dfrac{\mathrm{d}i}{\mathrm{d}t} + M \dfrac{\mathrm{d}i}{\mathrm{d}t} \\[3mm] u_2 = R_2 i + L_2 \dfrac{\mathrm{d}i}{\mathrm{d}t} + M \dfrac{\mathrm{d}i}{\mathrm{d}t} \end{cases} \tag{6-9}$$

总电压为
$$u = u_1 + u_2 = (R_1 + R_2)i + (L_1 + L_2 + 2M)\frac{\mathrm{d}i}{\mathrm{d}t}$$

如果把两绕组的同名端相连，称为反向串联（反接），如图 6-5b 所示，则两绕组的总电压为

$$u = u_1 + u_2 = (R_1 + R_2)i + (L_1 + L_2 - 2M)\frac{\mathrm{d}i}{\mathrm{d}t}$$

即等效电阻为 $\qquad R = (R_1 + R_2)$

等效电感为 $\qquad L_{\mathrm{eq}} = L_1 + L_2 \pm 2M$

可见当两绕组顺向串联时，绕组间的磁通相助，等效电感增加；反向串联时，两绕组的磁通相消，等效电感减少。等效电路的元件参数和电路结构有关，与电压、电流的参考方向无关。两耦合电感绕组串联的等效电路如图 6-5c 所示。

对正弦交流电有

$$\begin{cases} \dot{U}_1 = R_1\dot{I} + \mathrm{j}\omega L_1\dot{I} \pm \mathrm{j}\omega M\dot{I} \\ \dot{U}_2 = R_2\dot{I} + \mathrm{j}\omega L_2\dot{I} \pm \mathrm{j}\omega M\dot{I} \end{cases} \tag{6-10}$$

式中 ωM 为互感电抗（Ω）。

总电压为

$$\dot{U} = (R_1 + R_2)\dot{I} + \mathrm{j}\omega(L_1 + L_2 \pm 2M)\dot{I} = Z\dot{I} \tag{6-11}$$

式中，Z 为耦合电感串联电路的等效复阻抗，$Z = (R_1 + R_2) + \mathrm{j}\omega(L_1 + L_2 \pm 2M)$。

现在分析耦合绕组并联的电路，耦合绕组的并联也有两种连接方式，其相量模型如图 6-6 所示。图 6-6a 为同名端连接，图 6-6b 为异名端连接。

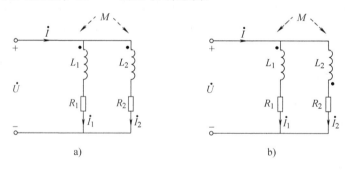

a)   b)

图 6-6 耦合绕组并联的相量模型

根据基尔霍夫定律的相量形式列出的电压和电流方程为

$$\dot{I}_1 + \dot{I}_2 = \dot{I} \tag{6-12}$$

$$\begin{cases} \dot{U} = (R_1 + \mathrm{j}\omega L_1)\dot{I}_1 \pm \mathrm{j}\omega M\dot{I}_2 \\ \dot{U} = (R_2 + \mathrm{j}\omega L_2)\dot{I}_2 \pm \mathrm{j}\omega M\dot{I}_1 \end{cases} \tag{6-13}$$

式（6-12）中互感电压前面的正号对应于同名端相接的情形；负号对应于异名端相接的情形。若已知电压 $\dot{U}$ 及角频率 ω，可根据上面两个表达式解出电流 $\dot{I}_1$、$\dot{I}_2$ 和 $\dot{I}$。

将式（6-12）中的 $\dot{I}_1 = \dot{I} - \dot{I}_2$ 和 $\dot{I}_2 = \dot{I} - \dot{I}_1$ 分别代入式（6-13）中，并整理得

$$\begin{cases} R_1\dot{I}_1 + j\omega(L_1 \mp M)\dot{I}_1 \ \pm j\omega M\dot{I} = \dot{U} \\ R_2\dot{I}_2 + j\omega(L_2 \mp M)\dot{I}_2 \ \pm j\omega M\dot{I} = \dot{U} \end{cases} \qquad (6\text{-}14)$$

当同名端相接时，用 M 前的上方符号，异名端相接时用下方符号。去耦等效电路如图 6-7 所示。

如果两个耦合电感有一端相连，并与第三条支路相连接构成如图 6-8a 所示电路，采用与耦合电感并联电路类似的分析方法，可以得出其等效电路如图 6-8b 所示（图中为同名端相连，若为异名端相连，则等效电路中 3 个电感元件中 M 项前的符号全部取与图 6-8b 相反符号）。

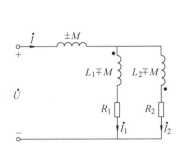

图 6-7　消去了互感的电路

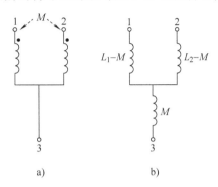

图 6-8　一端相连的耦合电路

6.2.2　含有耦合电感电路的计算

在分析计算具有耦合电感的正弦电路时必须注意以下几点：①不要漏掉互感电压项；②根据同名端的位置正确写出互感电压项在表达式中的正负号；③运用互感消去法时，应搞清楚去互感后原电路结点在现电路中的对应位置；④以电流为求解对象的支路法、回路法可以直接应用，一般情况下使用结点法，必须消去耦合电感后才能使用。

例 6-2　图 6-9 所示电路中，已知 $R_1 = 3\Omega$、$R_2 = 5\Omega$、$\omega L_1 = 7.5\Omega$、$\omega L_2 = 12.5\Omega$、$\omega M = 6\Omega$，端口电压的有效值 $U = 50\mathrm{V}$，求端口电流 $\dot{I}$ 以及两个绕组上的电压 $\dot{U}_1$ 和 $\dot{U}_2$。

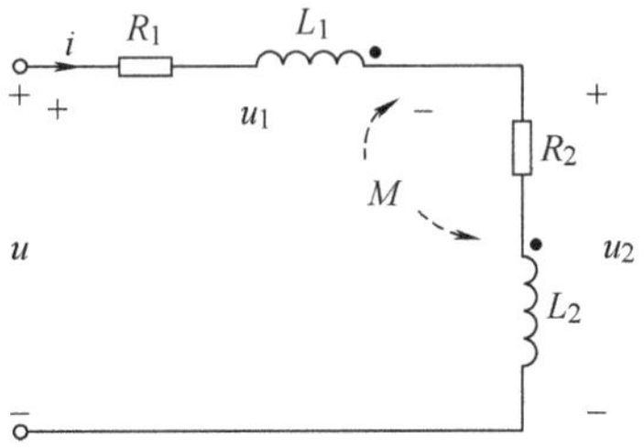

解　令 $\dot{U} = 50\angle 0°$，因为

$$Z_1 = R_1 + j\omega(L_1 - M) = (3 + j1.5)\Omega = 3.35\angle 26.57°\Omega$$

$$Z_2 = R_2 + j\omega(L_2 - M) = (5 + j6.5)\Omega = 8.20\angle 52.43°\Omega$$

所以

$$\dot{I} = \frac{\dot{U}}{Z_1 + Z_2} = \frac{50\angle 0°}{(3 + j1.5) + (5 + j6.5)}\Omega = \frac{50\angle 0°}{8 + 8j}\Omega = \frac{50\angle 0°}{11.31\angle 45°}\Omega = 4.42\angle -45°\Omega$$

$$\dot{U}_1 = Z_1\dot{I} = 3.35\angle 26.67° \times 4.42\angle -45°\mathrm{V} = 14.81\angle -18.43°\mathrm{V}$$

$$\dot{U}_2 = Z_2\dot{I} = 8.20\angle 52.43° \times 4.42\angle -45°\mathrm{V} = 36.24\angle 7.43°\mathrm{V}$$

图 6-9　例 6-2 图

例 6-3　已知图 6-10a 所示电路，$\dot{U} = 100\angle 0°\mathrm{V}$、$\omega = 10^3\mathrm{rad/s}$、$R_1 = 50\Omega$、$L_1 = 3\mathrm{mH}$、$L_2 = 6\mathrm{mH}$、$M = 3\mathrm{mH}$、$C = 67\mu\mathrm{F}$。试求各支路电流。

解　解法 1　用回路电流法计算，设回路电流 $\dot{I}_{L1}$、$\dot{I}_{L2}$ 如图 6-10a 所示，由

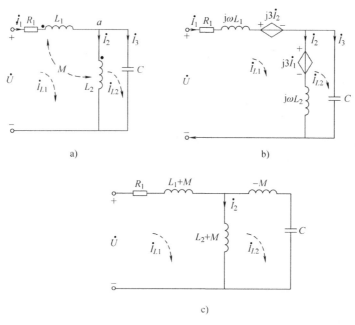

图 6-10 例 6-3 图

$$j\omega L_1 = j3\Omega \quad j\omega L_2 = j6\Omega \quad j\omega M = j3\Omega \quad -j\frac{1}{\omega C} = -j15\Omega$$

对回路电流 $\dot{I}_{L1}$ 来说，L_1 与 L_2 顺向串联，其等效电感 $L_{eq} = L_1 + L_2 + 2M$，所以电路方程为

回路 L_1：

$$(R_1 + j\omega L_1 + j\omega L_2 + 2j\omega M)\dot{I}_{L1} - j\omega L_2 \dot{I}_{L2} - j\omega M\dot{I}_{L2} = \dot{U}$$

回路 L_2：

$$(-j\omega L_2 - j\omega M)\dot{I}_{L1} + (j\omega L_2 - j\frac{1}{\omega C})\dot{I}_{L2} = 0$$

化简后得

$$(50 + 15j) - j9\dot{I}_{L2} = 100 \qquad -9\dot{I}_{L1} - j9\dot{I}_{L2} = 0$$

解以上复数联立方程，根据实部与实部相等，虚部与虚部相等，得

$$\dot{I}_{L1} = 1.8\angle-25.64°A \qquad \dot{I}_{L2} = -1.8\angle-25.64°A$$

$$\dot{I}_1 = \dot{I}_{L1} = 1.8\angle-25.64°A \qquad \dot{I}_3 = \dot{I}_{L2} = -1.8\angle-25.64°A$$

$$\dot{I}_2 = \dot{I}_{L1} - \dot{I}_{L2} = (1.8\angle-25.64° + 1.8\angle-25.64°)A = 3.6\angle-25.64°A$$

　　解法 2　用支路电流法计算，先用受控源替代互感电压，去掉互感耦合的等效电路如图 6-10b 所示，由图 6-10b 列写电路方程为

$$\dot{I}_1 = \dot{I}_2 + \dot{I}_3$$

$$(50 + j3)\dot{I}_1 + j3\dot{I}_2 + j3\dot{I}_1 + j6\dot{I}_2 = 100\angle0°$$

$$-j3\dot{I}_1 - j6\dot{I}_2 - j15\dot{I}_3 = 0$$

解上述联立方程，其结果与解法一的答案相同。

　　解法 3　用等效变换去耦合法计算，因为对 a 点来说相当于异名端并联，所以消去互感后得等效电路，如图 6-10c 所示，列写电路方程的方法与一般正弦电路相同，前面各章所介绍的各种方法都适用。若用回路法列方程则得

$$R_1 \dot{I}_{L1} + j\omega(L_1 + L_2 + M + M)\dot{I}_{L1} - j\omega(L_2 + M)\dot{I}_{L2} = \dot{U}$$

$$- j\omega(L_2 + M)\dot{I}_{L1} + j\omega(L_2 + M - M)\dot{I}_{L2} - j\frac{1}{\omega C}\dot{I}_{L2} = 0$$

代入数值后，解此联立方程，所得结果与方法一和方法二结果相同。

6.3　理想变压器和空心变压器

6.3.1　空心变压器

变压器是电工电子技术中经常用到的电气设备。它是利用互感来实现从一个电路向另一个电路传输能量。它通常有一个一次绕组和一个二次绕组，一次绕组接电源，二次绕组接负载，能量可以通过磁场的耦合，从电源传递给负载。

变压器可以有铁心，也可以没有铁心。有铁心的变压器称为铁心变压器，不用铁心的变压器称为空心变压器。铁心变压器处于紧耦合状态，而空心变压器处于松耦合状态。

图 6-11a 所示是一个空心变压器的电路模型，即由两个电感线圈组成的耦合电感元件，一个线圈与电源相连，一个线圈与负载相连。耦合电感的伏安特性依然是分析空心变压器电路的重要依据之一。

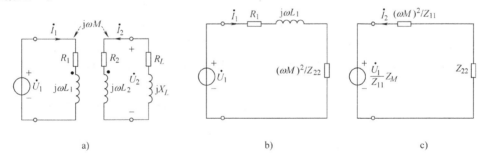

a)　　　　　　　　　　b)　　　　　　　　　　c)

图 6-11　空心变压器电路模型和等效电路

在正弦稳态下，对于图 6-11a 所示电路的参考方向，列出一次和二次电压方程

$$\begin{cases} (R_1 + j\omega L_1)\dot{I}_1 + j\omega M\dot{I}_2 = \dot{U}_1 \\ j\omega M\dot{I}_1 + (R_2 + j\omega L_2 + R_L + jX_L)\dot{I}_2 = 0 \end{cases} \tag{6-15}$$

令 $Z_{11} = R_1 + j\omega L_1$ 为一次回路阻抗，$Z_{22} = R_2 + j\omega L_2 + R_L + jX_L = R_2 + jX_2$ 为二次回路阻抗，$Z_M = j\omega M$ 为互感抗，式（6-15）可化简为

$$\begin{cases} Z_{11}\dot{I}_1 + Z_M\dot{I}_2 = \dot{U}_1 \\ -Z_M\dot{I}_1 + Z_{22}\dot{I}_2 = 0 \end{cases} \tag{6-16}$$

解以上方程得

$$\dot{I}_1 = \frac{\dot{U}_1}{Z_{11} + \dfrac{\omega^2 M^2}{R_{22} + jX_{22}}} = \frac{\dot{U}_1}{Z_{11} + Z_1'} \tag{6-17}$$

$$\dot{I}_2 = \frac{-\dfrac{Z_M}{Z_{11}}\dot{U}_1}{Z_{22} + \dfrac{\omega^2 M^2}{Z_{11}}} = \frac{-\dfrac{Z_M}{Z_{11}}\dot{U}_1}{Z_{22} + Z_2'} \qquad (6\text{-}18)$$

式中，Z_1' 为二次在一次的反射阻抗；$Z_1' = \dfrac{(\omega M)^2}{R_{22} + jX_{22}}$；$Z_2'$ 为一次在二次的反射阻抗；$Z_2' = \dfrac{(\omega M)^2}{Z_{11}}$。

由此可得出空心变压器一次及二次的等效电路，如图 6-11b、c 所示。在一次等效电路中，空心变压器一次输入阻抗为

$$Z_{in} = (R_1 + j\omega L_1) + \frac{(\omega M)^2}{R_{22} + jX_{22}} = Z_{11} + Z_1' \qquad (6\text{-}19)$$

由上式可见，输入阻抗由两部分组成，第一部分 Z_{11} 是一次的自复阻抗；第二部分为二次对一次的反射复阻抗，即二次对一次的影响是通过反射复阻抗来体现的。则

$$Z_1' = \frac{(\omega M)^2}{R_{22} + jX_{22}} = \frac{(X_M)^2}{R_{22}^2 + X_{22}^2}(R_{22} - jX_{22}) = R' - jX' \qquad (6\text{-}20)$$

式中，R' 为反射电阻，$R' = \dfrac{(X_M)^2}{R_{22}^2 + X_{22}^2}R_{22}$；$X'$ 为反射电抗，$X' = -\dfrac{(X_M)^2}{R_{22}^2 + X_{22}^2}X_{22}$。

由以上两式可见，反射电阻 R' 总为正值。根据能量守恒原理，反射电阻所吸收的有功功率，就是一次传递到二次的传输功率。而反射电抗为负值，表明反射电抗与二次回路电抗的性质相反，即感性（容性）变为容性（感性）。同理，一次对二次的影响通过反射阻抗 Z_2' 来体现。

例 6-4 在如图 6-12a 所示的空心变压器电路中，已知：$L_1 = 3.6H$、$L_2 = 0.06H$、$M = 0.465H$、$R_1 = 20\Omega$、$R_2 = 0.08\Omega$、$R_L = 42\Omega$、$\omega = 314rad/s$、$\dot{U}_S = 115\angle 0°V$。求电流 $\dot{I}_1$ 和 $\dot{I}_2$。

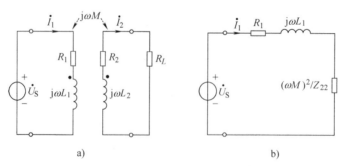

图 6-12 例 6-4 图
a）空心变压器电路 b）一次等效电路

解 根据题意，画出空心变压器的一次等效电路，如图 6-12b 所示。

一次回路阻抗为 $\qquad Z_{11} = R_1 + j\omega L_1 = (20 + j1130)\Omega$

二次回路阻抗为 $\qquad Z_{22} = R_2 + R_L + j\omega L_2 = (42.08 + j18.84)\Omega$

引入阻抗为 $\qquad \dfrac{(\omega M)^2}{Z_{22}} = \dfrac{(314 \times 0.465)^2}{46.1\angle 24.1°}\Omega = (422 - j189)\Omega$

最后求解，得到
$$\dot{I}_1 = \frac{\dot{U}_S}{Z_{11} + \frac{\omega^2 M^2}{Z_{22}}} = 110.5\angle-64.9°mA$$

$$\dot{I}_2 = \frac{j\omega M \dot{I}_1}{Z_{22}} = 0.35\angle1.1°A$$

6.3.2 理想变压器

1. 理想变压器的基本概念

理想变压器也是一种磁耦合设备，它是实际铁心变压器的理想化电路模型，是一种特殊的无损耗全耦合变压器。虽然实际上不存在，但它有实用价值。高频电路中互感耦合电路可看成理想变压器，以方便于计算。

理想变压器应当满足下列三个条件：①变压器本身无损耗，即电阻为零；②耦合因数 $K = 1$，即全耦合；③ $L_1 \to \infty$, $L_2 \to \infty$, $M \to \infty$，但 $\sqrt{\dfrac{L_1}{L_2}}$ 的比值为规定的正实常数。

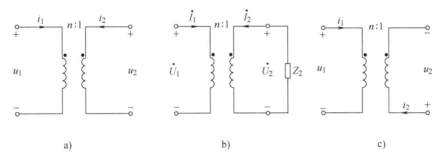

a)   b)   c)

图 6-13 理想变压器的电路模型

理想变压器的电路模型如图 6-13a 所示。与研究 R、L、C 元件的电压电流关系一样，下面分析理想变压器的电压电流关系。在分析过程中，根据理想化条件分析全耦合变压器的电压电流关系。

设一次绕组电流产生的磁通为 Φ_{11}，二次绕组电流产生的磁通为 Φ_{22}，根据理想化条件②，同一电流产生的互感磁通与自感磁通相同，有

$$\Phi_{11} = \Phi_{21} \qquad \Phi_{22} = \Phi_{12}$$

N_1、N_2 为两绕组的匝数，于是有

$$\frac{L_1}{L_2} = \frac{\dfrac{N_1\Phi_{11}}{i_1}}{\dfrac{N_2\Phi_{22}}{i_2}} = \frac{\dfrac{N_1}{N_2} \cdot \dfrac{N_2\Phi_{21}}{i_1}}{\dfrac{N_2}{N_1} \cdot \dfrac{N_1\Phi_{12}}{i_2}} = \frac{\dfrac{N_1}{N_2}M_{21}}{\dfrac{N_2}{N_1}M_{12}} = \frac{N_1^2}{N_2^2} = n^2 \qquad (6-21)$$

全耦合变压器两绕组的匝数比是自感系数之比的开方，即

$$n = \frac{N_1}{N_2} = \sqrt{\frac{L_1}{L_2}} \qquad (6-22)$$

在图 6-13a 所示的参考方向下，有

$$\begin{cases} u_1 = \dfrac{\mathrm{d}\Psi_1}{\mathrm{d}t} = N_1 \dfrac{\mathrm{d}\Phi}{\mathrm{d}t} \\[2mm] u_2 = \dfrac{\mathrm{d}\Psi_2}{\mathrm{d}t} = N_2 \dfrac{\mathrm{d}\Phi}{\mathrm{d}t} \end{cases} \tag{6-23}$$

式中，Φ 为主磁通，$\Psi_1 = N_1(\Phi_{11} + \Phi_{12}) = N_1\Phi$，$\Psi_2 = N_2(\Phi_{21} + \Phi_{22}) = N_2\Phi$。

得

$$\frac{u_1}{u_2} = \frac{N_1}{N_2} = n \tag{6-24}$$

式中，$N_1/N_2 = n$ 是正实常数，为变压器一次、二次绕组的匝数之比，称为电压比，是理想变压器的重要参数。

在正弦交流电路中有

$$\frac{\dot{U}_1}{\dot{U}_2} = n \tag{6-25}$$

如图 6-13b 所示，可见，理想变压器一、二次电压相量同相。

其次，在图 6-13a 所示的参考方向下，全耦合变压器一次的伏安关系为 $\dot{U}_1 = \mathrm{j}\omega L_1 \dot{I}_1 + \mathrm{j}\omega M \dot{I}_2$

可得

$$\dot{I}_1 = \frac{\dot{U}_1}{\mathrm{j}\omega L_1} - \frac{M}{L_1}\dot{I}_2 \qquad （全耦合）$$

$$\dot{I}_1 = \frac{\dot{U}_1}{\mathrm{j}\omega L_1} - \sqrt{\frac{L_2}{L_1}}\dot{I}_2 \qquad （L_1 \to \infty 且 n = \frac{N_1}{N_2} = \sqrt{\frac{L_1}{L_2}}）$$

可得

$$\dot{I}_1 = -\frac{N_2}{N_1}\dot{I}_2 = -\frac{1}{n}\dot{I}_2 \tag{6-26}$$

即理想变压器一、二次电流相量反相。

其时域形式为

$$i_1 = -\frac{1}{n}i_2 \tag{6-27}$$

式（6-23）和式（6-26）为理想变压器的电压电流关系或特性方程。

需要注意的是，如果一、二次电压的参考极性（或电流流入端）不对应于同名端，则特性方程将发生变化。例如，如图 6-13c 所示，端口上电压参考极性的标定对于同名端不一致，且电流从异名端流入，它的伏安关系为

$$u_1 = -nu_2 \tag{6-28}$$

$$i_1 = \frac{1}{n}i_2 \tag{6-29}$$

2. 理想变压器的应用

理想变压器除了变换电压和电流外，更重要的作用是阻抗变换，因此理想变压器也是阻抗变换器。在图 6-13b 电路中，二次接上负载阻抗 Z_2，这时从理想变压器一次看进去的复阻抗，即输入复阻抗为

$$Z_{\mathrm{in}} = \frac{\dot{U}_1}{\dot{I}_1} = \frac{n\dot{U}_2}{-\frac{1}{n}\dot{I}_2} = n^2 Z_2 \tag{6-30}$$

上式说明一次等效阻抗或输入阻抗为二次负载阻抗 Z_2 的 n^2 倍。

在二次接上电阻 R、电感 L、电容 C 或阻抗 Z 时，从一次看进去将分别是 n^2R、n^2L、$\dfrac{C}{n^2}$ 或 n^2Z。在电子电路中常利用理想变压器的这一性质，实现阻抗匹配。

3. 理想变压器的性质

理想变压器一次、二次的电压、电流之间是一种代数关系，因此这种元件是无记忆的，也不能储存能量。任何一瞬间，输入理想变压器的功率为

$$u_1 i_1 + u_2 i_2 = n u_2 (-\frac{1}{n}) i_2 + u_2 i_2 = 0$$

可见，理想变压器在任一时刻吸收的瞬时功率为零。这意味着理想变压器既不储能也不耗能，只是将电能从一个端口传输到另一个端口，所以理想变压器是一种无源元件。

例 6-5　信号源的开路电压为 3V，内阻 $R_0 = 10\Omega$，负载电阻为 90Ω，欲使负载获得最大功率，可在信号源输出与负载之间接入一变压器。求此变压器一次与二次的匝数比 $n = \dfrac{N_1}{N_2}$ 以及负载上的电压和电流值。

解　由于理想变压器不消耗能量，因此供给变压器一次的功率等于负载吸收的功率，当理想变压器输入端电阻 $R' = R_0 = 10\Omega$ 时，负载可获得最大功率。根据阻抗变换式有

$$n^2 = \frac{R'}{R_L} = \frac{10}{90} = \frac{1}{9}$$

即理想变压器匝数比 $n = \dfrac{N_1}{N_2} = \dfrac{1}{3}$ 时，负载可获得最大功率。此时，变压器一次的电流为

$$I_1 = \frac{U_S}{R + R'} = \frac{3}{20}A = 0.15A$$

通过负载的电流为
$$I_2 = n I_1 = \frac{1}{3} \times 0.15A = 0.05A$$

负载端电压
$$U_2 = I_2 R_L = 0.05 \times 90V = 4.5V$$

本 章 小 结

本章重点是耦合电感元件的伏安关系、同名端的概念，耦合电感的去耦等效，理想变压器的伏安关系和阻抗变换作用。本章难点是互感电压的确定。

1. 耦合电感

耦合电感研究的是两个相邻绕组的电磁感应现象，它有三个表征参数，即自感系数 L_1 和 L_2，互感系数 M。

2. 耦合电感的去耦等效电路

耦合电感的串联：串联有顺接和反接两种方式，都可以用一个不含互感的电感来等效代替，其等效电感为：$L = L_1 + L_2 \pm 2M$

耦合电感的并联：并联有同名端并联和异名端并联两种方式，也可以用一个电感来等效，其等效电感为：

$$L = \frac{L_1 L_2 - M^2}{L_1 + L_2 \mp 2M}$$

3. 理想变压器

理想变压器是实际变压器的理想化模型，实际变压器的理想化条件：无损耗、全耦合和参数无穷大。理想变压器具有电压变换、电流变换和阻抗变换三个变换作用，即 $\dfrac{u_1}{u_2} = n$，$\dfrac{i_1}{i_2} = -\dfrac{1}{n}$，$Z_1 = n^2 Z_2$。

<h1 style="text-align:center">习　题</h1>

6-1　若有电流 $i_1 = 2 + 5\cos(10t + 30°)\,\text{A}$、$i_2 = 10e^{-5t}\,\text{A}$，分别从图 6-14 所示的 1 端和 2 端流入，并设绕组 1 的电感 $L_1 = 6\text{H}$，绕组 2 的电感 $L_2 = 3\text{H}$，互感为 $M = 4\text{H}$。试求：

（1）各绕组的磁通链。（2）端电压 $u_{11'}$ 和 $u_{22'}$。（3）耦合因数 k。

6-2　在图 6-15a 所示电路中，$L_1 = 0.01\text{H}$、$L_2 = 0.02\text{H}$、$R_1 = R_2 = 10\Omega$、$M = 0.01\text{H}$、$C = 20\mu\text{F}$、$\omega = 1000\text{rad/s}$、$U = 6\text{V}$，求 $\dot{I}$ 及 $\dot{U}_1$、$\dot{U}_2$。

6-3　电路如图 6-16 所示，已知 $R_1 = R_2 = R_3 = 10\Omega$、$\omega L_1 = \omega L_2 = 20\Omega$、$\omega M = 10\Omega$、$\dot{U}_{S1} = 100\angle 0°\text{V}$，试求各支路电流。

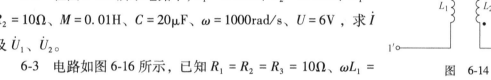

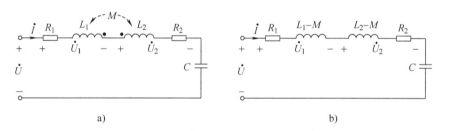

a)　　　　　　　　　　　　　　b)

图　6-15

6-4　某一信号源的内阻 $R_S = 10\text{k}\Omega$，负载电阻 $R_L = 8\Omega$，为了使负载从信号源获取最大功率，中间接入一理想变压器，如图 6-17 所示，试求理想变压器的变比 n。

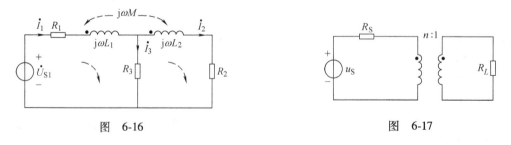

图　6-16　　　　　　　　　　图　6-17

6-5　已知如图 6-18 所示全耦合变压器，$L_1 = 0.5\text{H}$、$I_J = 2\text{A}$、$C = 2\mu\text{F}$、$\omega = 10^3\text{rad/s}$。试求负载电阻 R_L 上所消耗的功率（设 $R_L = 4\Omega$、$n = 2$）。

6-6　在图 6-19 所示的电路中，已知 $R = 10\Omega$、$L = 0.01\text{H}$、$n = 5$、$U_S = 20\sqrt{2}\cos 1000t\,\text{V}$。求电容 C 为何值时电流 i 的有效值最大？并求此时的 U_2。

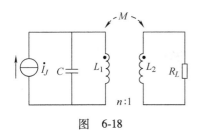

图　6-18

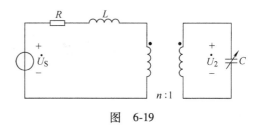

图　6-19

6-7　图 6-20 所示的电路中，已知 $R_1 = 10\Omega$、$R_2 = 50\Omega$、$\omega L_1 = 30\Omega$、$\omega L_2 = 90\Omega$、$\omega M = 50\Omega$、$\dfrac{1}{\omega C} = 20\Omega$、$\dot{U}_S = 240\angle 0°\text{V}$。求开路电压 $\dot{U}_2$。

6-8　已知两电感绕组的自感为 $L_1 = 16\text{mH}$、$L_2 = 4\text{mH}$。

（1）若 $K = 0.5$，求互感 M。

（2）若 $M = 6\text{mH}$，求耦合因数 K。

（3）若两绕组为全耦合，求互感 M。

6-9　电路如图 6-21 所示，已知 $R_1 = 20\Omega$、$R_2 = 0.08\Omega$、$L_1 = 3.6\text{H}$、$L_2 = 0.06\text{H}$、$M = 0.465\text{H}$、$R_L = 42\Omega$、$u_S(t) = 115\cos 314t\text{V}$。求一次电流 $\dot{I}_1$，二次电流 $\dot{I}_2$。

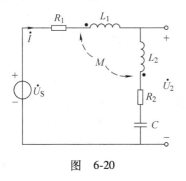

图　6-20

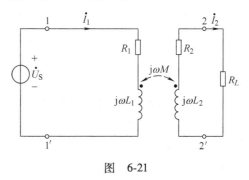

图　6-21

6-10　求图 6-22 所示电路中的阻抗 Z。已知电流表的读数为 10A，正弦电压有效值为 $U = 10\text{V}$。

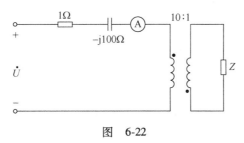

图　6-22

第7章 三相电路

■ **内容提要**

三相电路是复杂正弦交流电路的一种特殊形式。由于它在发电、输电和用电等方面较单相电路有许多优点，因此在电力供电系统中被广泛应用，本章主要介绍对称三相电源、对称三相电路的分析和计算及不对称三相电路的分析和计算；三相电路功率的计算和测量。重点掌握对称三相电路归结为一相的分析方法以及三相电路功率的计算和测量。

7.1 三相电路概述

7.1.1 对称三相电源

电力系统所采用的发电、输电以及供电方式，绝大多数是三相制。这是因为三相制在技术上和经济上具有重大优越性。所谓三相制，就是由三个幅值和频率相同而相位不同的电压源作为电源供电的体系，即由三相电源供电的体系。通常以三相发电机作为三相电源。

图 7-1a 是一台三相发电机的原理图，其中绕轴旋转的称为转子，它是具有特殊形状的一对磁极组成的。固定的部分称为定子，定子槽中嵌有三个匝数与尺寸完全相同的绕组 AX、BY、CZ，它们的轴线 Oa、Ob 和 Oc 在空间位置上彼此相隔120°。当转子的磁极按图 7-1a 所示方向以恒定角速度 ω 旋转时，在三个绕组中都会感应出正弦电压。如果把各绕组对称位置的端子 A、B、C 规定为始端，而把另一组端子 X、Y、Z 规定为末端，并设各绕组中电压的参考方向都是由始端指向末端，见图 7-1b，那么，由于结构上完全对称，三个绕组中的感应电压 u_A、u_B、u_C 的振幅或有效值都相等，角频率也都是 ω，只是它们的相位彼此相差120°。以 N 极为例，它先在导体 A 下经过，接着在导体 B 下经过，然后才在导体 C 下经过，中间彼此要

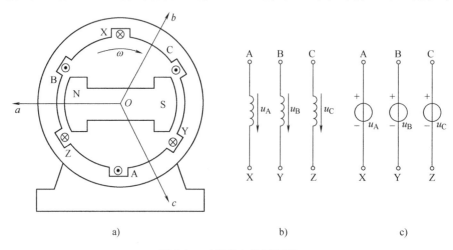

a)   b)   c)

图 7-1 三相发电机原理图

间隔 $\frac{1}{3}$ 周期，这样的一组频率相同、振幅相等和相位依次相差 120° 的三个电压称为对称三相电压，所得对称三相正弦电压可写为（以 u_A 为参考正弦量）。

$$\begin{cases} u_A = U_m \sin\omega t \\ u_B = U_m \sin(\omega t - 120°) \\ u_C = U_m \sin(\omega t - 240°) = U_m \sin(\omega t + 120°) \end{cases} \tag{7-1}$$

表示它们的相量分别为：

$$\dot{U}_A = U \angle 0°$$

$$\dot{U}_B = U \angle -120°$$

$$\dot{U}_C = U \angle -240° = U \angle 120°$$

它们的波形和相量图如图 7-2 所示

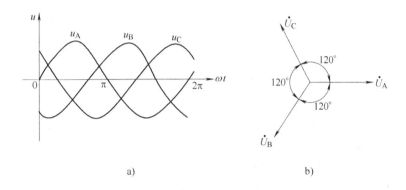

a)   b)

图 7-2　对称三相电压的波形和相量图

对称三相电压瞬时值之和等于 0，即 $u_A + u_B + u_C = 0$，或 $\dot{U}_A + \dot{U}_B + \dot{U}_C = 0$。

在实际的三相发电机中，通常不只是装有三个绕组，而是在定子上有许多槽，槽中布满导线，这些导线分为三组，每组中的导线相互连接成绕组，各称为电机中的一个相。

在电路图中，当忽略绕组的内阻时，图 7-1b 所示的对称三相电压可用图 7-1c 所示的三个电压源来表示。同样地，它们的正极性端标记为 A、B、C，负极性端标为 X、Y、Z。每一个电压源称为三相电源的一组，依次称为 A 相、B 相和 C 相，分别记为 u_A、u_B 和 u_C。

三相电源中，各相电压经过同一值（例如最大值）的先后次序称为三相电源的相序。如果各相电压的次序为 A-B-C（或 B-C-A、C-A-B），则称这种相序为正序或顺序，如图 7-2b 所示，三相电压相量按顺时针方向依次为 A-B-C（或 B-C-A、C-A-B）。如果各相电压经过同一值的先后次序为 A-C-B（或 C-B-A、B-A-C），则称这种相序为负序或逆序，这时三相电压相量按逆时针方向依次为 A-C-B（或 C-B-A、B-A-C）。通常，如无特别说明，三相电源均指正序而言，并且往往以 A 相电压作为参考相量（正弦量）。

7.1.2　星形联结和三角形联结

三相电源和三相负载都有两种基本的联结方式，即星形联结和三角形联结。下面分别介绍这两种联结。

1. 星形联结

图 7-3 中三相电源和负载均为星形，或称为丫形。所谓把电源联结成星形就是把三个电压源的末端 X、Y、Z 连在一起（也可以把始端 A、B、C 连在一起），而另三个端分别引出端线。三个相连在一起的公共点称为中性点，即图 7-3 中 N 点。从中性点引出的导线称为中性线。分别从始端 A、B、C 引出的三根导线称为端线，称相线。在这种联结方式中，电源和负载之间用了四根导线，故称三相四线制。

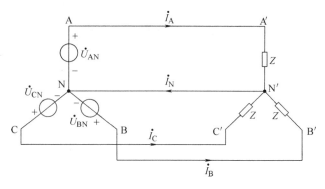

图 7-3　三相四线制

在对称三相电路中，各相电流必然是对称的，电流 $\dot{I}_A$、$\dot{I}_B$、$\dot{I}_C$ 的振幅相等，而相位互差 120°，即 $\dot{I}_B = a^2\dot{I}_A$，$\dot{I}_C = a\dot{I}_A$。此时中性线电流为

$$\dot{I}_N = \dot{I}_A + \dot{I}_B + \dot{I}_C = \dot{I}_A(1 + a^2 + a)$$
$$= \dot{I}_A\left(1 - \frac{1}{2} - j\frac{\sqrt{3}}{2} - \frac{1}{2} + j\frac{\sqrt{3}}{2}\right) = 0 \tag{7-2}$$

式（7-2）说明，如果端线电流 $\dot{I}_A$、$\dot{I}_B$、$\dot{I}_C$ 是对称三相电流，则中性线的电流等于零。在这种情况下，中性线不起输送电流的作用，可以把中性线省去，于是原来的三相四线制就变成了三相三线制，如图 7-4 所示。

端线电流 $\dot{I}_A$、$\dot{I}_B$、$\dot{I}_C$ 称为线电流，每两条端线之间的电压称为线电压。电源和负载中各相的电流都称为相电流，各

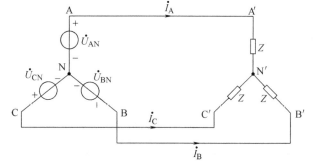

图 7-4　三相三线制

相上的电压（在星形联结中就是端线与中性点间的电压）称为相电压。工程上所说的三相电路的电压都是指线电压而言，例如说 10kV 的输电线，是说它的线电压是 10kV。

在星形联结中，不论有无中性线，相电流均等于线电流，而线电压则等于相应的两个相电压之差，用相量表示为

$$\begin{cases} \dot{U}_{AB} = \dot{U}_{AN} - \dot{U}_{BN} \\ \dot{U}_{BC} = \dot{U}_{BN} - \dot{U}_{CN} \\ \dot{U}_{CA} = \dot{U}_{CN} - \dot{U}_{AN} \end{cases} \tag{7-3}$$

在相电压对称的情况下，线电压与相电压的关系可进一步简化为

$$\dot{U}_{AB} = \dot{U}_{AN} - a^2\dot{U}_{AN} = (1 - 1\angle 240°)\,\dot{U}_{AN} = \left[1 - \left(-\frac{1}{2} - j\frac{\sqrt{3}}{2}\right)\right]\dot{U}_{AN} = \sqrt{3}\dot{U}_{AN}\angle 30°$$

同理可以得出另外两个线电压与相电压的关系。将它们合写在一起便是

$$\begin{cases} \dot{U}_{AB} = \sqrt{3}\,\dot{U}_{AN} \angle 30° \\ \dot{U}_{BC} = \sqrt{3}\,\dot{U}_{BN} \angle 30° \\ \dot{U}_{CA} = \sqrt{3}\,\dot{U}_{CN} \angle 30° \end{cases} \tag{7-4}$$

图 7-5 中画出了图 7-4 电源的对称相电压和线电压的相量图。此相量图和式（7-4）表明：在星形联结电路中，当正弦相电压为对称时，线电压也是对称的，其有效值等于相电压有效值的 $\sqrt{3}$ 倍。用 U_1 和 U_P 分别表示线电压和相电压的有效值，则有

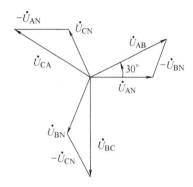

图 7-5　星形联结各电压相量图

$$U_1 = \sqrt{3}\,U_P \tag{7-5}$$

按照一般习惯，通常选择相电压的参考方向是由端线到中性点，线电压的参考方向按照 A-B-C-A 的顺序。在这种电压参考方向条件下，线电压在相位上超前于相电压 30°［见式（7-4）］。

在对称情况下，三个相电流有效值相等，用 I_P 表示；三个线电流有效值也相等，用 I_1 表示。在星形联结中性线电流就是相电流，故

$$I_1 = I_P \tag{7-6}$$

上述结论都是针对对称三相对称电路得出的。当相电压不对称时，线电压与相电压的关系只服从式（7-4）。

2. 三角形联结

图 7-6 中三相电源和负载都是联结成三角形的，或称△形。对于电源，必须把三个电压源的始端和末端依次相接，即 X 接 B，Y 接 C，Z 接 A，再从各联结点引出端线。只有这样联结才能保证在没有负载（即端线开路）的情况下，电源内部不至于有循环电流。由于一般电源内阻抗极小，

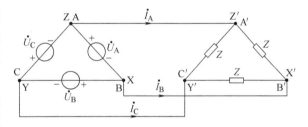

图 7-6　电源和负载都联结成三角形

即使三角形回路内的总电压很小，也会产生很大的回路电流，甚至有烧毁电源的危险。设电源中所产生的是对称三相电压，则电源的三角形回路中总电压为

$$\dot{U} = \dot{U}_A + \dot{U}_B + \dot{U}_C = \dot{U}_A(1 + a^2 + a) = 0$$

与上式对应的电压相量图如图 7-7a 所示。假如把其中一相反接，例如 C 相反接（X 接 B，Y 接 Z，C 接 A），则回路电压为

$$\dot{U} = \dot{U}_A + \dot{U}_B + \dot{U}_C = \dot{U}_C(a^2 + a - 1) = -2\dot{U}_C$$

相应的相量图如图 7-7b 所示。回路电压有效值为相电压有效值的二倍，显然会造成极大的危害。因此当把三相电源联结成三角形时，应当先用一个电压表接到尚未联结的最后一个联结点的两端，如图 7-8 所示，用以测量三角形回路中电压是否为零。

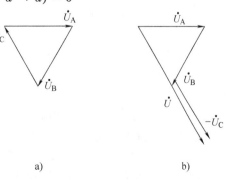

a)　　　　　　　　b)

图 7-7　三角形联结相量图

当把负载联结成三角形时，如果各相负载的两端有极性差异（如各相之间存在互感，便有星标端和非星标端的差异），也须按始端和末端依次相连的方法联结成三角形，否则将造成不对称。如果各相负载的两端无极性差异便可随意联结。

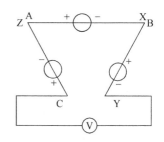

图 7-8 测量三角形回路电压

在三角形联结中没有中性点和中性线，因此这种联结方式只能用于三相三线制电路中。

在三角形联结中，线电压就是相电压，而线电流和相电流是不同的。按照习惯，在电源中选取相电流与相电压的参考方向相反；而在负载中选取相电流与相电压的参考方向相同，在图 7-6 中只标出线电流的参考方向，是由电源流向负载的，而相电流的参考方向将用双下标来表示。这样，无论在电源端或在负载端，线电流都等于两个相电流之差，用相量表示为：

在电源端

$$\begin{cases} \dot{I}_A = \dot{I}_{XA} - \dot{I}_{ZC} = \dot{I}_{BA} - \dot{I}_{AC} \\ \dot{I}_B = \dot{I}_{YB} - \dot{I}_{XA} = \dot{I}_{CB} - \dot{I}_{BA} \\ \dot{I}_C = \dot{I}_{ZC} - \dot{I}_{YB} = \dot{I}_{AC} - \dot{I}_{CB} \end{cases} \tag{7-7}$$

在负载端

$$\begin{cases} \dot{I}_A = \dot{I}_{A'X'} - \dot{I}_{C'Z'} = \dot{I}_{A'B'} - \dot{I}_{C'A'} \\ \dot{I}_B = \dot{I}_{B'Y'} - \dot{I}_{A'X'} = \dot{I}_{B'C'} - \dot{I}_{A'B'} \\ \dot{I}_C = \dot{I}_{C'Z'} - \dot{I}_{B'Y'} = \dot{I}_{C'A'} - \dot{I}_{B'C'} \end{cases} \tag{7-8}$$

如果三个相电流是对称的，则线电流与相电流的关系更为简明：

$$\begin{cases} \dot{I}_A = \dot{I}_{BA} - \dot{I}_{AC} = \dot{I}_{BA}(1 - a) = \sqrt{3}\dot{I}_{BA} \angle -30° \\ \dot{I}_B = \sqrt{3}\dot{I}_{CB} \angle -30° \\ \dot{I}_C = \sqrt{3}\dot{I}_{AC} \angle -30° \end{cases} \tag{7-9}$$

相电流对称时的相量图如图 7-9 所示。可见在三角形联结中，当正弦相电流对称时，线电流有效值等于相电流有效值的 $\sqrt{3}$ 倍，即

$$I_1 = \sqrt{3} I_P \tag{7-10}$$

当按上述习惯选择各电流参考方向时，线电流在相位上滞后于与之对应的相电流 30°。

在对称情况下，三角形联结中各相电压和各线电压的有效值彼此相等，即

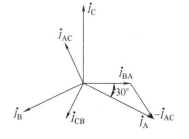

图 7-9 三角形联结各电流相量图

$$U_1 = U_P \tag{7-11}$$

上述结论是针对对称三相电路得到的。当相电流不对称时，只能根据式（7-7）或式（7-8）由已知相电流求解线电流，而不能从线电流求解相电流。

在三相电路中，电源联结成星形或三角形与负载联结成星形或三角形无关，要根据各自的技术要求确定。例如在三相四线制电网中电源必须联结成星形，这样才能引出中性线，使用户从端线之间或从端线与中性线之间得到两种电压，即线电压和相电压。一般三相四线制低压电

网的标准相电压为 220V，线电压则为

$$\sqrt{3} \times 220\text{V} = 380\text{V}$$

一个三相负载是联结成星形还是三角形，要根据其额定电压和电源线电压的量值决定。若把负载联结成三角形，其每相所承受的电压为电源的线电压；若联结成星形则每相承受的电压为线电压的 $1/\sqrt{3}$。许多小功率负载，例如家用电器都是单相负载，其额定电压是 220V，因此它们应接在端线与中性线之间。

7.2 对称三相电路的分析和计算

对称三相电路是一类特殊类型的正弦电流电路，因此，分析正弦电流电路的相量法完全适用于对称三相电路。本节将根据对称三相电路的特点找出更为简便的分析方法。

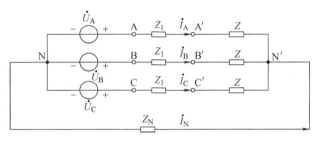

图 7-10 对称三相电路

现在，以对称三相四线制电路为例来进行分析，如图 7-10 所示，其中 Z_1 为线路阻抗，Z_N 为中性线阻抗。N 和 N′为中性点。对于这种电路，一般可用结点法先求出中性点 N′与 N 结点之间的电压。以 N 为参考结点，可得

$$\left(\frac{3}{Z+Z_1} + \frac{1}{Z_N}\right)\dot{U}_{\text{N'N}} = \frac{\dot{U}_A}{Z+Z_1} + \frac{\dot{U}_B}{Z+Z_1} + \frac{\dot{U}_C}{Z+Z_1}$$

由于 $\dot{U}_A + \dot{U}_B + \dot{U}_C = 0$，所以 $\dot{U}_{\text{N'N}} = 0$。各相的电源和负载中的相电流等于线电流，它们是

$$\dot{I}_A = \frac{\dot{U}_A - \dot{U}_{\text{N'N}}}{Z+Z_1} = \frac{\dot{U}_A}{Z+Z_1}$$

$$\dot{I}_B = \frac{\dot{U}_B}{Z+Z_1} = a^2\dot{I}_A$$

$$\dot{I}_C = \frac{\dot{U}_C}{Z+Z_1} = a\dot{I}_A$$

可以看出，各线（相）电流独立，$\dot{U}_{\text{N'N}} = 0$ 是各线（相）电流独立，彼此无关的必要和充分条件，所以，对称的 Y-Y 电路可分列为三个独立的单相电路。又由于三相电源、三相负载的对称性，所以线（相）电流构成对称组。因此，只要分析计算三相中的任一相，而其他两线（相）的电流就能按对称顺序写出。这就使对称的 Y-Y 三相电路可归结为一相电路进行计算。图 7-11 为一相计算电路（A相）。注意，在一相计算电路中，联结 N、

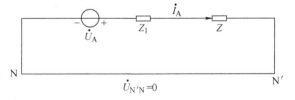

图 7-11 一相计算电路

N′的短路线是 $\dot{U}_{\text{N'N}} = 0$ 的等效线，与中性线阻抗 Z_N 无关。另外，中性线的电流为

$$\dot{I}_N = \dot{I}_A + \dot{I}_B + \dot{I}_C = 0$$

这表明，对称的 Y-Y 三相电路，在理论上不需要中性线，可以移去。而在任一时刻，i_A、i_B、i_C 中至少有一个为负值，对应此负值电流的输电线则作为对称电流系统在该时刻的电流回线。

对于其他联结方式的对称三相电路，可以根据星形和三角形的等效变换，化成对称的 Y-Y 三相电路，然后用一相计算法求解。

例 7-1 对称三相电路如图 7-10 所示，已知：$Z_1 = (1 + j2)\ \Omega$，$Z = (5 + j6)\ \Omega$，$u_{AB} = 380\sqrt{2}\cos(\omega t + 30°)\ \text{V}$。试求负载中各电流相量。

解 设一组对称三相电压源与该组对称的线电压对应。根据式（7-4），有

$$\dot{U}_A = \frac{\dot{U}_{AB}}{\sqrt{3}} \angle - 30° = 220 \angle 0°\text{V}$$

据此可画出一相（A 相）计算电路，如图 7-11 所示。可以求得

$$\dot{I}_A = \frac{\dot{U}_A}{Z + Z_1} = \frac{220 \angle 0°}{6 + j8}\text{A} = 22 \angle - 53.1°\text{A}$$

根据对称性可以写出

$$\dot{I}_B = a^2 \dot{I}_A = 22 \angle - 173.1°\text{A} \qquad \dot{I}_C = a \dot{I}_A = 22 \angle 66.9°\text{A}$$

对称三相电路的相量图，可将 A 线（相）的相量图依序顺时针旋转 120° 合成。

7.3 不对称三相电路的分析和计算

在三相电路中，电源、负载和线路阻抗只要有一部分不对称，就称为不对称三相电路。三相电路中不对称问题是大量存在的。首先，三相电路中有许多小功率单相负载，很难把它们凑成完全对称的三相电路；其次，对称三相电路发生断线、短路等故障时，则成为不对称三相电路；再次，有的电器设备或仪器正是利用不对称三相电路的某些特性而工作的。本节将运用已有的方法来分析不对称三相电路。

图 7-12 所示为最常见的低压三相四线制系统。其中 Z_N 是中性线复阻抗，负载负阻抗 $Z_A \neq Z_B \neq Z_C$，而电源电压仍为对称的，这种电路失去了对称特点，因而不能用归结为一相的计算方法进行计算，根据结点电压法，可写出两结点之间的电压为

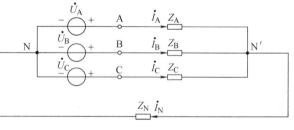

图 7-12 不对称三相电路

$$\dot{U}_{N'N} = \frac{\dfrac{\dot{U}_A}{Z_A} + \dfrac{\dot{U}_B}{Z_B} + \dfrac{\dot{U}_C}{Z_C}}{\dfrac{1}{Z_A} + \dfrac{1}{Z_B} + \dfrac{1}{Z_C} + \dfrac{1}{Z_N}} \tag{7-12}$$

虽然电源电压是对称的，但因负载不对称，故 $\dot{U}_{N'N} \neq 0$。即 N′点与 N 点之间电位不等。根据 KVL，可写出负载各相电压为

$$\begin{cases} \dot{U}_{AN'} = \dot{U}_{AN} - \dot{U}_{N'N} \\ \dot{U}_{BN'} = \dot{U}_{BN} - \dot{U}_{N'N} \\ \dot{U}_{CN'} = \dot{U}_{CN} - \dot{U}_{N'N} \end{cases} \tag{7-13}$$

与式（7-13）对应的相量图如图 7-13 所示，由于 $\dot{U}_{N'N} \neq 0$，因此 N′点与 N 点在相量图上不重合，这一现象称为中性点位移。可以看出，由于中性点位移，使有的负载相电压升高了，有的负载相电压减小了。

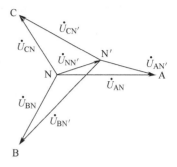

图 7-13 中性点位移

在电源对称的情况下，负载相电压 $\dot{U}_{AN'}$、$\dot{U}_{BN'}$ 和 $\dot{U}_{CN'}$ 不对称的程度与中性点位移程度有关。当中性点位移较大时，会造成负载相电压的严重不对称，有的相电压过高，造成负载因过热而烧毁，有的相电压太低而不能正常工作。

各相的相电流为

$$\begin{cases} \dot{I}_A = \dfrac{\dot{U}_{AN'}}{Z_A} = \dfrac{\dot{U}_{AN} - \dot{U}_{N'N}}{Z_A} \\[2mm] \dot{I}_B = \dfrac{\dot{U}_{BN'}}{Z_B} = \dfrac{\dot{U}_{BN} - \dot{U}_{N'N}}{Z_B} \\[2mm] \dot{I}_C = \dfrac{\dot{U}_{CN'}}{Z_C} = \dfrac{\dot{U}_{CN} - \dot{U}_{N'N}}{Z_C} \end{cases} \tag{7-14}$$

由于负载相电压不对称，所以负载相电流也不对称，中性线电流一般不为 0，即

$$\dot{I}_N = \dot{I}_A + \dot{I}_B + \dot{I}_C \neq 0 \tag{7-15}$$

中性线阻抗的电压，即为中性点间电压

$$\dot{U}_{N'N} = Z_N \dot{I}_N \tag{7-16}$$

由式（7-12）或式（7-16）均可看出，要减小或消除中性点位移，应尽量减小中性线阻抗，假如中性线阻抗为零，即 $Z_N = 0$，则 $\dot{U}_{N'N} = 0$，此时负载相电压就成为对称的了，因此尽管负载阻抗不对称，也能正常工作，这就是低压电力系统广泛采用三相四线制的原因之一。实际上，中性线阻抗不可能为 0。因此除了尽可能减小中性线阻抗外，还要适当调整各相负载，使之尽量均匀。由于负载不对称而引起的中性点位移以没有中性线时最严重，实际工程中为避免中性线断开而造成负载相电压变动过大，一般在中性线上不安装开关和熔丝，有时还用机械强度较高的导线作中性线。

以上讨论的是力求避免出现不对称的问题，然而有的电路则是利用三相电路不对称特性工作的，相序指示器便是一例。

例 7-2 图 7-14 中由电容器和两个相同的白炽灯联结成的星形电路可用于测定三相电源的相序，称为相序指示器。设 $R = 1/\omega C$，试说明如何根据两个白炽灯亮度差异确定对称三相电源的相序。

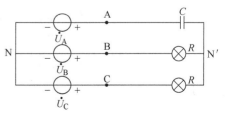

图 7-14 例 7-2 相序指示器

解 首先假设三相电源的相序如图 7-14 所示，然后计算各白炽灯上的电压，从中确定两白炽灯的亮度与三相电源相序的关系。对图 7-14 列结点电压方程可得

$$\dot{U}_{N'N} = \frac{j\omega C\dot{U}_A + \dot{U}_B/R + \dot{U}_C/R}{j\omega C + 1/R + 1/R} = \frac{j + a^2 + a}{j + 1 + 1}\dot{U}_A \approx (-0.2 + j0.6)\,\dot{U}_A$$

B 相和 C 相所接的白炽灯电压分别为

$$\dot{U}_{BN'} = \dot{U}_B - \dot{U}_{N'} = a^2\dot{U}_{AN} - (-0.2 + j0.6)\,\dot{U}_A \approx 1.5\angle -101.5°\dot{U}_A$$

$$\dot{U}_{CN'} = \dot{U}_C - \dot{U}_{N'} = a\dot{U}_{AN} - (-0.2 + j0.6)\,\dot{U}_A \approx 0.4\angle 138°\dot{U}_A$$

因为 $U_{BN'} = 1.5U_{AN}$，$U_{CN'} = 0.4U_{AN}$，所以若把接电容器的相作为 A 相，则白炽灯较亮的那一相是 B 相，较暗的是 C 相。利用 Multisim 仿真例 7-2 如图 7-15 所示。

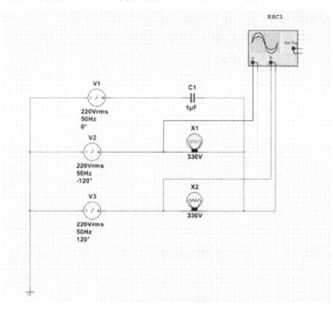

图 7-15　例 7-2 的仿真图

7.4　三相电路的功率

三相电路的瞬时功率应等于各相瞬时功率的代数和。如图 7-10 所示的对称三相电路，有

$$\begin{cases} p_A = u_{AN}i_A = \sqrt{2}\,U_{AN}\sin \omega t \times \sqrt{2}\,I_A\sin (\omega t - \varphi) \\ \quad\quad = U_{AN}I_A[\cos \varphi + \cos (2\omega t - \varphi)] \\ p_B = u_{BN}i_B = \sqrt{2}\,U_{AN}\sin (\omega t - 120°) \times \sqrt{2}\,I_A\sin (\omega t - \varphi - 120°) \\ \quad\quad = U_{AN}I_A[\cos \varphi + \cos (2\omega t - \varphi - 240°)] \\ p_C = u_{CN}i_C = \sqrt{2}\,U_{AN}\sin (\omega t + 120°) \times \sqrt{2}\,I_A\sin (\omega t - \varphi + 120°) \\ \quad\quad = U_{AN}I_A[\cos \varphi + \cos (2\omega t - \varphi + 240°)] \end{cases}$$

$$(7\text{-}17)$$

它们的和为

$$p = p_A + p_B + p_C = 3U_{AN}I_A\cos \varphi = 3P_A$$

此式表明，对称三相电路的瞬时功率是一个常量，其值等于平均功率。这是对称三相电路的一个优越性能。习惯上把这一性能称为瞬时功率平衡。三相制是一种平衡制，这是三相制的优点

之一。对旋转电动机而言，由于瞬时功率平衡，相应的转矩也是恒定的，这可免除电动机旋转时的振动。

式（7-17）中，$U_{AN} = U_P$，$I_A = I_P$，U_P 和 I_P 表示相电压和相电流的有效值，φ 是相电压超前于相电流的相位差，所以 $\cos\varphi = \lambda$ 是负载各相的功率因数，也是对称三相负载的功率因数。于是由式（7-17）得到对称三相负载的平均功率为

$$P = 3U_P I_P \cos\varphi = 3U_P I_P \lambda \tag{7-18}$$

式（7-18）表明，对称三相电路的平均功率等于其中一相的平均功率的 3 倍。同理，对称三相电路的无功功率也等于一相的无功功率的 3 倍，即

$$Q = 3U_P I_P \sin\varphi \tag{7-19}$$

由于三相电源和三相负载的外部特性是用线电压和线电流表示的，所以通常用线电压和线电流来计算平均功率。在对称三相电路中，当电源或负载联结成星形时，有 $U_P = U_1/\sqrt{3}$ 和 $I_P = I_1$，以此代入式（7-18），得

$$P = \sqrt{3}\,U_1 I_1 \cos\varphi = \sqrt{3}\,U_1 I_1 \lambda \tag{7-20}$$

若电源或负载联结成三角形，则有 $U_P = U_1$ 和 $I_P = I_1/\sqrt{3}$，以此代入式（7-18）仍然得到上面的结果。因此在对称三相正弦电流电路中，电源或负载不论联结成星形或三角形，其无功功率均为

$$Q = \sqrt{3}\,U_1 I_1 \sin\varphi \tag{7-21}$$

式（7-20）和式（7-21）中 φ 仍为相电压超前于相电流的相位差。

三相正弦电流电路的视在功率定义为

$$S = \sqrt{P^2 + Q^2} \tag{7-22}$$

将式（7-20）和式（7-21）代入式（7-22），得到对称三相电路的视在功率为

$$S = \sqrt{3}\,U_1 I_1 \tag{7-23}$$

在不对称三相电路中，各相电压之间和各相电流之间均无特定关系，只能分别计算各相的功率。而三相电源或负载的平均功率应等于其中各相的平均功率之和，即

$$P = P_A + P_B + P_C = U_A I_A \cos\varphi_A + U_B I_B \cos\varphi_B + U_C I_C \cos\varphi_C \tag{7-24}$$

同理，不对称三相电路的无功功率为

$$Q = Q_A + Q_B + Q_C = U_A I_A \sin\varphi_A + U_B I_B \sin\varphi_B + U_C I_C \sin\varphi_C \tag{7-25}$$

不对称三相电路的视在功率仍按式（7-22）确定，不对称三相负载的功率因数定义为

$$\lambda = \frac{P}{S} = \frac{P}{\sqrt{P^2 + Q^2}} \tag{7-26}$$

不能用 $\cos\varphi$ 表示，因为 φ 没有实际意义。

在三相三线制电路中，不论对称与否，都可以使用两个功率表的方法测量三相功率（称为二瓦计法）。两个功率表的一种连接方式如图 7-16 所示。使线电流从 * 端分别流入两个功率表的电流线圈（图示为 $\dot{I}_A$，$\dot{I}_B$），它们的电压线圈的非 * 端共同接到非电流线圈所在的第 3 条端线上（图示为 C 端线）。可以看出，这种测量方法中功率表的接线只触及端线，而与负载和电源的联结方式无关。

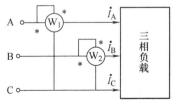

图 7-16　二瓦计法

可以证明图中两个功率表读数的代数和为三相三线制中右侧电路吸收的平均功率。

设两个功率表的读数分别用 P_1 和 P_2 表示，根据功率表的工作原理，有

$$P_1 = \text{Re}(\dot{U}_{\text{AC}}\dot{I}_{\text{A}}^*) \qquad P_2 = \text{Re}(\dot{U}_{\text{BC}}\dot{I}_{\text{B}}^*)$$

所以

$$P_1 + P_2 = \text{Re}(\dot{U}_{\text{AC}}\dot{I}_{\text{A}}^* + \dot{U}_{\text{BC}}\dot{I}_{\text{B}}^*)$$

因为 $\dot{U}_{\text{AC}} = \dot{U}_{\text{A}} - \dot{U}_{\text{C}}$，$\dot{U}_{\text{BC}} = \dot{U}_{\text{B}} - \dot{U}_{\text{C}}$，$\dot{I}_{\text{A}}^* + \dot{I}_{\text{B}}^* = -\dot{I}_{\text{C}}^*$，代入上式有

$$P_1 + P_2 = \text{Re}(\dot{U}_{\text{A}}\dot{I}_{\text{A}}^* + \dot{U}_{\text{B}}\dot{I}_{\text{B}}^* + \dot{U}_{\text{C}}\dot{I}_{\text{C}}^*) = \text{Re}(\bar{S}_{\text{A}} + \bar{S}_{\text{B}} + \bar{S}_{\text{C}})$$
$$= \text{Re}(\bar{S})$$

而 $\text{Re}(\bar{S})$ 则表示右侧三相负载的有功功率。在对称三相制中令 $\dot{U}_{\text{A}} = U_{\text{A}}\angle 0°$，$\dot{I}_{\text{A}} = I_{\text{A}}\angle -\varphi$，则有

$$\begin{cases} P_1 = \text{Re}(\dot{U}_{\text{AC}}\dot{I}_{\text{A}}^*) = U_{\text{AC}}I_{\text{A}}\cos(\varphi - 30°) \\ P_2 = \text{Re}(\dot{U}_{\text{BC}}\dot{I}_{\text{B}}^*) = U_{\text{BC}}I_{\text{B}}\cos(\varphi + 30°) \end{cases} \tag{7-27}$$

式中，φ 为负载的阻抗角。应当注意，在一定的条件（如 $|\varphi| > 60°$）下，两个功率表之一的读数可能为负，求代数和时该读数应取负值。一般来讲，单独一个功率表的读数是没有意义的。

不对称的三相四线制不能用二瓦计法测量三相功率，这是因为在一般情况下，$\dot{I}_{\text{A}} + \dot{I}_{\text{B}} + \dot{I}_{\text{C}} \neq 0$。

例 7-3 若图 7-16 所示电路为对称三相电路，已知对称三相负载吸收的功率为 2.5kW，功率因数 $\lambda = \cos\varphi = 0.866$（感性），线电压为 380V。求图中两个功率表的读数。

解 对称三相负载吸收的功率是一相负载所吸收功率的 3 倍，令 $U_{\text{A}} = U_{\text{A}}\angle 0°$、$\dot{I}_{\text{A}} = I_{\text{A}}\angle -\varphi$，则

$$P = 3\text{Re}(\dot{U}_{\text{A}}\dot{I}_{\text{A}}^*) = \sqrt{3}U_{\text{AB}}I_{\text{A}}\cos\varphi$$

求得电流 I_{A} 为

$$I_{\text{A}} = \frac{P}{\sqrt{3}U_{\text{AB}}\cos\varphi} = 4.386\text{A}$$

又因为

$$\varphi = \arccos\lambda = 30°(感性)$$

则图中功率表相关的电压、电流相量为

$$\dot{I}_{\text{A}} = 4.386\angle -30°\text{A}、\dot{U}_{\text{AC}} = 380\angle -30°\text{V}$$
$$\dot{I}_{\text{B}} = 4.386\angle -150°\text{A}、\dot{U}_{\text{BC}} = 380\angle -90°\text{V}$$

则功率表的读数如下：

$$P_1 = \text{Re}(\dot{U}_{\text{AC}}\dot{I}_{\text{A}}^*) = \text{Re}(380 \times 4.386\angle 0°)\text{W} = 1666.68\text{W}$$
$$P_2 = \text{Re}(\dot{U}_{\text{BC}}\dot{I}_{\text{B}}^*) = \text{Re}(380 \times 4.386\angle 60°)\text{W} = 833.34\text{W}$$

其实，只要求得两个功率表之一的读数，另一功率表的读数等于负载的功率减去该表的读数，例如，求得 P_1 后，$P_2 = P - P_1$。

本 章 小 结

1. 在星形联结的三相正弦电流电路中，线电流等于相电流，若相电压对称，则线电压有效值为相电压有效值的 $\sqrt{3}$ 倍。

2. 在三角形联结的三相正弦电流电路中，线电压等于相电压，若相电流对称，则线电流的有效值为相电流有效值的 $\sqrt{3}$ 倍。

3. 对称三相正弦电流电路不论联结成星形或三角形，其平均功率等于线电压、线电流和功率因数三者乘积的 $\sqrt{3}$ 倍，即 $P = \sqrt{3}\,U_l I_l \cos\varphi$，式中 φ 是相电流滞后于相电压的相位差。

4. 计算对称星形联结电路时，可用无阻抗的中性线将各中性点连通，然后取出一相进行计算。若对称三相电路中有三角形联结的部分，则应先将其等效变换为星形联结，再取出一相计算。

5. 不对称三相电路不能直接取出一相计算，应将其视为一般正弦电流电路，选择适当的分析方法进行计算。对于含有旋转电动机的不对称三相电路一般用对称分量法进行计算。

习　题

7-1　已知对称三相电路的星形负载阻抗 $Z = (165 + j84)\Omega$，端线阻抗 $Z_1 = (2 + j1)\Omega$，中性线阻抗 $Z_N = (1 + j1)\Omega$，线电压 $U_{AB} = 380\text{V}$。求负载端的电流和线电压。

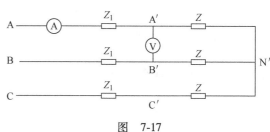

图　7-17

7-2　在图 7-17 所示对称 $\curlyvee$ – $\curlyvee$ 三相电路中，电压表的读数为 1143.16V，$Z = (15 + j15\sqrt{3})\Omega$、$Z_1 = (1 + j2)\Omega$。求：

（1）图中电流表的读数及线电压 U_{AB}。（2）三相负载吸收的功率。

7-3　如图 7-18 所示对称三相电路中，$U_{A'B'} = 380\text{V}$，三相电动机吸收的功率为 1.4kW，其功率因数 $\lambda = 0.866$（滞后），$Z_1 = -j55\Omega$。求 U_{AB} 和电源端的功率因数 λ'。

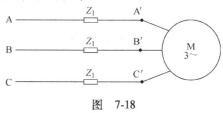

图　7-18

7-4　如图 7-19 所示电路，对称三相电源的线电压为 380V，负载 $Z_1 = (50 + j80)\Omega$。电动机 M 的有功功率 $P = 1600\text{W}$，功率因数 $\cos\varphi = 0.8$（滞后）。求：

（1）三相电源发出的有功功率和无功功率。（2）画出用两表法测三相电源有功功率的接线图，并求出各表读数。

7-5　图 7-20 所示对称 $\curlyvee$ – $\triangle$ 三相电路中，$U_{AB} = 380\text{V}$，图中功率表的读数为 $W_1 = 782\text{W}$，$W_2 = 1976.44\text{W}$。求：（1）负载吸收的复功率 $\bar{S}$ 和阻抗 Z。（2）开关 S 打开后，功率表的读数。

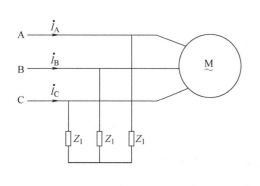

图　7-19

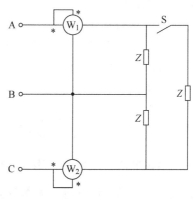

图　7-20

第 8 章　频率特性和谐振电路

▌内容提要

通过正弦稳态电路的学习可知，感抗和容抗分别与频率成正比和反比关系，且阻抗角分别为 90° 和 −90°。由此得知电路特性与电源频率密切相关。研究电路特性与频率的关系即是本章主要任务。本章首先定义电路的网络函数并介绍频率特性的概念，然后着重研究 RLC 串联电路的频率特性，最后分析串联谐振和并联谐振现象。通过本章学习，应掌握频率特性的概念及分析方法、典型电路的频率特性、谐振条件及谐振特点，初步了解滤波的概念。

8.1　网络函数和频率特性

在 3.2 节中针对直流电路介绍的齐性定理指出：如果线性电路中只存在一个电源，则各处电压或电流都将与此电源的源电压或源电流成正比。第 5 章又指出，对于正弦电流电路的相量模型，齐性定理也是适用的。若将我们所关心的网络中某一电压或电流作为响应，将电源的源电压或源电流作为激励，根据齐性定理，响应相量（振幅相量 $\dot{Y}_m$ 或有效值相量 $\dot{Y}$）与激励相量（振幅相量 $\dot{F}_m$ 或有效值相量 $\dot{F}$）成正比，即

$$\dot{Y}_m = H(j\omega) \times \dot{F}_m \text{ 或 } \dot{Y} = H(j\omega) \times \dot{F} \tag{8-1}$$

式中的比例系数 $H(j\omega)$ 称为网络函数，即

$$H(j\omega) = \frac{\dot{Y}_m}{\dot{F}_m} = \frac{\dot{Y}}{\dot{F}} \tag{8-2}$$

如果激励和响应属于同一端口，对应的网络函数实际上就是端口的等效阻抗（激励为电流源，响应为电压）或等效导纳（激励为电压源，响应为电流）；如果激励和响应属于不同端口，而且既可以是电压也可以是电流，在这种情况下网络函数可以是转移电压比、转移电流比、转移阻抗或转移导纳。

集中参数正弦电流电路的网络函数 $H(j\omega)$ 一般为含有角频率 ω 的复数有理分式。例如在图 8-1 所示 RC 串联电路中，若以电容电压 $\dot{U}_C$ 为响应，以输入电压 $\dot{U}$ 为激励，其网络函数为

$$H(j\omega) = \frac{\dot{U}_C}{\dot{U}} = \frac{1/(j\omega C)}{R + 1/(j\omega C)} = \frac{1}{1 + j\omega CR} \tag{8-3}$$

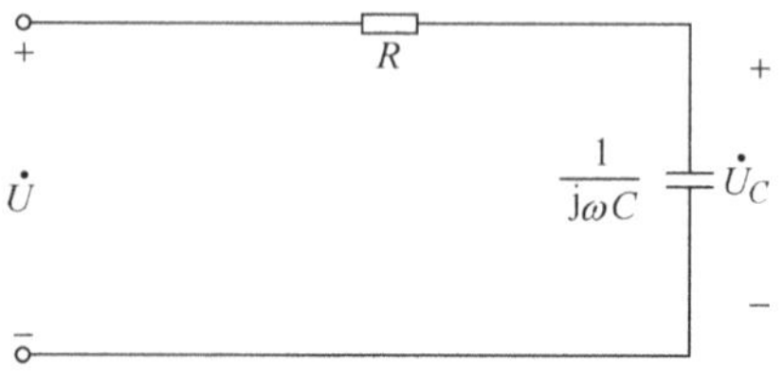

图 8-1　RC 串联电路

可见网络函数决定于电路结构、元件参数和电源频率。当激励的有效值保持不变，而频率改变时，响应 $\dot{U}_C = H(j\omega)\dot{U}$ 将随频率改变而变动，其变动规律与 $H(j\omega)$ 的变动规律一致。也就是说，响应与电源频率的关系决定于网络函数与频率的关系。网络函数或响应随频率的变动规律称为电路的频率响应。

仍以式（8-3）为例，将 $\dot{U}_C$、$\dot{U}$ 和 $H(j\omega)$ 都写成极坐标式，即

$$|H(j\omega)|\angle\theta(\omega) = \frac{U_C\angle\psi_C}{U\angle\psi} = \frac{U_C}{U}\angle(\psi_C - \psi)$$

由此可得

$$|H(j\omega)| = U_C/U \tag{8-4a}$$

$$\theta(\omega) = \psi_C - \psi \tag{8-4b}$$

式中，$|H(j\omega)|$ 为网络函数的模，称为网络的幅频特性，反映响应和激励有效值之比与频率的关系；$\theta(\omega)$ 为网络函数的辐角，称为网络的相频特性，反映响应超前于激励的相位差与频率的关系。网络的幅频特性和相频特性总称为频率特性。

现在研究式（8-3）所表示的 RC 电路的频率特性。式中 RC 之积具有时间的量纲，其倒数具有频率的量纲，可设

$$\omega_0 = \frac{1}{RC}$$

ω_0 称为 RC 电路的固有频率或自然频率。将其代入式（8-3）得

$$H(j\omega) = \frac{1}{1 + j\omega/\omega_0} = \frac{1}{\sqrt{1 + (\omega/\omega_0)^2}}\angle - \arctan(\omega/\omega_0) \tag{8-5}$$

根据式（8-5）便可绘制 $H(j\omega)$ 的幅频和相频特性曲线。取频率的相对值 ω/ω_0 为 0，1，2，$\cdots$，∞，计算 $|H(j\omega)|$ 和 $\theta(\omega)$ 如下

$\omega/\omega_0 = 0$ 时　　　$|H(j\omega)| = 1$　　　$\theta(\omega) = 0°$

$\omega/\omega_0 = 1$ 时　　　$|H(j\omega)| = 1/\sqrt{2}$　　　$\theta(\omega) = -45°$

$\omega/\omega_0 = 2$ 时　　　$|H(j\omega)| = 1/\sqrt{5}$　　　$\theta(\omega) \approx -63.43°$

　　　$\vdots$　　　　　　　$\vdots$　　　　　　　$\vdots$

$\omega/\omega_0 = \infty$ 时　　　$|H(j\omega)| = 0$　　　$\theta(\omega) = -90°$

根据这组数据绘制的 RC 电路的幅频和相频特性曲线如图 8-2 所示。

图 8-2a 中幅频特性表明，在输入电压有效值保持不变的条件下，当频率较低时输出电压 $U_C = |H(j\omega)|U$ 比较大，频率增加时输出电压 U_C 减小。从输入信号通过此网络变换为输出信号的观点来看，可认为此网络允许低频信号顺利通过，而使高频信号产生较大衰减。具有这种特性的网络称为低通网络。通过选用不同的网络结构和元件类型还可以实现高通网络、带通网络和带阻网络等。

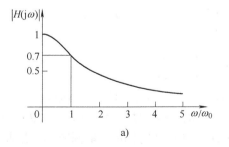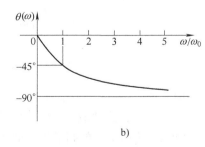

图 8-2　RC 低通滤波器的频率特性

通常将网络函数的模下降到最大值的 $1/\sqrt{2}$ 时所对应的频率称为截止频率，记为 ω_c。由图

8-2a 可见，此 RC 低通网络的截止频率为

$$\omega_c = \omega_0 = 1/(RC)$$

对于低通网络，$0 \sim \omega_c$ 这一频率范围称为低通网络的通带，而 $\omega_c \sim \infty$ 这一频率范围称为阻带。图 8-2b 中相频特性表明，在此低通网络的通带内，频率越高输出电压 $\dot{U}_C$ 滞后于输入电压 $\dot{U}$ 的相位差越大，当 $\omega = \omega_c$ 时 $\dot{U}_C$ 比 $\dot{U}$ 滞后 45°。

在图 8-1 所示电路中如果以电阻电压作为响应，则成为 RC 高通网络。这是因为频率越高容抗越小，当 ω 趋于无穷大时，作为响应的电阻电压降等于输入电压；相反，频率越低容抗越大，ω 趋于零时容抗趋于无穷大，因而电流及电阻电压趋于零。

8.2 RLC 串联电路的频率特性

在图 8-3 所示的 R、L、C 串联电路中以电压 $\dot{U}$ 为激励，分别取电阻电压、电容电压和电感电压为响应，研究其网络函数和频率特性。

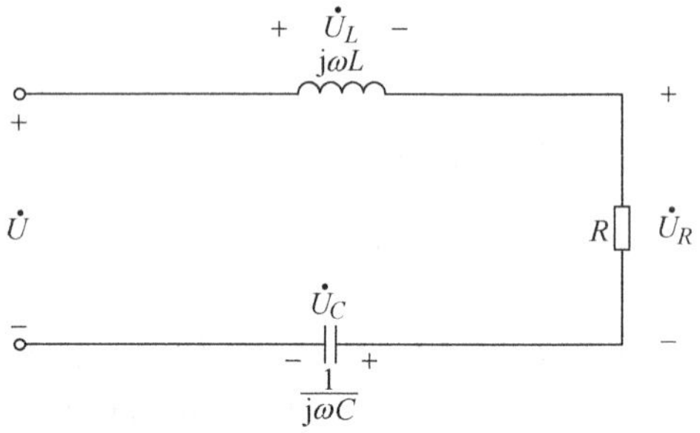

当以电阻电压 $\dot{U}_R$ 为响应时，其网络函数（即转移电压比）为

$$H_R(j\omega) = \frac{\dot{U}_R}{\dot{U}} = \frac{R}{R + j[\omega L - 1/(\omega C)]} \quad (8-6)$$

图 8-3 R、L、C 带通电路

式中，感抗和容抗相减，当改变频率达到某一量值时可使它们互相抵消，转移电压比的模达到最大值，这一频率记为 ω_0，即 $\omega_0 L = 1/(\omega_0 C)$，所以

$$\omega_0 = 1/\sqrt{LC} \quad (8-7)$$

式中，ω_0 称为 R、L、C 串联电路的谐振角频率。为便于讨论 $H_R(j\omega)$ 的频率特性，令

$$\rho = \omega_0 L = 1/\omega_0 C \quad (8-8)$$

式中，ρ 称为 R、L、C 串联电路的特性阻抗。又令

$$Q = \rho/R \quad (8-9)$$

式中，Q 称为 R、L、C 串联电路的品质因数。将谐振角频率 ω_0 和品质因数 Q 引入式（8-6），其幅频特性和相频特性为

$$|H_R(j\omega)| = \frac{1}{\sqrt{1 + \frac{1}{R^2}\left(\omega L - \frac{1}{\omega C}\right)^2}} = \frac{1}{\sqrt{1 + Q^2\left(\frac{\omega}{\omega_0} - \frac{\omega_0}{\omega}\right)^2}} \quad (8-10)$$

$$\theta_R(\omega) = -\arctan Q\left(\frac{\omega}{\omega_0} - \frac{\omega_0}{\omega}\right) \quad (8-11)$$

由式（8-10）、式（8-11）不难看出，当 $\omega/\omega_0 = 0$ 时，$|H_R(j\omega)| = 0$，$\theta_R(\omega) = 90°$；当 $\omega/\omega_0 = 1$ 时，$|H_R(j\omega)| = 1$，达到最大，$\theta_R(\omega) = 0$；当 $\omega/\omega_0 \to \infty$ 时，$|H_R(j\omega)| = 0$，$\theta_R(\omega) = -90°$。且当 $\omega/\omega_0 < 1$ 时，$|H_R(j\omega)|$ 单调增加，而当 $\omega/\omega_0 > 1$ 时 $|H_R(j\omega)|$ 单调减小。据此大致画出幅频和相频特性曲线图如图 8-4 所示。由幅频特性曲线图 8-4a 可见，此网络允许频率靠近 ω_0 的信号通过，而使低频和高频信号都产生较大衰减，因此称为 R、L、C 带通网络。仍以网络函数的模下降到最大值的 $1/\sqrt{2}$ 所对应的频率作为截止频率 ω_c，由式（8-10）可知截止频率须满足

$$\frac{1}{\sqrt{1 + Q^2 \left(\dfrac{\omega_c}{\omega_0} - \dfrac{\omega_0}{\omega_c}\right)^2}} = \frac{1}{\sqrt{2}}$$

由此解得两个截止频率为

$$\frac{\omega_{c1}}{\omega_0} = -\frac{1}{2Q} + \sqrt{\frac{1}{4Q^2} + 1} \quad \text{和} \quad \frac{\omega_{c2}}{\omega_0} = \frac{1}{2Q} + \sqrt{\frac{1}{4Q^2} + 1}$$

截止频率 ω_{c1} 和 ω_{c2} 之间为通带，通带宽度记为

$$\Delta\omega = \omega_{c2} - \omega_{c1} = \omega_0 / Q \tag{8-12}$$

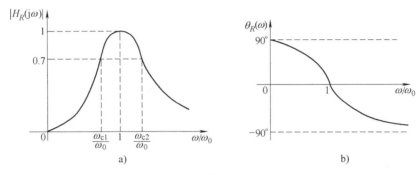

图 8-4　R、L、C 带通网络的频率特性

可见 R、L、C 带通电路的通带宽度与品质因数 Q 成反比。电路中电阻 R 越小，品质因数 Q 越高，通带宽度就越窄。图 8-5 中画出了 Q 等于 1、2、10 时分别对应的幅频特性。图中 $|H_R(j\omega)| > 1/\sqrt{2}$ 所对应的频率范围为通带。

如果在 R、L、C 串联电路中以电容电压 $\dot{U}_C$ 为响应（见图 8-6），且仍然引用 $\omega_0 = 1/\sqrt{LC}$ 和 $Q = \omega_0 L/R = 1/\omega_0 CR$，则转移电压比为

$$H_C(j\omega) = \frac{\dot{U}_C}{\dot{U}} = \frac{1/(j\omega C)}{R + j\omega L + 1/(j\omega C)}$$

$$= \frac{1}{(1 - \omega^2 LC) + j\omega CR} = \frac{1}{\left[1 - \left(\dfrac{\omega}{\omega_0}\right)^2\right] + j\dfrac{1}{Q}\left(\dfrac{\omega}{\omega_0}\right)} \tag{8-13}$$

幅频特性和相频特性分别为

$$|H_C(j\omega)| = \frac{1}{\sqrt{\left[1 - \left(\dfrac{\omega}{\omega_0}\right)^2\right]^2 + \dfrac{1}{Q^2}\left(\dfrac{\omega}{\omega_0}\right)^2}} \tag{8-14}$$

$$\theta_C(\omega) = -\arctan\frac{1}{Q\left(\dfrac{\omega_0}{\omega} - \dfrac{\omega}{\omega_0}\right)} \tag{8-15}$$

当 $\omega/\omega_0 = 0$ 时，$|H_C(j\omega)| = 1$，$\theta_C(\omega) = 0$；当 $\omega/\omega_0 = 1$ 时，$|H_C(j\omega)| = Q$，$\theta_C(\omega) = -90°$；当 $\omega/\omega_0 \to \infty$ 时，$|H_C(j\omega)| = 0$，$\theta_C(\omega) = -180°$。设品质因数 Q 等于 2、1、0.7，分别画出幅频和相频特性曲线如图 8-7 所示。从幅频特性曲线图 8-7a 可见，当品质因数较高时 $|H_C(j\omega)|$ 存在极大值。

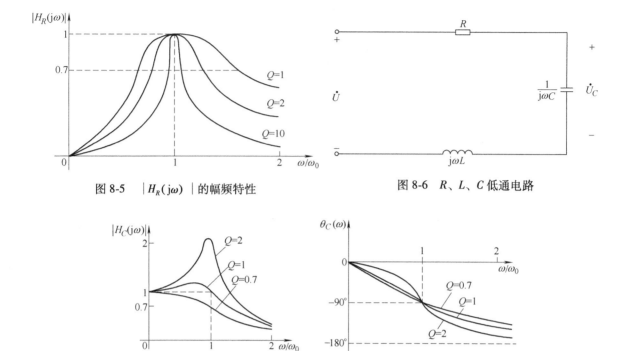

图 8-5 　$|H_R(j\omega)|$ 的幅频特性

图 8-6 　R、L、C 低通电路

图 8-7 　R、L、C 低通网络的频率特性

令 $d|H_C(j\omega)|/d(\omega/\omega_0) = 0$ 可得，当 $\omega/\omega_0 = \sqrt{1 - 1/2Q^2}$ 时，幅频特性出现极大值。因为角频率 ω 是实数，根号下应为正数，只有当 $Q > 1/\sqrt{2}$ 时，幅频特性才存在极大值，而且极大值所对应的频率相对值 $\omega/\omega_0 < 1$，Q 值越高此频率相对值越接近于 1。

图 8-7a 中幅频特性表明，当以电容电压 $\dot{U}_C$ 为响应时，R、L、C 串联电路具有低通特性。理想的低通特性如图 8-7a 中虚线所示，当 $Q \approx 1$ 时，其幅频特性接近理想低通特性。

如果取电感电压 $\dot{U}_L$ 为响应，如图 8-8 所示。其转移电压比为

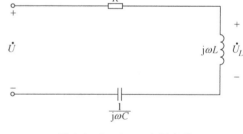

图 8-8 　R、L、C 高通电路

$$H_L(j\omega) = \frac{\dot{U}_L}{\dot{U}} = \frac{j\omega L}{R + j\omega L + 1/(j\omega C)}$$

$$= \frac{1}{[1 - 1/(\omega^2 LC)] - jR/(\omega L)}$$

$$= \frac{1}{\left[1 - \left(\dfrac{\omega_0}{\omega}\right)^2\right] - j\dfrac{1}{Q}\left(\dfrac{\omega_0}{\omega}\right)} \tag{8-16}$$

幅频特性和相频特性分别为

$$|H_L(j\omega)| = \frac{1}{\sqrt{\left[1 - \left(\dfrac{\omega_0}{\omega}\right)^2\right]^2 + \dfrac{1}{Q^2}\left(\dfrac{\omega_0}{\omega}\right)^2}} \tag{8-17}$$

$$\theta_L(\omega) = - \arctan \frac{-1}{Q\left(\dfrac{\omega}{\omega_0} - \dfrac{\omega_0}{\omega}\right)} \tag{8-18}$$

当 $\omega/\omega_0 = 0$ 时，$|H_L(j\omega)| = 0$，$\theta_L(\omega) = 180°$；当 $\omega/\omega_0 = 1$ 时，$|H_L(j\omega)| = Q$，$\theta_L(\omega) = 90°$；当 $\omega/\omega_0 \to \infty$ 时，$|H_L(j\omega)| = 1$，$\theta_L(\omega) = 0°$。据此大致画出的幅频和相频特性曲线如图 8-9 所示。图 8-9a 中幅频特性曲线表明，当以电感电压为响应时，R、L、C 电路具有高通特性。其实从图 8-8 所示电路可以直观地看出它应具有高通特性。因为频率越高感抗越大，当 ω 趋于无穷大时，电源电压全都加在电感上，这时 $|H_L(j\omega)| = U_L/U$ 趋近于 1。也可以这样直观地分析 R、L、C 带通和低通电路。

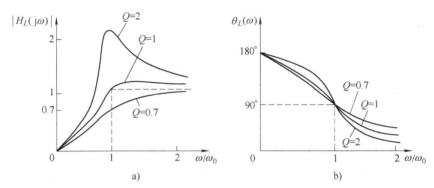

图 8-9 R、L、C 高通电路的频率特性

8.3 RLC 串联谐振电路

串联谐振电路是一种最基本的谐振电路，是研究谐振电路的基础。图 8-10 所示的是 RLC 串联谐振电路。那么 RLC 串联电路的复阻抗为

$$Z = R + j(\omega L - 1/(\omega C)) = R + jX \tag{8-19}$$

当电路中 $\omega L = 1/(\omega C)$ 相等时，整个电路的阻抗等于电阻，即 $Z = R$。也就是电压源 $\dot{U}$ 和电流 $\dot{I}$ 同相位，此时电路发生了谐振。由于这是串联电路，所以将这种谐振称为串联谐振。

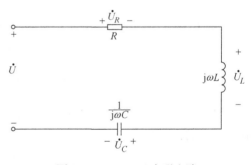

图 8-10 R、L、C 串联电路

R、L、C 串联电路发生谐振的条件是 $\omega L = 1/(\omega C)$。改变电源频率，或改变电感，或改变电容均可实现串联谐振。发生谐振的角频率、电感或电容分别为

$$\omega_0 = \frac{1}{\sqrt{LC}} \qquad L_0 = \frac{1}{\omega_0^2 C} \qquad C_0 = \frac{1}{\omega_0^2 L}$$

在 8.2 节中把 ω_0 称作 R、L、C 串联电路的谐振角频率，就是因为当 $\omega = \omega_0$ 时发生串联谐振。正如在 8.2 节所见，当 $\omega = \omega_0$ 时，电阻电压对电源电压的转移电压比的模达到最大；电感电压或电容电压对电源电压的转移电压比也接近于最大值，电路的品质因数 Q 越高，出现此最大值的角频率越靠近谐振角频率 ω_0。

由式（8-6）、式（8-13）、式（8-16）可直接写出 R、C、L 串联电路的电流、电容电压和电感电压为

$$\dot{I} = \frac{\dot{U}_R}{R} = H_R(\mathrm{j}\omega)\frac{\dot{U}}{R}$$

$$\dot{U}_C = H_C(\mathrm{j}\omega)\dot{U}$$

$$\dot{U}_L = H_L(\mathrm{j}\omega)\dot{U}$$

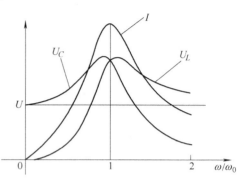

当电源电压有效值保持不变而改变频率时，电流 $\dot{I}$ 和电压 $\dot{U}_L$、$\dot{U}_C$ 随频率而变动的规律与相应的转移电压比的频率特性是一致的。根据图 8-5、图 8-7 和图 8-9 中幅频特性曲线可直接画出电流 I 和电压 U_C、U_L 随频率变动的曲线，如图 8-11 所示，称为谐振曲线，主要用于表示电流、电压在谐振点附近的变动情况。如果通过改变电容或电感实现谐振，绘制谐振曲线的横坐标自然是电容量或电感量。这时的谐振曲线不再与电路的幅频特性一致。

图 8-11　R、L、C 串联电路谐振曲线

从图 8-11 看出，当 $\omega = 0$ 时容抗 $1/(\omega C) \to \infty$，因此电流和电感电压均为零，电源电压全部加在电容上，$U_C = U$。当 $\omega \to \infty$ 时感抗 $\omega L \to \infty$，电流和电容电压趋于零，电感电压等于电源电压，即 $U_L = U$。

当 $\omega = \omega_0$ 时，因 $\omega_0 L - 1/(\omega_0 C) = 0$，阻抗达到最小值，等于电阻 R。在电源电压有效值一定的条件下，电流达到最大值，记为

$$\dot{I}_0 = \frac{\dot{U}}{R} \tag{8-20}$$

电流 $\dot{I}_0$ 在电感和电容上产生的电压分别为

$$\dot{U}_L = \mathrm{j}\omega_0 L \dot{I}_0 \tag{8-21}$$

$$\dot{U}_C = -\mathrm{j}\frac{1}{\omega_0 C}\dot{I}_0 \tag{8-22}$$

引用 R、L、C 串联电路的特性阻抗 $\rho = \omega_0 L = 1/(\omega_0 C)$ 和品质因数 $Q = \rho/R$ 来表示电感电压和电容电压有效值

$$U_L = U_C = \rho I_0 = \rho \frac{U}{R} = QU \tag{8-23}$$

可见，R、L、C 串联电路的品质因数 Q 等于谐振时的电感电压或电容电压与电源电压之比。如果品质因数 $Q \gg 1$（即 $\rho \gg R$），谐振时的电感电压和电容电压就比电源电压大得多。然而从电路端口来看，由于 $\dot{U}_L$ 和 $\dot{U}_C$ 相位相反而完全抵消，所以端口电压中没有电抗电压分量，端口电压就等于电阻电压。因此这种串联谐振又称为电压谐振。在图 8-12 中以电流 $\dot{I}_0$ 为参考相量，根据式（8-20）~式（8-22）画出了谐振时电流和各电压相量图。

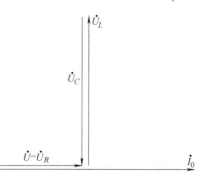

图 8-12　R、L、C 串联谐振时的相量图

如果 R、L、C 串联电路中电阻 R 趋于零，谐振时的阻抗便趋于零，相当于短路，这就是理想的 LC 串联谐振电路。

在电力工程中一般应避免发生串联谐振，因为谐振时在电容上和电感上可能出现比正常电压大得多的过电压，这可能击穿电器设备的绝缘。在通信工程中则相反，由于某些信号源输出的信号十分微弱，可利用电压谐振来获得较高的电压。例如收音机有时就是利用串联谐振电路（称为调谐电路）从多个具有不同频段的信号源中选择所要收听的某个电台的信号。

R、L、C 串联电路 Q 值越高，在一定的电源电压作用下，谐振时获得的电感电压和电容电压就越大；而且 Q 值越高，谐振曲线在谐振频率 ω_0 附近的变化率越大，如图 8-5 所示，因此偏离 ω_0 的信号源所引起的响应将显著减小。从这种意义上说，谐振电路的 Q 值越高，其选择性越好。但是 Q 值过高，将使通频带变窄［见式（8-12）］，传输语音和图像时应具有必要的通带宽度，通带过窄会影响传输信号的质量。在 R、L、C 串联谐振电路中选择性和通带宽度这对矛盾只能兼顾，而不能解决。

8.4 *GCL* 并联谐振电路

由电流源激励的 G、C、L 并联电路，如图 8-13 所示，与由电压源激励的 R、L、C 串联电路是对偶电路。它们的频率特性也存在对偶关系，这里不再重复讨论。下面仅研究 G、C、L 并联谐振的条件和特点。

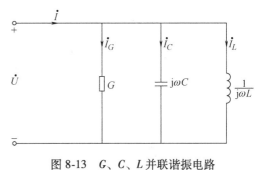

图 8-13 G、C、L 并联谐振电路

G、C、L 并联电路的复导纳为

$$Y = G + j(\omega C - 1/(\omega L))$$
$$= G + jB \qquad (8\text{-}24)$$

实现谐振的条件是复导纳的虚部为零，即 $\omega C - 1/\omega L = 0$，谐振角频率为

$$\omega_0 = 1/\sqrt{LC} \qquad (8\text{-}25)$$

谐振时导纳达到最小值，即 $|Y| = G$，在电源电流有效值一定的条件下，电压 $\dot{U}$ 达到最大，记为

$$\dot{U}_0 = \dot{I}/Y = \dot{I}/G \qquad (8\text{-}26)$$

在电感和电容中也产生较大电流（但不是最大），即

$$\dot{I}_L = \dot{U}_0/(j\omega_0 L) = -j\dot{I}/(\omega_0 LG) \qquad (8\text{-}27)$$

$$\dot{I}_C = j\omega_0 C\dot{U}_0 = j\omega_0 C\dot{I}/G \qquad (8\text{-}28)$$

如果 $\omega_0 C = 1/(\omega_0 L) \gg G$，谐振时电感电流 I_L 和电容电流 I_C 则比电源电流 I 大得多。由于 $\dot{I}_L$ 和 $\dot{I}_C$ 的有效值相等相位相反而互相抵消，所以电源电流 $\dot{I}$ 等于电导电流 $\dot{I}_G$。可见并联谐振是因为 $\dot{I}_L$ 和 $\dot{I}_C$ 相抵消而引起的，因此也称为电流谐振。

谐振时的电感电流或电容电流与总电流之比称作 G、C、L 并联电路的品质因数，即

$$Q = I_L/I = I_C/I = 1/(\omega_0 LG) = \omega_0 C/G \qquad (8\text{-}29)$$

可见 G、C、L 并联电路的品质因数表达式与 R、L、C 串联电路的品质因数 $Q = \omega_0 L/R = 1/(\omega_0 CR)$ 存在对偶关系。

在实际应用中常以电感绕组和电容器构成并联谐振电路。电感绕组可用电感和电阻相串联作为电路模型，而电容器的损耗很小，一般可忽略不计。这样便得到如图 8-14 所示的并联电路，其等效复导纳为

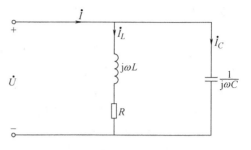

图 8-14 电感绕组与电容器并联电路

$$Y = \frac{1}{R + j\omega L} + j\omega C = \frac{R}{R^2 + (\omega L)^2} +$$
$$j\left[\omega C - \frac{\omega L}{R^2 + (\omega L)^2}\right] \qquad (8\text{-}30)$$

产生谐振的条件是复导纳的虚部为零。因此谐振电容为

$$C_0 = \frac{L}{R^2 + (\omega L)^2} \qquad (8\text{-}31)$$

当改变频率时，可由式（8-31）解出 ω ，即为谐振角频率

$$\omega_0 = \sqrt{\frac{1}{LC} - \frac{R^2}{L^2}} \qquad (8\text{-}32)$$

在电路参数一定的条件下，改变电源频率能否谐振，要看式（8-32）根号内的值是否为正。若 $R < \sqrt{L/C}$ ，根号下为正值，存在谐振频率 ω_0。这是因为若 $R \gg \sqrt{L/C}$ 时使式（8-30）虚部恒为正，电路始终保持容性，不存在谐振频率。

改变电感实现谐振的条件更复杂。由式（8-31）解得谐振电感为

$$L_0 = \frac{1 \pm \sqrt{1 - 4\omega^2 C^2 R^2}}{2\omega^2 C} \qquad (8\text{-}33)$$

当 $R > 1/(2\omega C)$ 时，根号内为负值，改变电感不能达到谐振。当 $R < 1/(2\omega C)$ 时，从式（8-33）得到两个解，把电感调节到其中任何一个都能发生谐振。

谐振时复导纳的虚部为零，其等效复阻抗为一个电阻，记为 R_0，由式（8-30）得

$$R_0 = \frac{R^2 + (\omega_0 L)^2}{R}$$

将式（8-32）中谐振角频率 ω_0 代入上式，得

$$R_0 = R + \frac{L^2}{R}\left(\frac{1}{LC} - \frac{R^2}{L^2}\right) = \frac{L}{RC} \qquad (8\text{-}34)$$

式（8-34）说明绕组电阻 R 越小，并联谐振时的等效阻抗 R_0 越大。但是，当调节频率达到谐振时，R_0 并不是阻抗的最大值。由式（8-30）可知，复导纳的实部随角频率增大而减小，当 ω 略高于 ω_0 时，导纳达到最小值，而阻抗达到最大值。

如果绕组与电容相并联的电路用一定的电流源来激励，在谐振时由于阻抗接近于最大值，电压 U 也接近于最大值，这时在绕组和电容中产生的电流可能比电源电流大得多。图 8-15 为谐振时的电压及各电流的相量图。

如果此并联电路用一定的电压源来激励，谐振时的端口电流将接近于最小值。在理想情况下电感绕组电阻趋于零，谐振

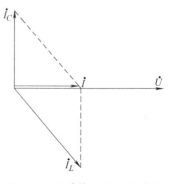

图 8-15 电感绕组与电容并联谐振时的相量图

阻抗 R_0 趋于无穷大 ［见式（8-34）］，也就是说理想的电感与电容发生并联谐振时，其等效阻抗为无穷大，相当于开路，根本不能流过电流。其实在电感和电容中却分别存在 $\dot{I}_L$ 和 $\dot{I}_C$，只是因为它们的有效值相等、相位相反，互相抵消，才使总电流等于零。

在分析结构比较复杂的电路时，有时引用元件品质因数的概念。这时绕组的品质因数可定义为在谐振频率下的感抗与串联电阻之比，即 $Q_L = \omega_0 L / R$。如果电容器的损耗不容忽略，用并联的漏电导 G 来表示，则电容器的品质因数可定义为谐振时的容抗与并联电导之比，即 $Q_C = \omega_0 C / G$。

例 8-1　一个电感为 0.25mH，电阻为 25Ω 的绕组与 85pF 的电容器接成并联电路，试求该并联电路的谐振频率和谐振时的阻抗。

解　谐振角频率和谐振频率分别为

$$\omega_0 = \sqrt{\frac{1}{LC} - \frac{R^2}{L^2}} = \sqrt{\frac{1}{0.25 \times 10^{-3}H \times 85 \times 10^{-12}F} - \frac{(25\Omega)^2}{(0.25 \times 10^{-3}H)^2}}$$

$$= \sqrt{(4.7 \times 10^{13} - 10^{10})s^{-2}} \approx \sqrt{4.7 \times 10^{13}}s^{-1} = 6.86 \times 10^6 rad/s$$

$$f_0 = \frac{\omega_0}{2\pi} = \frac{6.86 \times 10^6 rad/s}{2\pi rad/s} = 1092kHz$$

谐振时的阻抗为

$$Z = \frac{R^2 + (\omega_0 L)^2}{R} = \frac{(25\Omega)^2 + (6.86 \times 10^6 rad/s \times 0.25 \times 10^{-3}H)^2}{25\Omega}$$

$$= \frac{(25\Omega)^2 + (1.72 \times 10^3 \Omega)^2}{25\Omega} \approx \frac{(1.72 \times 10^3 \Omega)^2}{25\Omega} = 118k\Omega$$

或

$$Z = R_0 = \frac{L}{RC} = \frac{0.25 \times 10^{-3}H}{25\Omega \times 85 \times 10^{-12}F} = 118k\Omega$$

可见谐振时的阻抗与绕组电阻之比 $R_0 / R = 4700$ 倍。

本 章 小 结

1. 在只有一个激励的正弦电流电路中响应相量与激励相量成正比，其比例系数称为网络函数，记为

$$H(j\omega) = 响应相量 / 激励相量$$

2. 网络函数的模 $|H(j\omega)|$ 和辐角 $\theta(\omega)$ 随频率而变动的规律分别称为网络的幅频特性和相频特性，总称频率特性。利用网络不同的幅频特性可实现低通、高通、带通、带阻等滤波功能。

3. 含有电感和电容的无独立电源的一端口网络，其端口电压和端口电流同相位的现象称为谐振。一端口网络发生谐振的条件是输入复阻抗的虚部等于零或输入复导纳的虚部等于零。

4. R、L、C 串联电路谐振时阻抗达到最小值，为 $|Z| = R$。电感电压和电容电压有效值相等、相位相反，故互相抵消，称为电压谐振。电感电压和电容电压的有效值均为端口电压有效值的 Q 倍。$Q = \omega_0 L / R = 1/(\omega_0 CR)$，为 R、L、C 串联电路的品质因数，$\omega_0 = 1/\sqrt{LC}$ 为谐振角频率。

5. 电感绕组与电容器并联电路谐振时，阻抗达到（调节电容）或接近（调节频率或电

感）最大值，且为 $R_0 = L/(RC)$ 。当电感绕组的品质因数 $Q = \omega_0 L/R$ 较高时，电感绕组电流和电容器电流的有效值近似相等，后者等于端口电流的 Q 倍。

习　　题

8-1　求如图 8-16 所示电路端口 1-1′的驱动点阻抗 $\dot{U}/\dot{I}_1$、转移电流比 $\dot{I}_C/\dot{I}_1$ 和转移阻抗 $\dot{U}_2/\dot{I}_1$。

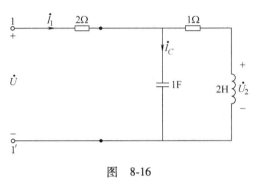

图　8-16

8-2　RLC 串联电路中 $R = 1\Omega$ 、$L = 0.01\mathrm{H}$ 、$C = 1\mu\mathrm{F}$ 。求：

（1）输入阻抗与角频率 ω 的关系。

（2）画出阻抗的频率响应。

（3）谐振频率 ω_0。

（4）谐振电路的品质因数 Q 。

（5）通频带的宽度 BW 。

8-3　如图 8-17 所示电路中 $I_\mathrm{S} = 20\mathrm{mA}$ 、$L = 100\mu\mathrm{H}$ 、$C = 400\mathrm{pF}$ 、$R = 10\Omega$ 。求：电路谐振时的通带 BW 和 R_L 等于何值时能获得最大功率，并求最大功率。

8-4　如图 8-18 所示电路中 $R = 10\Omega$ 、$C = 0.1\mu\mathrm{F}$ ，正弦电压 u_S 的有效值 $U_\mathrm{S} = 1\mathrm{V}$ ，电路的 Q 值为 100。求：参数 L 和谐振时的 U_L 。

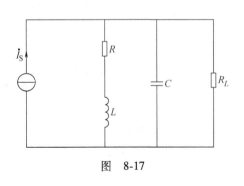

图　8-17

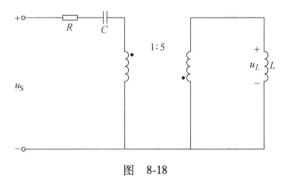

图　8-18

第9章 线性动态电路暂态过程的时域分析

■内容提要

动态电路的暂态过程分析是电路理论的重要内容，在工程中具有重要意义。常用的分析方法包括时域分析和复频域分析。

本章讨论线性动态电路暂态过程的时域分析。首先介绍动态电路的暂态过程，包括稳态、暂态、换路等概念，初步建立时域分析法的基本思想，然后重点介绍动态电路的初始条件、一阶电路的零输入响应、零状态响应、全响应、阶跃响应和冲激响应等概念。其次讨论二阶电路的暂态过程，最后介绍动态电路状态方程的概念。

9.1 动态电路的暂态过程及其初始条件

9.1.1 动态电路的暂态过程

电容元件和电感元件的电压与电流关系是微分或积分关系，这种关系属于动态相关关系，这两种元件都称为动态元件。含有动态元件的电路称为动态电路（Dynamic Circuits）。当电路中含有电容元件或电感元件时，根据 KCL 和 KVL 以及元件的 VCR 建立的电路方程是以电流和电压为变量的微分方程或微分—积分方程，微分方程的阶数取决于动态元件的个数和电路的结构。

动态电路和电阻电路的不同之处在于当由于某种原因使电容电压和电感电流发生变化时，电容和电感的储能也要发生变化，这种变化涉及电场能量、磁场能量和其他形式能量之间的转换，这种转换不能瞬间完成，只能逐渐过渡。即由于动态元件的存在，当电路的工作状态发生变化时，电路将由原来电压和电流是常量或是周期量的稳定状态或称稳态（Steady State）转换到新的稳定状态，期间要经历一个过渡过程，在过渡过程中电路的工作状态称为暂态（Transient State）过程。动态电路的时域分析就是研究电路状态发生变化时产生的过渡现象。

图 9-1a 是一个简单的 RC 电路。开关 S 闭合后，电压源 U_S 通过电阻 R 对电容充电，电容电压逐渐上升到 $u_C = U_S$。其变化曲线如图 9-1b 所示。电容电压从开关闭合前的稳定状态 $u_C = 0$ 变化到开关闭合后的稳定状态 $u_C = U_S$，不是瞬间完成的，需要经历一个过渡过程。

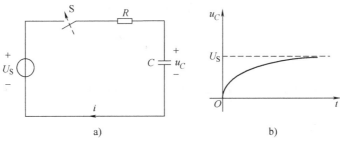

a)   b)

图 9-1 RC 电路

图 9-2a 是一个简单的 RL 电路。开关 S 接于 a 点时，电路已达稳态，因为是直流电源激励，所以达到稳态时，电感相当于短路，电感电流 $i_L = \dfrac{U_S}{R_1}$。在 $t = 0$ 时将开关 S 合向 b。此后电感电流逐渐减小到零。电感电流从原稳定状态 $i_L = \dfrac{U_S}{R_1}$ 变化到新稳定状态 $i_L = 0$，也需要一个过渡过程，如图 9-2b 所示。

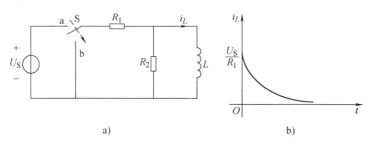

图 9-2　RL 电路

研究电路暂态过程，主要是掌握暂态的分析计算方法及其规律。一方面要利用这些规律实现某种技术目的，如利用电容的充放电过程实现脉冲的产生和变换，在整流、滤波、振荡等电路或控制系统中实现各种控制等；另一方面，某些电路在过渡过程中可能出现过电压、过电流现象，有些电器设备就是基于这些现象而工作，而在有些情况下却要防止这些现象的发生，以免对电器设备造成危害。

9.1.2　换路与换路定则

在动态电路中，电路的接通、切断、电源和元件参数的变动、结构改变、遭遇事故和干扰等都会引起原有稳定状态的改变。这些引起电路工作状态改变的电路变化过程统称为换路（Commutation）。换路是引起动态电路产生过渡过程的外部因素，而储能元件则是出现过渡过程的内因。假设电路在 $t = 0$ 时刻发生换路，那么，定义 $t \leqslant 0_-$ 为换路之前电路，通常该电路原来已处于稳定状态。定义换路后在 $t = 0_+$ 时电路的状态为换路后的起始状态。定义换路后在 $t \geqslant 0_+$ 到电路重新达到新的稳定状态的时间过渡过程为暂态过程。

分析换路后的暂态过程，需要首先确定电路的起始状态。可以利用动态元件的记忆特性，即电流为有限量的电容上的电压和电压为有限量的电感上的电流是连续的，来求解其他电路量的起始值。

1. 电容电压 u_C 和电感电流 i_L 初始值的确定

设在线性电容 C 上电压 u_C 和电流 i_C 参考方向相同，则有

$$q(t) = Cu_C(t) = \int_{-\infty}^{t} i_C(\xi)\,\mathrm{d}\xi$$

电容电荷的初始值可表示为

$$q(0_+) = Cu_C(0_+) = \int_{-\infty}^{0_+} i_C(\xi)\,\mathrm{d}\xi = \int_{-\infty}^{0_-} i_C(\xi)\,\mathrm{d}\xi + \int_{0_-}^{0_+} i_C(\xi)\,\mathrm{d}\xi$$

式中，$\displaystyle\int_{\infty}^{0_-} i_C(\xi)\,\mathrm{d}\xi = q(0_-)$，故

$$q(0_+) = Cu_C(0_+) = q(0_-) + \int_{0_-}^{0_+} i_C(\xi)\,\mathrm{d}\xi$$

若在 $t = 0$ 瞬间电容电流 $i_C(0)$ 有界，则上式积分项必为零，于是得到

$$q(0_+) = q(0_-) \text{ 和 } u_C(0_+) = u_C(0_-) \tag{9-1}$$

式中，$q(0_-)$ 和 $u_C(0_-)$ 表示换路前瞬间的电容电荷和电压，称为电容电荷和电压的原始值（Original Value）。

综上所述，若换路瞬间 $t = 0$ 瞬间电容电流 i_C 有界，则式（9-1）成立，表明电容电荷 $q(t)$ 和电压 $u_C(t)$ 在 $t = 0$ 时是连续变化的或称渐变（Gradually Change）。

应用对偶原理，即电容元件、参数及相关变量与电感元件、参数及相关变量的对偶关系，根据式（9-1）可直接写出电感磁链和电流的初始值与原始值的关系

$$\psi(0_+) = \psi(0_-) \text{ 和 } i_L(0_+) = i_L(0_-) \tag{9-2}$$

式（9-2）成立的条件是，在换路瞬间 $t = 0$ 瞬间电感电压 u_L 有界，它表明电感磁链 $\psi(t)$ 和 $i_L(t)$ 在 $t = 0$ 时是连续的。可按式（9-1）的思路自行证明式（9-2）。

式（9-1）和式（9-2）及其成立的条件所表示的规律称为换路定则。换路定则表明，在换路瞬间，如果电容上的电流为有限值，则电容上的电压不能突变；如果电感上的电压为有限值，则电感中的电流不能突变。

换路定则实际上是能量守恒和转换定律在电路换路时的具体表现。在应用换路定则时，还要注意电容上的电压不能突变决不意味着电容上的电流也不能跃变，电感上的电流不能突变也决不意味着电感上的电压也不能跃变。

2. 除 $u_C(0_+)$、$i_L(0_+)$ 之外各电压电流初始值的确定

$u_C(0_+)$ 和 $i_L(0_+)$ 根据换路定则来确定，为求其他电压、电流初始值 $u(0_+)$ 和 $i(0_+)$ 则须求解电路方程。列写电路方程的依据仍然来自于电路变量的结构约束和元件约束，即在 $t = 0_+$ 瞬间有

KCL：$\sum i(0_+) = 0$

KVL：$\sum u(0_+) = 0$

电阻元件：$u_R(0_+) = Ri_R(0_+)$ 或 $i_R(0_+) = Gu_R(0_+)$

电容元件：$u_C(0_+) = u_C(0_-)$

电感元件：$i_L(0_+) = i_L(0_-)$

式中，$u_C(0_+)$ 和 $i_L(0_+)$ 具有确定的量值。所以在 $t = 0_+$ 瞬间电容相当于电压源；电感相当于电流源。可用电压源和电流源来替代电容和电感。于是电路中只剩下电阻元件、受控电源和独立电源，变成了电阻电路，可用分析直流电路的各种方法来求解。

例 9-1 如图 9-3a 所示电路，在 $t < 0$ 时处于稳态，$t = 0$ 时开关接通。求初始值 $u_C(0_+)$、$i_L(0_+)$、$u_1(0_+)$、$u_L(0_+)$、$i_C(0_+)$。

解 开关在接通之前，电路是直流稳态，电容相当于开路，电感相当于短路。于是求得

$$i_L(0_-) = \frac{12}{4 + 6}A = 1.2A$$

$$u_C(0_-) = 6i_L(0_-) = 7.2V$$

由换路定则得

$$i_L(0_+) = i_L(0_-) = 1.2A$$

$$u_C(0_+) = u_C(0_-) = 7.2V$$

根据上述结果，画出 $t = 0_+$ 时的等效电路如图 9-3b 所示。对其列节点电压方程

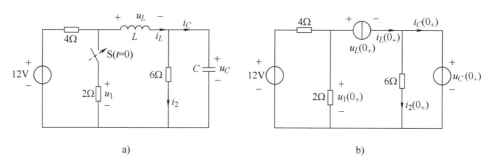

图 9-3 例 9-1

$$\left(\frac{1}{4} + \frac{1}{2}\right) u_1(0_+) = \frac{12}{4} - i_L(0_+)$$

解得

$$u_1(0_+) = 2.4\text{V}$$

根据 KVL 和 KCL 求得

$$u_L(0_+) = u_1(0_+) - u_C(0_+) = -4.8\text{V}$$

$$i_C(0_+) = i_L(0_+) - i_2(0_+) = i_L(0_+) - \frac{u_C(0_+)}{6} = 0\text{A}$$

例 9-2 图 9-4 所示为测量发电机励磁绕组直流电阻的电路。已知电压表的读数为 100V、电压表内阻 $R_V = 50\text{k}\Omega$，电流表的读数为 200A，电流表内阻 $R_A \approx 0$，励磁绕组的电感 $L = 0.4\text{H}$，若测量完毕后直接断开开关 S，问在 S 断开瞬间电压表所承受的电压为多少？

解 由电压表、电流表的读数得励磁绕组电阻

$$R = \frac{U_V}{I_A} = \frac{100}{200}\Omega = 0.5\Omega$$

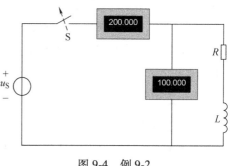

图 9-4 例 9-2

电感电流的初始值为

$$i_L(0_+) = i_L(0_-) = 200\text{A}$$

开关 S 断开瞬间，电压表承受的电压为

$$U_V(0_+) = -R_V i_L(0_+) = -10000\text{kV}$$

由此可知，在开关断开瞬间，电压表承受很高的电压，可能损坏电压表。因此应先断开电压表，并联一个阻值较低的电阻后再切断电源。

9.2 一阶电路的零输入响应

应用一阶微分方程描述的电路称为一阶电路（First-Order Circuit）。电路中除电阻之外只含有一个电容或一个电感的电路或经变换可等效为一个电容或一个电感的电路都是一阶电路。例如图 9-1a 所示电路只含有一个电容，电路方程是一阶微分方程，属于一阶电路。

所谓零输入响应，就是动态电路在没有外施激励的情况下，仅仅由动态元件的初始储能产生的响应。在工程实际中，典型的无电源一阶电路有：电容放电电路和发电机磁场的退磁回

路。前者是 RC 电路，后者是 RL 电路。下面分别讨论这两种典型电路的零输入响应（Zero-Input Response）。

9.2.1　RC 电路的零输入响应

如图 9-5a 所示电路，开关原来与 a 点接触，电容电压 $u_c = U_0(t < 0)$。$t = 0$ 时开关由 a 点接到 b 点。$t > 0$ 时构成图 9-5b 所示 RC 放电电路。下面分析 $t > 0$ 时，u_c 和 i_c 的变化规律。

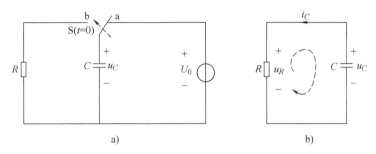

图 9-5　RC 电路的零输入响应

根据 KVL 列出 $t > 0$ 时电路的微分方程

$$-u_R + u_c = -Ri_c + u_c = RC\frac{\mathrm{d}u_c}{\mathrm{d}t} + u_c = 0 \tag{9-3}$$

根据换路定则
$$u_c(0_+) = u_c(0_-) = U_0 \tag{9-4}$$

式（9-3）为一阶常系数线性齐次微分方程。其求解步骤为

列出特征方程并求特征根 $RCp + 1 = 0$

特征根 $p = -\dfrac{1}{RC}$

微分方程式（9-3）的通解为
$$u_c = Ae^{pt} = Ae^{-\frac{t}{RC}} \tag{9-5}$$

式中，A 为积分常数，须根据初始条件，即式（9-4）来确定

$$u_c(0_+) = Ae^0 = A = U_0$$

将上式代入式（9-5），得到满足方程式（9-3）和初始条件式（9-4）的解为

$$u_c = u_c(0_+)e^{-\frac{t}{RC}} = U_0e^{-\frac{t}{RC}} \quad (t \geqslant 0) \tag{9-6}$$

再由电阻或电容中电流与电压关系求电流 i_c

$$i_c = \frac{u_c}{R} = -C\frac{\mathrm{d}u_c}{\mathrm{d}t} = \frac{U_0}{R}e^{-\frac{t}{RC}} \quad (t > 0) \tag{9-7}$$

由于 $i_c(t)$ 在 $t = 0$ 处非连续，此式定义域不含 $t = 0$。式（9-6）和式（9-7）表明，零输入响应 u_c 和 i_c 都从其初始值 $u_c(0_+) = U_0$ 和 $i_c(0_+) = U_0/R$ 开始，按同一指数规律衰减至零，衰减的快慢取决于 RC 的乘积。令 $\tau = RC$，由于 τ 具有时间的量纲，故称之为 RC 电路的时间常数。τ 与 RC 有关，C 越大，储存的能量就越多；R 越大，放电电流就越小；C 和 R 越大，τ 越大，放电过程就越长。

RC 电路的零输入曲线如图 9-6 所示。

由式（9-6）可知，当时间 $t \rightarrow \infty$ 时，电容电压趋近于零，放电过程结束。而实际上，当 $t = \tau$ 时，$u_c(\tau) = 0.368U_0$，电容上的电压已下降到初始值电压的 36.8%；当 $t = 5\tau$ 时，$u_c(5\tau) =$

$0.007U_0$，电容上的电压已经下降到初始值的 0.7%。因此，工程中常常认为电路经过 $(3 \sim 5)\tau$ 时间后放电过程基本结束。

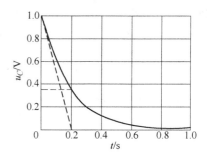

RC 电路的零输入响应是由电容初始储能引起的，这可由能量关系来印证。整个放电过程中电阻所消耗的能量为

$$\int_{0_+}^{\infty} p_R(t)\,\mathrm{d}t = \int_{0_+}^{\infty} i_C^2(t)R\,\mathrm{d}t = \int_{0_+}^{\infty} \left(\frac{U_0}{R}\mathrm{e}^{-\frac{t}{RC}}\right)^2 R\,\mathrm{d}t = \frac{1}{2}CU_0^2$$

它刚好等于电容的原始储能，即

图 9-6　*RC* 电路的零输入响应曲线

$$w_E(0_+) = \frac{1}{2}Cu_C^2(0_+) = \frac{1}{2}Cu_C^2(0_-) = \frac{1}{2}CU_0^2$$

9.2.2　*RL* 电路的零输入响应

电路如图 9-7 所示，开关 S 动作前电路已经处于稳定状态，则电感 L 相当于短路，此时电感电流为

$$i_L(0_-) = \frac{U_S}{R_1} = I_0$$

在开关动作后的初始时刻 $t = 0_+$ 时，根据换路定则，有 $i_L(0_+) = i_L(0_-) = I_0$，这时电感中的初始储能将逐渐被电阻消耗，直到磁场能量被电阻消耗殆尽，电流为零，电感的消磁过程结束。

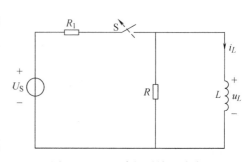

图 9-7　*RL* 电路的零输入响应

当开关断开后，*RL* 电路的微分方程为

$$\frac{L}{R} \times \frac{\mathrm{d}i_L}{\mathrm{d}t} + i_L = 0 \tag{9-8}$$

微分方程的解为

$$i_L(t) = I_0\mathrm{e}^{-\frac{R}{L}t} \quad (t \geqslant 0) \tag{9-9}$$

式 (9-9) 即为 *RL* 电路的零输入响应，其中，电路的时间常数为

$$\tau = \frac{L}{R}$$

其电感两端的电压为

$$u_L(t) = L\frac{\mathrm{d}i_L}{\mathrm{d}t} = -RI_0\mathrm{e}^{-\frac{R}{L}t} \quad (t \geqslant 0)$$

将一阶电路的零输入响应写成一般表达式则有

$$f(t) = f(0_+)\mathrm{e}^{-\frac{t}{\tau}} \quad (t \geqslant 0) \tag{9-10}$$

例 9-3　一组电容为 $40\mu\mathrm{F}$ 的电容器从高压电网上退出运行，在退出前瞬间电容器电压为 $3.5\mathrm{kV}$，退出后电容器经其本身的泄漏电阻放电，已知其泄漏电阻 $R = 100\mathrm{M}\Omega$，求：电路的时间常数 τ；经过多长时间电容电压下降到 $1000\mathrm{V}$；经过多长时间电容放电基本结束。

解　电容从高压电网上退出运行，即开关 S 断开后，就是一个 *RC* 放电电路，其电路的时间常数

$$\tau = 100 \times 10^6 \times 40 \times 10^{-6}\text{s} = 4000\text{s}$$

因为 $u_C(0_-) = 3500\text{V}$ ，所以 $u_C(0_+) = u_C(0_-) = 3500\text{V}$ 。电容放电时电压的变化规律为

$$u_C(t) = 3500\text{e}^{-\frac{t}{4000}}\text{V}$$

电容电压下降到 1000V 的时间为 t，则

$$1000\text{V} = 3500\text{e}^{-\frac{t}{4000}}\text{V}$$

解得

$$t = 5011\text{s}$$

即电容退出运行后 5011s，其电压降到 1000V。

整个放电过程经历的时间为

$$t = 5\tau = 5 \times 4000\text{s} = 20000\text{s}$$

即电容退出运行后经过 20000s，其放电过程基本结束。

通过上述例题分析可知，当储能元件电容从电路中退出运行后，电容器的两个极板仍然带有电荷，其端电压不为零，这一电压可能会危害设备安全或人身安全。电感电流也具有相似的特性，在工作中应该特别注意。

9.3 一阶电路的零状态响应

电路中动态元件的初始储能为零 [相当于 $u_C(0_-) = 0$，$i_L(0_-) = 0$]，仅由独立电源作用引起的响应称为零状态响应（Zero-State Response）。以 RC 电路的零状态响应和 RL 电路的零状态响应为例进行分析。

一阶 RC 电路如图 9-8 所示。开关闭合前，电容电压为零，即 $u_C(0_-) = 0$，在 $t = 0$ 时刻合上开关，得电路微分方程

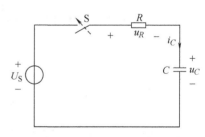

$$RC\frac{\text{d}u_C}{\text{d}t} + u_C = U_\text{s} \qquad (9\text{-}11)$$

这是一个一阶线性常系数非齐次微分方程，其解由微分方程的齐次解加上特解所组成即有

$$u_C = u_C' + u_C''$$

图 9-8 RC 电路的零状态响应

式中，u_C' 可取电容电压达新的稳态时的值 $u_C(\infty) = U_\text{s}$，因为稳态时此方程仍然成立，而达新稳态时 u_C'' 为零。u_C'' 是式（9-11）所对应齐次微分方程 $RC\frac{\text{d}u_C}{\text{d}t} + u_C = 0$ 的通解，其形式与零输入响应相同，即

$$u_C'' = A\text{e}^{-\frac{t}{RC}}$$

因此

$$u_C = u_C' + u_C'' = U_\text{s} + A\text{e}^{-\frac{t}{RC}} \qquad (9\text{-}12)$$

积分常数 A 由初始条件确定，将 $u_C(0_+) = 0$ 代入式（9-12），得

$$A = -U_\text{s}$$

最后得到 u_C 的零状态响应为

$$u_C(t) = U_\mathrm{S} - U_\mathrm{S}e^{-\frac{t}{RC}} = U_\mathrm{S}(1 - e^{-\frac{t}{RC}}) \quad (t \geqslant 0) \tag{9-13}$$

电路的电流 i_C 为

$$i_C(t) = C\frac{\mathrm{d}u_C}{\mathrm{d}t} = \frac{U_\mathrm{S}}{R}e^{-\frac{t}{RC}} \quad (t \geqslant 0_+)$$

实际上，在直流激励下的 RC 一阶电路的零状态响应过程即为电路储能元件电容 C 的充电过程。由式（9-13）可知，当时间 $t \to \infty$ 时，电容电压趋近于直流电源的电压值 U_S，充电过程结束。而在工程中，常常认为电路经过 $(3 \sim 5)\tau$ 时间后，充电结束。RC 电路的零状态响应曲线如图 9-9 所示。

如图 9-10 所示是一阶 RL 电路，在 $t = 0$ 时刻合上开关，根据电路的对偶性质，同样的分析可以得到一阶 RL 电路的零状态响应为

$$i_L(t) = i_L(\infty)(1 - e^{-\frac{R}{L}t}) \quad (t \geqslant 0) \tag{9-14}$$

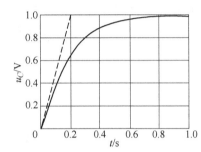

图 9-9 RC 电路的零状态响应曲线

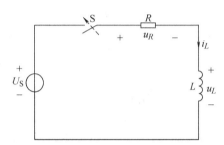

图 9-10 RL 电路的零状态响应

当时间 $t \to \infty$ 时，有 $i_L(\infty) = \dfrac{U_\mathrm{S}}{R}$，因此，式（9-14）可以写为

$$i_L(t) = \frac{U_\mathrm{S}}{R}(1 - e^{-\frac{R}{L}t}) \quad (t \geqslant 0)$$

$$u_L(t) = L\frac{\mathrm{d}i_L}{\mathrm{d}t} = U_\mathrm{S}(1 - e^{-\frac{R}{L}t}) \quad (t \geqslant 0)$$

将一阶电路的零状态响应写成一般表达式则有

$$f(t) = f(\infty)(1 - e^{-\frac{t}{\tau}}) \quad (t \geqslant 0) \tag{9-15}$$

9.4 一阶电路的全响应

由独立源和储能元件的原始储能共同作用引起的响应称为全响应（Complete Response）。以图 9-11 所示的 RC 电路为例，设 $u_C(0_-) = U_0 \neq 0$，由电压源 U_S 和 $u_C(0_-)$ 共同引起的响应 u_C 即为全响应。求全响应 u_C 的方程和初始条件如下：

$$RC\frac{\mathrm{d}u_C}{\mathrm{d}t} + u_C = U_\mathrm{S} \tag{9-16}$$

$$u_C(0_+) = u_C(0_-) = U_0$$

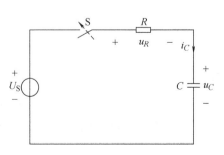

图 9-11 RC 电路的全响应

方程式（9-16）与前一节求 RC 电路零状态响应的方程式（9-11）在形式上相同，都是常系数线性非齐次微分方程，所以求解步骤也相同，无须重述。本节的重点是研究全响应与零输入响应和零状态响应的关系。

假设图 9-11 中无独立电源作用，即 $U_S = 0$，相当于短路。仅由 $u_C(0_-) = U_0$ 引起的响应 $u'_C(t)$ 是零输入响应。求 $u'_C(t)$ 得

$$u'_C(t) = u'_C(0_+) e^{-\frac{t}{RC}} \quad (t \geqslant 0)$$
$$u'_C(0_+) = u'_C(0_-) = U_0$$

再假设图 9-11 所示电路为零状态，即 $t = 0_-$ 时电容初始储能为零。仅由独立电源 U_S 引起的响应 $u''_C(t)$ 是零状态响应。求 $u''_C(t)$ 得

$$u''_C(t) = u''_C(\infty)(1 - e^{-\frac{t}{RC}}) \quad (t \geqslant 0)$$
$$u''_C(\infty) = U_S$$

由叠加定理可知，图 9-11 所示 RC 电路的全响应为 $u_C(t) = u'_C(t) + u''_C(t)$，即是零输入响应和零状态响应的叠加，由此得

$$u_C(t) = U_0 e^{-\frac{t}{RC}} + U_S(1 - e^{-\frac{t}{RC}}) \quad (t \geqslant 0) \tag{9-17}$$

求一般线性动态电路全响应的方程与式（9-16）类似，都是常系数线性非齐次微分方程，所以由 RC 电路获得的式（9-17）对于所有线性动态电路都成立，即

全响应＝零输入响应＋零状态响应

式（9-17）还可以改写成

$$u_C(t) = U_S + (U_0 - U_S) e^{-\frac{t}{RC}} \quad (t \geqslant 0) \tag{9-18}$$

式（9-18）右边的第一项是电路微分方程的特解，其变化规律与电路施加的激励相同，所以称为强制分量，式（9-18）右边第二项对应的是微分方程的通解，它的变化规律取决于电路参数而与外施激励无关，所以称之为自由分量。因此，全响应又可以用强制分量和自由分量表示，即

全响应＝强制分量＋自由分量

在直流或正弦激励的一阶电路中，常取换路后达到新的稳态的解作为特解，而随时间的增长按指数规律逐渐衰减为零的自由分量作为通解，所以又常将全响应看作是稳态分量和暂态分量的叠加，即

全响应＝稳态分量＋暂态分量

无论是把全响应分解为零输入响应和零状态响应，还是分解为暂态分量和稳态分量，都不过是从不同的角度去分析全响应。而全响应总是由初始值、特解和时间常数三个要素决定的。在直流电源激励下，若初始值为 $f(0_+)$，特解为稳态解 $f(\infty)$，时间常数为 τ，则全响应 $f(t)$ 可写为

$$f(t) = f(\infty) + [f(0_+) - f(\infty)] e^{-\frac{t}{\tau}} \tag{9-19}$$

只要知道 $f(0_+)$、$f(\infty)$ 和 τ 这三个要素，就可以根据式（9-19）直接写出直流激励下一阶电路的全响应，这种方法称为三要素法。

例 9-4　如图 9-12 所示电路中开关 S 打开前已处于稳定状态。$t=0$ 时开关 S 打开，求 $t \geqslant 0$ 时的 $u_L(t)$

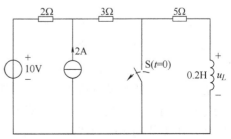

图 9-12　例题 9-4

和电压源发出的功率。

解 （1）开关打开前电路处于稳态，则 $i_L(0_+) = i_L(0_-) = 0$

（2）开关打开后，求 $i_L(\infty) = \left(\dfrac{10}{2+3+5} + \dfrac{2}{2+3+5} \times 2\right) A = 1.4A$

（3）时间常数 $\tau = \dfrac{L}{R} = \dfrac{0.2}{10} s = 0.02s$

（4）由三要素法可求得

$$i_L(t) = 1.4(1 - e^{-50t}) A \ , \ u_L(t) = L\frac{di_L(t)}{dt} = 14e^{-50t} V$$

$$p_{10V} = 10 \times [1.4(1 - e^{-50t}) - 2] W = -6 - 14e^{-50t} W$$

例 9-5 如图 9-13 所示是一种测速装置的原理电路。图中 A、B 为金属导体，相距为 1m，当子弹匀速地击断 A 再断 B 时，测得 $u_C = 8V$，求子弹的速度。

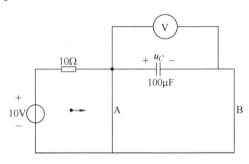

解 由图 9-13 可知，$u_C(0_-) = 0$，当子弹击断 A 后，相当于开关打开（换路），电源开始给电容充电，由此可求得三要素

$$u_C(0_+) = u_C(0_-) = 0$$
$$u_C(\infty) = 10V$$

图 9-13 一种测速装置的原理图

$$\tau = RC = 10 \times 100 \times 10^{-6} s = 1ms$$

故电容电压的变化规律为

$$u_C(t) = u_C(\infty) + [u_C(0_+) - u_C(\infty)] e^{-\frac{t}{\tau}} = 10(1 - e^{-1000t}) V$$

设 $t = t_1$ 时 B 被击断，则有

$$u_C(t_1) = 10(1 - e^{-1000t_1}) = 8V$$

解得

$$t_1 = 1.6ms$$

测得子弹的速度为

$$v = \frac{S}{t_1} = \frac{1}{1.6 \times 10^{-3}} = 625m/s$$

9.5 一阶电路的阶跃响应和冲激响应

在动态电路的暂态分析中常引入两种单位奇异函数，即单位阶跃函数和单位冲激函数，应用这两种函数可以很方便地描述动态电路的激励和响应。当电路的激励是具有任意波形的复杂函数时，可以把复杂的激励波形分解成若干个，甚至无限多个单位奇异函数的线性组合，分别计算这些奇异函数激励电路的零状态响应并将它们叠加，就可求得原来复杂的激励波形激励电路的零状态响应。因此，研究单位奇异函数激励电路的零状态响应是研究任意波形电信号激励电路所产生零状态响应的基础，下面主要研究一阶电路在单位阶跃函数激励下和单位冲激函数激励下的零状态响应。

9.5.1 一阶电路的阶跃响应

单位阶跃函数是一种奇异函数，一般用符号 $\varepsilon(t)$ 表示，其定义为：当 $t < 0$ 时，$\varepsilon(t) = 0$；当 $t > 0$ 时，$\varepsilon(t) = 1$；当 $t = 0$ 时，$\varepsilon(t)$ 从 0 跃变到 1，即

$$\varepsilon(t) = \begin{cases} 0 & t < 0 \\ 1 & t > 0 \end{cases} \tag{9-20}$$

单位阶跃函数的波形如图 9-14a 所示。

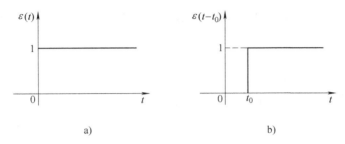

图 9-14 阶跃函数
a）单位阶跃函数的波形 b）延时单位阶跃函数的波形

单位阶跃函数 $\varepsilon(t)$ 表示的是从 $t = 0$ 时刻开始的阶跃。如果阶跃发生在 $t = t_0$ 时刻，则可以认为是 $\varepsilon(t)$ 在时间上延迟了 t_0 后得到的结果，把此时的阶跃称为延时单位阶跃函数，并记做 $\varepsilon(t - t_0)$，其定义为

$$\varepsilon(t - t_0) = \begin{cases} 0 & t < t_0 \\ 1 & t > t_0 \end{cases} \tag{9-21}$$

延时单位阶跃函数的波形如图 9-14b 所示。

单位阶跃函数既可以用来表示电压，也可以用来表示电流，它在电路中通常用来表示开关在 $t = 0$ 时刻的动作。如图 9-15a 所示电路中的开关 S 的动作，可以用图 9-15b 所示电路中的阶跃电压来描述。

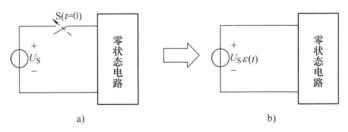

图 9-15 用单位阶跃函数表示的开关动作

对于如图 9-16 所示的矩形脉冲波形，也可以把它看成是由一个 $\varepsilon(t - t_1)$ 与一个 $\varepsilon(t - t_2)$ 共同组成的，即

$$f(t) = \varepsilon(t - t_1) - \varepsilon(t - t_2)$$

在单位阶跃信号的激励下电路的零状态响应称为单位阶跃响应（Unit Step Characteristic），一般用 $s(t)$ 表示。只要电路是一阶的，阶跃响应就可以采用三要素法进行求解。

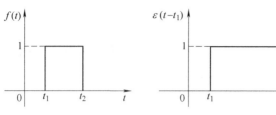

图9-16 矩形脉冲的组成

例9-6 如图9-17所示 RC 串联电路，激励为单位阶跃函数，求零状态响应 $u_C(t)$。

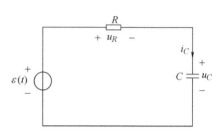

图9-17 RC 串联电路的阶跃响应

解 在 $t < 0$ 时，激励为零，零状态响应也为零，电容没有初始储能。$t = 0$ 时，激励为1V电压，开始作用于电路。可根据三要素法求解电容电压。由于电阻的存在，电容电压不能跃变，因此

$$u_C(0_+) = u_C(0_-) = 0$$

稳态值 $\qquad u_C(\infty) = 1\text{V}$

时间常数 $\qquad\qquad\qquad \tau = RC$

根据三要素公式（9-19）得

$$u_C(t) = u_C(\infty)\left(1 - e^{-\frac{t}{RC}}\right) = 1 - e^{-\frac{t}{RC}} \quad (t \geqslant 0)$$

考虑 $t < 0$ 时的电容电压值为零，并将式右端乘以单位阶跃函数 $\varepsilon(t)$，便得到阶跃响应电容电压为

$$u_C(t) = \left(1 - e^{-\frac{t}{RC}}\right)\varepsilon(t)$$

由此可以看出，含阶跃函数的一阶电路阶跃响应求解方法与一般一阶电路的求解方法类似，只是为表示响应适用的时间范围，在所得结果的后面要乘以相应的单位阶跃函数。

9.5.2 一阶电路的冲激响应

动态电路在单位冲激函数作用下的零状态响应，称为单位冲激响应（Unit Impulse Characteristic），以 $h(t)$ 表示。

单位冲激函数也是一种奇异函数，其定义为

$$\begin{cases} \int_{-\infty}^{\infty} \delta(t)\,\mathrm{d}t = 1 \\ \delta(t) = 0 \quad (t \neq 0) \end{cases} \tag{9-22}$$

单位冲激函数 $\delta(t)$ 函数，在 $t \neq 0$ 时为零，但在 $t = 0$ 时为奇异数。

面积为1的矩形脉冲函数，称为单位脉冲函数。单位冲激函数 $\delta(t)$ 可以看作是图9-18a所示单位脉冲函数的极限情况。当 $\Delta \to 0$ 时，$\dfrac{1}{\Delta} \to \infty$，在此极限情况下，可以得

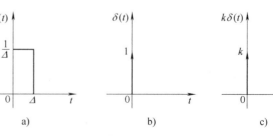

图9-18 冲激函数

到一个宽度趋于零，幅度趋于无限大的面积仍为 1 的脉冲，这就是单位冲激函数 $\delta(t)$。单位冲激函数可用图 9-18b 表示，强度为 k 的冲激函数可用图 9-18c 表示。

单位冲激函数具有如下主要性质：

（1）由冲激函数的定义得

$$\int_{-\infty}^{t} \delta(\xi)\mathrm{d}\xi = \begin{cases} 0 & t \leqslant 0_- \\ 1 & t \geqslant 0_+ \end{cases} = \varepsilon(t)$$

因此有

$$\frac{\mathrm{d}\varepsilon(t)}{\mathrm{d}t} = \delta(t)$$

（2）由于 $t \neq 0$ 时，$\delta(t) = 0$，所以对任意在 $t = 0$ 时连续的函数 $f(t)$，将有

$$f(t)\delta(t) = f(0)\delta(t)$$

因此

$$\int_{-\infty}^{\infty} f(t)\delta(t)\mathrm{d}t = \int_{-\infty}^{\infty} f(0)\delta(t)\mathrm{d}t = f(0)\int_{-\infty}^{\infty}\delta(t)\mathrm{d}t = f(0)$$

同理，对任意一个在 $t = t_0$ 时连续的函数 $f(t)$，有

$$\int_{-\infty}^{\infty} f(t)\delta(t - t_0)\mathrm{d}t = \int_{-\infty}^{\infty} f(t_0)\delta(t - t_0)\mathrm{d}t = f(t_0)$$

上述表明，冲激函数有把一个函数在某一时刻的值"筛选"出来的功能，所以称其具有"筛分"性质或取样性质。

如图 9-19 所示为 RC 串联电路，$u_C(0_-) = 0$，$\delta(t)$ 为冲激电压源，该电路的冲激响应求解如下：

根据 KVL 得

$$u_R + u_C = \delta(t)$$

将 $i_c = C\dfrac{\mathrm{d}u_c}{\mathrm{d}t}$，$u_R = Ri_c$ 代入上式，得

$$RC\frac{\mathrm{d}u_c}{\mathrm{d}t} + u_c = \delta(t)$$

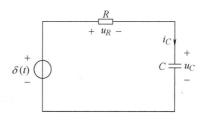

图 9-19 RC 串联电路的冲激响应

为求 $u_C(0_+)$，对上式在 0_- 到 0_+ 之间求积分，得

$$\int_{0_-}^{0_+} RC\frac{\mathrm{d}u_c}{\mathrm{d}t}\mathrm{d}t + \int_{0_-}^{0_+} u_c\mathrm{d}t = \int_{0_-}^{0_+}\delta(t)\mathrm{d}t$$

上式左边第二项积分只在 u_c 为冲激函数时才不为零。但若 u_c 为冲激函数，则 $u_R = RC\dfrac{\mathrm{d}u_c}{\mathrm{d}t}$ 将为冲激函数的一阶导数，这样将不能满足 KVL，因此，上式不成立。所以 u_c 不可能是冲激函数，即上式左边第二项积分为零，则上式为

$$RC[u_C(0_+) - u_C(0_-)] = 1$$

即

$$u_C(0_+) = \frac{1}{RC}$$

当 $t \geqslant 0_+$ 时，$\delta(t) = 0$，相当于短路，零输入响应为

$$u_C = u_C(0_+)\mathrm{e}^{-\frac{t}{\tau}} = \frac{1}{RC}\mathrm{e}^{-\frac{t}{\tau}}$$

$$i_C = i_C(0_+) e^{-\frac{t}{\tau}} = -\frac{u_C(0_+)}{R} e^{-\frac{t}{\tau}} = -\frac{1}{R^2 C} e^{-\frac{t}{\tau}}$$

式中，$\tau = RC$。u_C 在 0_- 到 0_+ 之间发生了跃变，由 0 跃变为 $\dfrac{1}{RC}$，因此，从 0_- 开始，u_C 应写成

$$u_C = \frac{1}{RC} e^{-\frac{t}{\tau}} \varepsilon(t)$$

i_C 在 0_- 到 0_+ 之间出现一个冲激分量 $\dfrac{1}{R}\delta(t)$，因此，从 0_- 开始，i_C 应写成

$$i_C = \frac{1}{R}\delta(t) - \frac{1}{R^2 C} e^{-\frac{t}{\tau}} \varepsilon(t)$$

u_C 和 i_C 的响应曲线如图 9-20 所示。

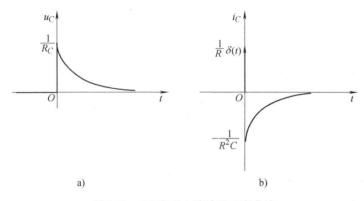

a)　　　　　　　　　　　　b)

图 9-20　RC 串联电路冲激响应曲线

下面我们来讨论单位阶跃响应 $s(t)$ 与单位冲激响应 $h(t)$ 之间的关系。设某一阶线性电路的阶跃响应为 $s(t)$，满足下面的微分方程

$$A\frac{ds(t)}{dt} + Bs(t) = \varepsilon(t)$$

式中，A、B 为与电路结构和参数有关的常数。将上式两边对时间求导，得

$$A\frac{d}{dt}\left[\frac{ds(t)}{dt}\right] + B\frac{ds(t)}{dt} = \frac{d\varepsilon(t)}{dt}$$

即为

$$A\frac{ds'(t)}{dt} + Bs'(t) = \delta(t)$$

由上式可知，$s'(t) = \dfrac{ds(t)}{dt}$ 为与冲激激励相对应的响应，即为冲激响应 $h(t)$，即有

$$h(t) = \frac{ds(t)}{dt}$$

根据上式可先求出电路的阶跃响应，而后对阶跃响应求导，即得冲激响应。例如对图 9-19 所示的 RC 串联电路，先求其阶跃响应为

$$u_C(t) = \left(1 - e^{-\frac{t}{RC}}\right)\varepsilon(t)$$

$$i_C(t) = C\frac{du_C(t)}{dt} = \frac{1}{R} e^{-\frac{t}{RC}} \varepsilon(t)$$

对 $u_C(t)$ 和 $i_C(t)$ 求导，即得相应电路的冲激响应

$$u_C = \frac{\mathrm{d}s(t)}{\mathrm{d}t} = -\left(-\frac{1}{RC}\right)\mathrm{e}^{-\frac{t}{RC}}\varepsilon(t) + (1-\mathrm{e}^{-\frac{t}{RC}})\delta(t) = \frac{1}{RC}\mathrm{e}^{-\frac{t}{RC}}\varepsilon(t)$$

$$i_C = \frac{\mathrm{d}s(t)}{\mathrm{d}t} = \frac{1}{R}\left(-\frac{1}{RC}\right)\mathrm{e}^{-\frac{t}{RC}}\varepsilon(t) + \frac{1}{R}\mathrm{e}^{-\frac{t}{RC}}\delta(t) = \frac{1}{R}\delta(t) - \frac{1}{R^2C}\mathrm{e}^{-\frac{t}{\tau}}\varepsilon(t)$$

结果与前述相同。在上述推导过程中，应用了 $f(t)\delta(t) = f(0)\delta(t)$ 这一性质。

9.6　二阶电路的暂态过程

用二阶微分方程描述的电路称为二阶电路（Second-Order Circuit）。二阶电路一般含有两个储能元件。下面以 RLC 串联电路为例加以讨论。

RLC 串联二阶电路如图 9-21 所示。根据 KVL、VCR 得

$$LC\frac{\mathrm{d}^2u_C}{\mathrm{d}t^2} + RC\frac{\mathrm{d}u_C}{\mathrm{d}t} + u_C = 0 \tag{9-23}$$

方程的特征方程为

$$LCp^2 + RCp + 1 = 0$$

特征根为

$$p = -\frac{R}{2L} \pm \sqrt{\left(\frac{R}{2L}\right)^2 - \frac{1}{LC}}$$

令

$$\alpha = \frac{R}{2L}, \quad \omega_0 = \frac{1}{\sqrt{LC}}$$

则特征根可表示为

$$p = -\alpha \pm \sqrt{\alpha^2 - \omega_0^2}$$

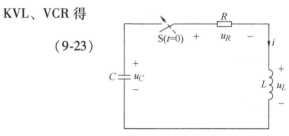

图 9-21　RLC 串联二阶电路

通常，p 称为电路的固有频率，α 称为阻尼系数，ω_0 称为电路的谐振频率。由于电路参数 R、L、C 的不同，特征根可能有三种不同的情况。

（1）当 $R > 2\sqrt{\dfrac{L}{C}}$ 时，特征根 p_1 和 p_2 是两个不相等的负实根，微分方程的解为

$$u_C(t) = A_1\mathrm{e}^{p_1t} + A_2\mathrm{e}^{p_2t} \tag{9-24}$$

这是一个非振荡衰减放电过程，通常也称为过阻尼情况。

（2）当 $R = 2\sqrt{\dfrac{L}{C}}$ 时，特征根 p_1 和 p_2 是两个相等的负实数 p，微分方程的解为

$$u_C(t) = (A_1 + A_2t)\mathrm{e}^{pt} \tag{9-25}$$

这是一个临界阻尼放电过程。

（3）当 $R < 2\sqrt{\dfrac{L}{C}}$ 时，特征根 $p_1 = -\alpha + \mathrm{j}\omega$ 和 $p_2 = -\alpha - \mathrm{j}\omega$ 是一对共轭复根，其实部为负数。微分方程的解为

$$u_C(t) = \mathrm{e}^{-\alpha t}(A_1\sin \omega t + A_2\cos \omega t) = A\mathrm{e}^{-\alpha t}\sin(\omega t + \theta) \tag{9-26}$$

这是一个幅值随着时间按指数规律衰减的振荡函数，电路的响应为衰减振荡响应。特别地，当

$R = 0$ 时，$\alpha = 0$，上式为

$$u_C(t) = A\sin(\omega t + \theta)$$

此时电路的响应为等幅振荡响应，其幅值不随时间而衰减。当二阶电路的激励为正弦函数，且频率 ω 与系统的固有频率 ω_0 相同时，称此时电路发生了谐振。其物理意义类似于机械系统的共振。二阶电路零输入响应曲线如图 9-22 所示。

例 9-7 在 RLC 串联电路中，$u_C(0) = -1\text{V}$，$i(0) = 0$，$C = 1\text{F}$，$R = 1\Omega$，$L = 0.25\text{H}$，试求 $t \geqslant 0$ 时的 u_C。

解 微分方程的特征根为

$$p_{1.2} = -\frac{R}{2L} \pm \sqrt{\left(\frac{R}{2L}\right)^2 - \frac{1}{LC}} = -2$$

电路处于临界阻尼状态。微分方程的解为

$$u_C(t) = (A_1 + A_2 t)e^{-2t}$$

由初始条件代入解得

$$A_1 = -1, \quad A_2 = -2$$

故电路的响应为

$$u_C = (-1 - 2t)e^{-2t}\text{V}$$

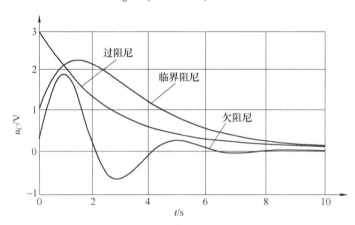

图 9-22 二阶电路零输入响应曲线

对于 RLC 并联电路，读者可由 RLC 串联电路根据对偶原理自行分析，得出相应的结论。

在直流电压激励下，RLC 串联电路的微分方程为

$$LC\frac{\mathrm{d}^2 u_C}{\mathrm{d}t^2} + RC\frac{\mathrm{d}u_C}{\mathrm{d}t} + u_C = U_\mathrm{s} \quad (t \geqslant 0) \tag{9-27}$$

这是一个二阶线性常系数非齐次微分方程，其全响应为对应的齐次方程的解加上特解。微分方程的特解为

$$u_{Cp}(t) = U_\mathrm{s}$$

所以微分方程式（9-27）的解是在式（9-24）、式（9-25）、式（9-26）中直接加上特解 U_s 后，再由初始条件确定积分常数，此处不再赘述。

9.7　状态方程

从对一阶和二阶电路的分析中获知：如果确定了 u_C 与 i_L 在 $t = 0_+$ 时的初始值，又已知 $t > 0$ 时的外施激励，那么动态电路在 $t > 0$ 时的响应也就完全确定了。故称 u_C 与 i_L 为电路的状态变量（State Variable）。由电路的状态变量及其一阶导数组成的一阶微分方程组，称为电路的状态方程（State Equation）。

图 9-23 所示为 RLC 串联电路，其以电容电压为待求变量的微分方程为

$$LC \frac{d^2 u_C}{dt^2} + RC \frac{d u_C}{dt} + u_C = u_S$$

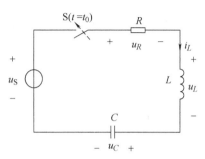

图 9-23　RLC 串联电路

这是一个二阶线性微分方程。用来确定积分常数的初始条件是电容上的电压和电感中的电流在 $t = t_0$ 时的初始值。

如果以电容电压 u_C 和电感电流 i_L 作为变量列上述方程，则有

$$C \frac{d u_C}{dt} = i_L$$

$$L \frac{d i_L}{dt} = u_S - R i_L - u_C$$

把这两个方程的形式做些改变，可得

$$\begin{cases} \dfrac{d u_C}{dt} = 0 + \dfrac{1}{C} i_L + 0 \\[3mm] \dfrac{d i_L}{dt} = -\dfrac{1}{L} u_C - \dfrac{R}{L} i_L + \dfrac{1}{L} u_S \end{cases} \tag{9-28}$$

这是一组以 u_C 和 i_L 为变量的一阶微分方程，而 $u_C(t_{0+})$ 和 $i_L(t_{0+})$ 提供了用来确定积分常数的初始值，式（9-28）就是描述电路动态过程的状态方程。

如果用矩阵形式列写方程式（9-28），则有

$$\begin{pmatrix} \dfrac{d u_C}{dt} \\[3mm] \dfrac{d i_L}{dt} \end{pmatrix} = \begin{pmatrix} 0 & \dfrac{1}{C} \\[3mm] -\dfrac{1}{L} & -\dfrac{R}{L} \end{pmatrix} \begin{pmatrix} u_C \\[2mm] i_L \end{pmatrix} + \begin{pmatrix} 0 \\[2mm] \dfrac{1}{L} \end{pmatrix} (u_S)$$

若令 $x_1 = u_C$、$x_2 = i_L$、$\dot{x}_1 = \dfrac{d u_C}{dt}$、$\dot{x}_2 = \dfrac{d i_L}{dt}$，则有

$$\begin{pmatrix} \dot{x}_1 \\[2mm] \dot{x}_2 \end{pmatrix} = \boldsymbol{A} \begin{pmatrix} x_1 \\[2mm] x_2 \end{pmatrix} + \boldsymbol{B} (u_S)$$

式中 $A = \begin{pmatrix} 0 & \dfrac{1}{C} \\ -\dfrac{1}{L} & -\dfrac{R}{L} \end{pmatrix}$, $B = \begin{pmatrix} 0 \\ \dfrac{1}{L} \end{pmatrix}$

如果令 $\dot{x} = \begin{pmatrix} \dot{x}_1 & \dot{x}_2 \end{pmatrix}^{\mathrm{T}}$, $x = \begin{pmatrix} x_1 & x_2 \end{pmatrix}^{\mathrm{T}}$, $v = \begin{pmatrix} u_{\mathrm{S}} \end{pmatrix}$

则有

$$\dot{x} = Ax + Bv \tag{9-29}$$

式（9-29）称为状态方程的标准形式，x 称为状态向量，v 称为输入向量，式（9-29）有时称为向量微分方程。

从对上述电路列写状态方程的过程不难看出，要列出包括 $\dfrac{\mathrm{d}u_C}{\mathrm{d}t}$ 项的方程，必须对只接有一个电容的结点写出 KCL 方程，而要列出包含 $\dfrac{\mathrm{d}i_L}{\mathrm{d}t}$ 项的方程，必须对只包含一个电感的回路列写 KVL 方程。消去上述方程中的非状态变量，整理成标准形式的状态方程。

例 9-8　电路如图 9-24 所示，列出该电路的状态方程。

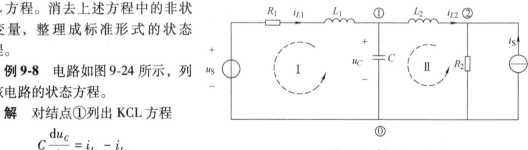

图 9-24　例 9-8

解　对结点①列出 KCL 方程

$$C\frac{\mathrm{d}u_C}{\mathrm{d}t} = i_{L_1} - i_{L_2}$$

分别对回路 Ⅰ 和回路 Ⅱ 列出 KVL 方程

$$\begin{cases} L_1 \dfrac{\mathrm{d}i_{L_1}}{\mathrm{d}t} = -u_C - R_1 i_{L_1} + u_{\mathrm{S}} \\ L_2 \dfrac{\mathrm{d}i_{L_2}}{\mathrm{d}t} = u_C - R_2(i_{L_2} + i_{\mathrm{S}}) \end{cases}$$

整理以上方程并整理成矩阵形式

$$\begin{pmatrix} \dfrac{\mathrm{d}u_C}{\mathrm{d}t} \\ \dfrac{\mathrm{d}i_{L_1}}{\mathrm{d}t} \\ \dfrac{\mathrm{d}i_{L_2}}{\mathrm{d}t} \end{pmatrix} = \begin{pmatrix} 0 & \dfrac{1}{C} & -\dfrac{1}{C} \\ -\dfrac{1}{L_1} & -\dfrac{R_1}{L_1} & 0 \\ \dfrac{1}{L_2} & 0 & -\dfrac{R_2}{L_2} \end{pmatrix} \begin{pmatrix} u_C \\ i_{L_1} \\ i_{L_2} \end{pmatrix} - \begin{pmatrix} 0 & 0 \\ \dfrac{1}{L_1} & 0 \\ 0 & -\dfrac{R_2}{L_2} \end{pmatrix} \begin{pmatrix} u_{\mathrm{S}} \\ i_{\mathrm{S}} \end{pmatrix}$$

在列写包含 $\dfrac{\mathrm{d}u_C}{\mathrm{d}t}$ 或 $\dfrac{\mathrm{d}i_L}{\mathrm{d}t}$ 的方程时，有时可能出现非状态变量，如例 9-7 中电阻 R_1、R_2 上的电压，这需要用状态变量表示它们，这个过程称为消去非状态变量的过程。

本 章 小 结

（1）动态电路换路后，动态元件的储能要发生变化。由于能量变化的连续性，动态电路换路后一般要经历暂态过程。动态电路的暂态过程须用微分方程来描述。为求解微分方程，须确定电路物理量的初始值。

（2）根据换路定则可以确定电容电压 u_C 和电感电流 i_L 的初始值。

$$电容元件：u_C(0_+) = u_C(0_-)$$
$$电感元件：i_L(0_+) = i_L(0_-)$$

除 u_C 和 i_L 之外的电压和电流初始值须通过求解电路方程来确定。

（3）线性动态电路的全响应是由独立电源和储能元件的初始储能共同作用的响应。按引起响应的原因，全响应可分解为零输入响应和零状态响应。

（4）求一阶电路响应的三要素公式为

$$f(t) = f(\infty) + \left[f(0_+) - f(\infty)\right] \mathrm{e}^{-\frac{t}{\tau}}$$

式中，$f(0_+)$ 表示响应的初始值；$f(\infty)$ 表示响应的强制分量；τ 表示时间常数，反映暂态过程的变化规律。

（5）单位阶跃电源 $\varepsilon(t)$ 和单位冲激电源 $\delta(t)$ 单独作用引起的零状态响应分别称为电路的单位阶跃响应 $s(t)$ 和单位冲激响应 $h(t)$，它们反映电路的暂态性质，两者的关系是

$$h(t) = \frac{\mathrm{d}s(t)}{\mathrm{d}t}$$

（6）二阶电路微分方程的两个特征根 p_1 和 p_2 对应的自由分量 $f(t)$ 有如下三种形式：

p_1 和 p_2 相异实根　　$f(t) = A_1 \mathrm{e}^{p_1 t} + A_2 \mathrm{e}^{p_2 t}$

p_1 和 p_2 二重根　　$f(t) = (A_1 + A_2 t) \mathrm{e}^{pt}$

p_1 和 p_2 共轭复根　　$f(t) = A\sin(\omega t + \theta)$

（7）状态方程是关于状态变量的一阶微分方程组，其标准形式是

$$\dot{x} = Ax + Bv$$

习　　题

9-1　图9-25a、b所示电路中开关S在 $t = 0$ 时动作，试求电路在 $t = 0_+$ 时刻电压、电流的初始值。

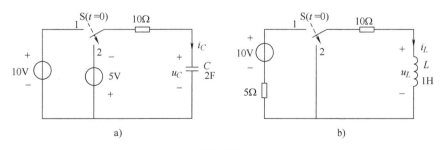

图　9-25

9-2　电路如图9-26所示，开关S原在位置1已久，$t = 0$ 时合向位置2，求 $u_C(t)$ 和 $i(t)$。

9-3 如图 9-27 所示电路，开关合在位置 1 时已经达到稳定状态，$t=0$ 时开关由位置 1 合向位置 2，求 $t \geqslant 0$ 时的 $u_L(t)$。

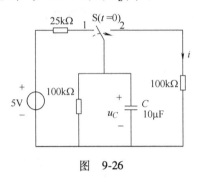

图 9-26

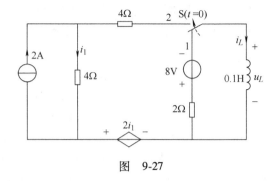

图 9-27

9-4 图 9-28 所示电路中，已知 $i_S = 10\varepsilon(t)\,\text{A}$、$R_1 = 1\Omega$、$R_2 = 2\Omega$、$C = 1\mu\text{F}$、$u_c(0_-) = 2\text{V}$、$g = 0.25\text{s}$。求全响应 $i_1(t)$、$i_c(t)$、$u_c(t)$。

9-5 图 9-29 所示电路中，$u_{S1} = \varepsilon(t)\,\text{V}$、$u_{S2} = 5\varepsilon(t)\,\text{V}$，试求电路响应 $i_L(t)$。

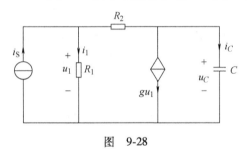

图 9-28

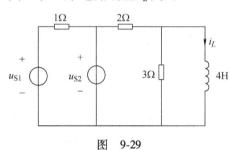

图 9-29

9-6 电路如图 9-30 所示电路中，$i_S(t) = \delta(t)\,\text{A}$、$G = 5\text{S}$、$L = 0.25\text{H}$、$C = 1\text{F}$，求电路的冲激响应 $u_C(t)$。

9-7 电路如图 9-31 所示，试写出状态方程。

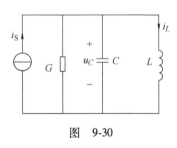

图 9-30

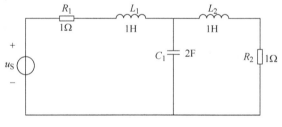

图 9-31

第10章 线性动态电路暂态过程的复频域分析

■内容提要

本章主要介绍应用拉普拉斯变换分析线性动态电路的方法。其要点是把各个时间函数通过拉普拉斯变换为复变量 s 的函数，从而使常微分方程问题转化为代数方程问题。由于 s 是复变量且具有频率的量纲，因此称为复频域分析法。首先简要介绍拉普拉斯变换及其基本性质。然后建立电路的复频域模型，包括基尔霍夫定律的复频域形式和元件方程的复频域形式，并在此基础上讨论复频域分析法。最后讨论网络函数。

10.1 拉普拉斯变换的基本性质

10.1.1 拉普拉斯变换

设函数 $f(t)$ 在 $t > 0$ 及 $t = 0$ 的某个邻域内有定义，而且积分

$$\int_{0_-}^{\infty} f(t)\mathrm{e}^{-st}\mathrm{d}t \qquad (s \text{ 是复参量})$$

在复平面 s 的某一域内收敛，则由此积分所确定的函数可写为

$$F(s) = \int_{0_-}^{\infty} f(t)\mathrm{e}^{-st}\mathrm{d}t \tag{10-1}$$

式（10-1）称为函数 $f(t)$ 的拉普拉斯变换（Laplace transform），记作

$$F(s) = \mathrm{L}[f(t)]$$

$F(s)$ 称为 $f(t)$ 的拉普拉斯变换或称为象函数（Image Function）。

式（10-1）中积分下限取 0_-，是考虑 $f(t)$ 中可能包括 $\delta(t)$。其中复参量 $s = \sigma + \mathrm{j}\omega$。在电路中 t 代表时间，s 便具有时间的倒量纲，也即频率的量纲，因此称为复频域（Complex Frequency）。$F(s)$ 的单位是相应 $f(t)$ 的单位乘以时间 t 的单位。

由 $F(s)$ 求 $f(t)$ 的运算称为拉普拉斯逆变换（Inverse Laplace Ttransform），在数学中计算逆变换的一般公式是

$$f(t) = \mathrm{L}^{-1}[F(s)] = \frac{1}{2\pi\mathrm{j}} \int_{\sigma-\mathrm{j}\omega}^{\sigma+\mathrm{j}\omega} F(s)\mathrm{e}^{st}\mathrm{d}s \tag{10-2}$$

$f(t)$ 称为 $F(s)$ 的原函数（Original Function）。$F(s)$ 与 $f(t)$ 构成拉普拉斯变换对。

下面根据定义式（10-1）求一些常用函数的拉普拉斯变换。

（1）单位阶跃函数 $f(t) = \varepsilon(t)$

$$F(s) = \mathrm{L}[f(t)] = \int_{0_-}^{\infty} \varepsilon(t)\mathrm{e}^{-st}\mathrm{d}t = \int_{0_-}^{\infty} \mathrm{e}^{-st}\mathrm{d}t = -\frac{1}{s}\mathrm{e}^{-st}\Big|_{0_-}^{\infty} = \frac{1}{s}$$

（2）指数函数 $f(t) = \mathrm{e}^{-\alpha t}$

$$F(s) = \mathrm{L}[f(t)] = \int_{0_-}^{\infty} \mathrm{e}^{-\alpha t}\mathrm{e}^{-st}\mathrm{d}t = \int_{0_-}^{\infty} \mathrm{e}^{-(s+\alpha)t}\mathrm{d}t = -\frac{1}{s+\alpha}\mathrm{e}^{-(s+\alpha)t}\Big|_{0_-}^{\infty} = \frac{1}{s+\alpha}$$

（3）单位冲激函数 $f(t) = \delta(t)$

$$F(s) = L[f(t)] = \int_{0_-}^{\infty} \delta(t) e^{-st} dt = \int_{0_-}^{\infty} \delta(t) dt = 1$$

常用函数的拉普拉斯变换见表 10-1。

表 10-1 常用函数的拉普拉斯变换表

原函数 $f(t)$	象函数 $F(s)$	原函数 $f(t)$	象函数 $F(s)$
$\delta(t)$	1	$e^{-\alpha t}$	$\dfrac{1}{s + \alpha}$
$\varepsilon(t)$	$\dfrac{1}{s}$	$1 - e^{-\alpha t}$	$\dfrac{\alpha}{s(s + \alpha)}$
t	$\dfrac{1}{s^2}$	$\sin\omega t$	$\dfrac{\omega}{s^2 + \omega^2}$
t^n	$\dfrac{n!}{s^{n+1}}$	$\cos\omega t$	$\dfrac{s}{s^2 + \omega^2}$

10.1.2 基本性质

（1）线性性质

设 $f_1(t)$ 和 $f_2(t)$ 是两个任意的时间函数，它们的象函数存在，且分别用 $F_1(s)$ 和 $F_2(s)$ 表示，K_1 和 K_2 是两个任意实常数，则

$$L[K_1 f_1(t) \pm K_2 f_2(t)] = L[K_1 f_1(t)] \pm L[K_2 f_2(t)]$$
$$= K_1 F_1(s) \pm K_2 F_2(s) \tag{10-3}$$

此性质称为拉普拉斯变换的线性性质。

例 10-1 求 $f(t) = A(1 - e^{-\alpha t})$ 的象函数 $F(s)$。

解 $F(s) = L[f(t)] = L[A(1 - e^{-\alpha t})] = AL[1] - AL[e^{-\alpha t}] = \dfrac{A}{s} - \dfrac{A}{s + \alpha}$

$$= \dfrac{A\alpha}{s(s + \alpha)}$$

（2）微分性质

设 $f(t)$ 是任意时间函数，且在 $t = 0_-$ 时其值为 $f(0_-)$。若 $F(s) = L[f(t)]$，则

$$L\left[\frac{df(t)}{dt}\right] = sF(s) - f(0_-) \tag{10-4}$$

该性质表明：一个函数求导后的拉普拉斯变换等于这个函数的拉普拉斯变换后乘以复参量 s，再减去 0_- 时刻的初始值。

例 10-2 用微分性质求 $f(t) = \cos\omega t$ 的象函数 $F(s)$。

解 $F(s) = L[\cos\omega t] = L\left[\dfrac{1}{\omega} \dfrac{d\sin\omega t}{dt}\right] = \dfrac{1}{\omega}[sL(\sin\omega t) - (\sin\omega t)|_{t=0_-}]$

$$= \dfrac{s}{s^2 + \omega^2}$$

（3）积分性质

设 $f(t)$ 是任意时间函数。若 $F(s) = L[f(t)]$，则

$$L\left[\int_{0_-}^{t} f(\xi)\,\mathrm{d}\xi\right] = \frac{1}{s}F(s) \tag{10-5}$$

例 10-3　求 $f(t) = t\varepsilon(t)$ 的象函数 $F(s)$。

解　因为 $t\varepsilon(t) = \int_{0_-}^{t}\varepsilon(\xi)\,\mathrm{d}\xi$

$$F(s) = L[t\varepsilon(t)] = L\left[\int_{0_-}^{t}\varepsilon(\xi)\,\mathrm{d}\xi\right] = \frac{1}{s}L[\varepsilon(t)] = \frac{1}{s^2}$$

（4）延迟性质

若 $F(s) = L[f(t)]$，则

$$L[f(t-t_0)\varepsilon(t-t_0)] = \mathrm{e}^{-st_0}F(s) \tag{10-6}$$

式中，$f(t-t_0)\varepsilon(t-t_0)$ 表示把 $f(t)$ 延迟至 t_0。

根据上述性质可以方便地求出矩形脉冲的象函数。一个高度为 A，宽度为 t_0 的矩形脉冲可表示为

$$f(t) = A[\varepsilon(t) - \varepsilon(t-t_0)]$$

根据式（10-6）得矩形脉冲 $f(t)$ 的象函数为

$$F(s) = A\left(\frac{1}{s} - \frac{1}{s}\mathrm{e}^{-st_0}\right) = \frac{A}{s}(1 - \mathrm{e}^{-st_0})$$

（5）位移性质

若 $F(s) = L[f(t)]$，则

$$L[\mathrm{e}^{\alpha t}f(t)] = F(s-\alpha) \qquad \mathrm{Re}(s-\alpha) > 0 \tag{10-7}$$

该性质表明：一个函数乘以指数函数 $\mathrm{e}^{\alpha t}$ 的拉普拉斯变换等于其象函数做位移 α。

10.2　拉普拉斯反变换

用复频域法分析线性电路的时域响应时，需要把求得的响应的拉普拉斯变换式反变换为时间函数，即拉普拉斯反变换。在线性集中参数电路中，电压和电流的象函数都是 s 的有理分式，可以展开成部分分式之和的形式，对每个部分分式求原函数是很简单的。再根据反变换的线性性质，将所有部分分式的原函数代数相加，就得所求象函数的原函数。

集中参数电路的象函数 $F(s)$ 可以表示成下列有理分式

$$F(s) = \frac{N(s)}{D(s)} = \frac{a_0 s^m + a_1 s^{m-1} + \cdots + a_m}{b_0 s^n + b_1 s^{n-1} + \cdots + b_n} \tag{10-8}$$

式中，m 和 n 为正整数，且 $n \geqslant m$。

把 $F(s)$ 分解成若干简单项之和，而这些简单项可以在拉普拉斯变换表中找到，这种方法称为部分分式展开法，或称分解定理。

用部分分式展开有理分式 $F(s)$ 时，需要把有理分式化为真分式。若 $n > m$，则 $F(s)$ 为真分式。若 $n = m$，则

$$F(s) = A + \frac{N_0(s)}{D(s)}$$

式中，A 是一个常数，其对应的时间函数为 $A\delta(t)$，余数项 $\dfrac{N_0(s)}{D(s)}$ 是真分式。

用部分分式展开真分式时，需要对分母多项式作因式分解，求出 $D(s) = 0$ 的根。$D(s) = 0$ 的根可以是单根、共轭复根和重根几种情况。

（1）单根

如果 $D(s) = 0$ 有 n 个单根，设 n 个单根分别是 p_1、p_2、$\cdots$、p_n。于是 $F(s)$ 可以展开为

$$F(s) = \frac{K_1}{s - p_1} + \frac{K_2}{s - p_2} + \cdots + \frac{K_n}{s - p_n} \tag{10-9}$$

式中，K_1、K_2、$\cdots$、K_n 是待定系数。

将式（10-9）两边都乘以 $s - p_1$，得

$$(s - p_1)F(s) = K_1 + (s - p_1)\left(\frac{K_2}{s - p_2} + \cdots + \frac{K_n}{s - p_n}\right)$$

令 $s = p_1$，则等式右侧除第一项外都变成零，这样求得

$$K_1 = \left[(s - p_1)F(s)\right]_{s = p_1}$$

同理可求得 K_2、K_3、$\cdots$、K_n。所以确定式（10-9）中各待定系数的公式为

$$K_i = \left[(s - p_i)F(s)\right]_{s = p_i} \qquad (i = 1,\ 2,\ 3,\ \cdots,\ n)$$

因为 p_i 是 $D(s) = 0$ 的一个根，故上面关于 K_i 的表达式为 $\dfrac{0}{0}$ 的不定式，可以用求极限的方法确定 K_i 的值，即

$$K_i = \lim_{s \to p_i} \frac{(s - p_i)N(s)}{D(s)} = \lim_{s \to p_i} \frac{(s - p_i)N'(s) + N(s)}{D'(s)} = \frac{N(p_i)}{D'(p_i)}$$

所以确定式（10-9）中各待定系数的另一公式为

$$K_i = \frac{N(s)}{D'(s)}\bigg|_{s = p_i} \qquad i = 1, 2, 3, \cdots, n \tag{10-10}$$

确定了式（10-9）各待定系数后，相应的原函数为

$$f(t) = L^{-1}\left[F(s)\right] = \sum_{i=1}^{n} K_i e^{p_i t} = \sum_{i=1}^{n} \frac{N(p_i)}{D'(p_i)} e^{p_i t}$$

例 10-4 求 $F(s) = \dfrac{2s + 1}{s^3 + 7s^2 + 10s}$ 的原函数。

解 因为 $F(s) = \dfrac{2s + 1}{s^3 + 7s^2 + 10s} = \dfrac{2s + 1}{s(s + 2)(s + 5)}$

所以，$D(s) = 0$ 的根为

$$p_1 = 0 \text{、} p_2 = -2 \text{、} p_3 = -5$$
$$D'(s) = 3s^2 + 14s + 10$$

根据式（10-10）确定各系数

$$K_1 = \frac{N(s)}{D'(s)}\bigg|_{s = p_1} = \frac{2s + 1}{3s^2 + 14s + 10}\bigg|_{s = 0} = 0.1$$

同理求得

$$K_2 = 0.5 \text{、} K_3 = -0.6$$

所以

$$f(t) = 0.1 + 0.5e^{-2t} - 0.6e^{-5t}$$

（2）共轭复根

如果 $D(s) = 0$ 具有共轭复根 $p_1 = \alpha + j\omega$、$p_2 = \alpha - j\omega$，则

$$K_1 = \left[(s - \alpha - j\omega)F(s) \right]_{s = \alpha + j\omega} = \frac{N(s)}{D'(s)} \Bigg|_{s = \alpha + j\omega}$$

$$K_2 = \left[(s - \alpha + j\omega)F(s) \right]_{s = \alpha - j\omega} = \frac{N(s)}{D'(s)} \Bigg|_{s = \alpha - j\omega}$$

由于 $F(s)$ 是实系数多项式之比，故 K_1 和 K_2 为共轭复数。

设 $K_1 = |K_1| e^{j\theta_1}$，则 $K_2 = |K_1| e^{-j\theta_1}$，有

$$f(t) = K_1 e^{(\alpha + j\omega)t} + K_2 e^{(\alpha - j\omega)t} = |K_1| e^{j\theta_1} e^{(\alpha + j\omega)t} + |K_1| e^{j\theta_1} e^{(\alpha - j\omega)t}$$

$$= |K_1| e^{\alpha t} \left[e^{j(\omega t + \theta_1)} + e^{-j(\omega t + \theta_1)} \right] = 2|K_1| e^{\alpha t} \cos(\omega t + \theta_1) \tag{10-11}$$

例 10-5 求 $F(s) = \dfrac{s + 3}{s^2 + 2s + 5}$ 的原函数。

解 $D(s) = 0$ 具有共轭复根 $p_1 = -1 + j2$、$p_2 = -1 - j2$。

$$K_1 = \frac{N(s)}{D'(s)} \Bigg|_{s = p_1} = \frac{s + 3}{2s + 2} \Bigg|_{s = -1 + j2} = 0.5 - j0.5 = 0.5\sqrt{2} e^{-j\frac{\pi}{4}}$$

$$K_2 = 0.5\sqrt{2} e^{j\frac{\pi}{4}}$$

根据式（10-11）可得

$$f(t) = 2|K_1| e^{-t} \cos\left(2t - \frac{\pi}{4} \right) = \sqrt{2} e^{-t} \cos\left(2t - \frac{\pi}{4} \right)$$

（3）重根

如果 $D(s) = 0$ 具有重根，则应含 $(s - p_1)^n$ 的因式。现设 $D(s)$ 中含有 $(s - p_1)^3$ 的因式，p_1 为 $D(s) = 0$ 的三重根，其余为单根，$F(s)$ 可分解为

$$F(s) = \frac{K_{13}}{s - p_1} + \frac{K_{12}}{(s - p_1)^2} + \frac{K_{11}}{(s - p_1)^3} + \left(\frac{K_2}{s - p_2} + \cdots + \frac{K_n}{s - p_n} \right) \tag{10-12}$$

对于单根，仍采用上述方法计算。为了确定 K_{11}、K_{12} 和 K_{13} 可以将式（10-12）两边都乘以 $(s - p_1)^3$，则 K_{11} 被单独分离出来，即

$$(s - p_1)^3 F(s) = (s - p_1)^2 K_{13} + (s - p_1) K_{12} + K_{11} + (s - p_1)^3 \left(\frac{K_2}{s - p_2} + \cdots + \frac{K_n}{s - p_n} \right) \tag{10-13}$$

则 $\qquad\qquad\qquad K_{11} = (s - p_1)^3 F(s) \big|_{s = p_1}$

再对式（10-13）两边对 s 求导，K_{12} 被分离出来，即

$$\frac{d}{ds} \left[(s - p_1)^3 F(s) \right] = 2(s - p_1) K_{13} + K_{12} + \frac{d}{ds} \left[(s - p_1)^3 \left(\frac{K_2}{s - p_2} + \cdots + \frac{K_n}{s - p_n} \right) \right]$$

所以 $K_{12} = \dfrac{d}{ds} \left[(s - p_1)^3 F(s) \right]_{s = p_1}$ $\qquad$ $K_{13} = \dfrac{1}{2} \dfrac{d^2}{ds^2} \left[(s - p_1)^3 F(s) \right]_{s = p_1}$

从以上分析过程可以推论得出当 $D(s) = 0$ 具有 q 阶重根，其余为单根时的分解式为

$$F(s) = \frac{K_{1q}}{s - p_1} + \frac{K_{1(q-1)}}{(s - p_1)^2} + \cdots + \frac{K_{11}}{(s - p_1)^q} + \left(\frac{K_2}{s - p_2} + \cdots + \frac{K_n}{s - p_n} \right) \tag{10-14}$$

式中

$$K_{1q} = \frac{1}{(q-1)!} \frac{d^{q-1}}{ds^{q-1}} \left[(s - p_1)^q F(s) \right]_{s = p_1}$$

如果 $D(s)=0$ 具有多个重根时，对每个重根分别利用上述方法即可得到各系数。

例 10-6 求 $F(s)=\dfrac{1}{(s+1)^3 s^2}$ 的原函数。

解 令 $D(s)=0$，有 $p_1=-1$ 三重根，$p_2=0$ 为二重根，所以

$$F(s)=\frac{K_{13}}{s+1}+\frac{K_{12}}{(s+1)^2}+\frac{K_{11}}{(s+1)^3}+\frac{K_{22}}{s}+\frac{K_{21}}{s^2}$$

首先以 $(s+1)^3$ 乘以 $F(s)$ 得

$$(s+1)^3 F(s)=\frac{1}{s^2}$$

应用式（10-14）得

$$K_{11}=\frac{1}{s^2}\bigg|_{s=-1}=1 \qquad K_{12}=\frac{\mathrm{d}}{\mathrm{d}s}\frac{1}{s^2}\bigg|_{s=-1}=2 \qquad K_{13}=\frac{1}{2}\frac{\mathrm{d}^2}{\mathrm{d}s^2}\frac{1}{s^2}\bigg|_{s=-1}=3$$

同样为计算 K_{21}、K_{22}，首先以 s^2 乘以 $F(s)$ 得

$$s^2 F(s)=\frac{1}{(s+1)^3}$$

应用式（10-14）得 $K_{21}=1$、$K_{22}=-3$
所以

$$F(s)=\frac{3}{s+1}+\frac{2}{(s+1)^2}+\frac{1}{(s+1)^3}-\frac{3}{s}+\frac{1}{s^2}$$

相应的原函数为

$$f(t)=3\mathrm{e}^{-t}+2t\mathrm{e}^{-t}+\frac{1}{2}t^2\mathrm{e}^{-t}-3+t$$

10.3 电路定律与电路模型的复频域形式

10.3.1 基尔霍夫定律的复频域形式

基尔霍夫定律的时域形式为，对任一结点 $\sum i_k(t)=0$；对任一回路 $\sum u_k(t)=0$。根据拉普拉斯变换的线性性质得

$$\mathrm{L}\big[\sum i_k(t)\big]=\sum \mathrm{L}\big[i_k(t)\big]=\sum I_k(s)=0$$

即在集中参数电路中，流出（流入）任一结点的各支路电流象函数的代数和为零。

同理得 $\sum U_k(s)=0$

即在集中参数电路中，沿任一回路各支路电压象函数的代数和为零。

根据元件电压、电流的时域关系，可以推导各元件电压电流关系的运算形式。

10.3.2 电路模型的复频域形式

（1）电阻元件

图 10-1a 所示线性电阻的电压和电流关系为 $u_R=Ri_R$，两边取拉普拉斯变换，得

$$U_R(s)=RI_R(s) \tag{10-15}$$

式（10-15）就是电阻 VCR 的复频域形式，图 10-1b 称为电阻的复频域模型。

（2）电容元件

图 10-2a 所示线性电容元件的电压和电流关系为 $i_C = C\dfrac{\mathrm{d}u_C}{\mathrm{d}t}$，取拉普拉斯变换得

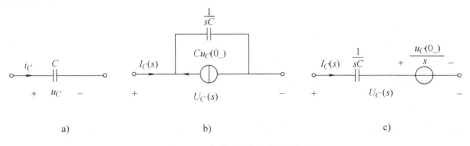

图 10-1　电阻及其复频域模型

$$I_C(s) = sCU_C(s) - Cu_C(0_-) \quad 或 \quad U_C(s) = \frac{1}{sC}I_C(s) + \frac{u_C(0_-)}{s} \tag{10-16}$$

由式（10-16）可得电容元件的复频域模型如图 10-2b、c 所示。式中 $\dfrac{1}{sC}$ 具有电阻的量纲，称为运算容抗（Operational Capacitive Reactance）。$\dfrac{u_C(0_-)}{s}$ 和 $Cu_C(0_-)$ 称为复频域附加电源，此附加电源反映了电容原始储能对暂态过程的影响。利用电源的等效变换，可得图 10-2c 所示的并联形式复频域模型。

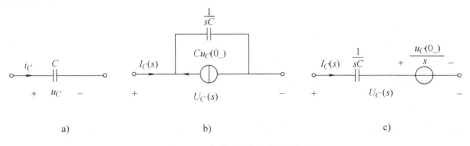

图 10-2　电容及其复频域模型

在复频域中，线性电容上电压与电流象函数之间的关系为线性代数关系，而不再是线性微分（积分）关系。

（3）电感元件

图 10-3a 所示线性电感元件的电压和电流关系为 $u_L = L\dfrac{\mathrm{d}i_L}{\mathrm{d}t}$，取拉普拉斯变换得

$$U_L(s) = sLI_L(s) - Li_L(0_-) \quad 或 \quad I_L(s) = \frac{1}{sL}U_L(s) + \frac{i_L(0_-)}{s} \tag{10-17}$$

由式（10-17）可得电感元件的复频域模型如图 10-3b、c 所示。式中的 sL 具有电阻的量纲，称为运算感抗（Operational Inductive Reactance）。$Li_L(0_-)$ 也称为附加电压源，此附加电压源反映了电感初始储能对暂态过程的影响。利用电源的等效变换，可得图 10-3c 所示的并联形式复频域模型。

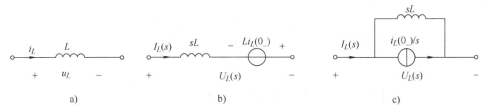

图 10-3　电感及其复频域模型

在复频域中,线性电感上电压与电流象函数之间的关系为线性代数关系,而不再是线性微分(积分)关系。

(4)互感元件

对两个耦合电感,复频域电路中应包括由于互感引起的附加电源。根据图 10-4a 有

$$u_1 = L_1 \frac{\mathrm{d}i_1}{\mathrm{d}t} + M \frac{\mathrm{d}i_2}{\mathrm{d}t}$$

$$u_2 = L_2 \frac{\mathrm{d}i_2}{\mathrm{d}t} + M \frac{\mathrm{d}i_1}{\mathrm{d}t}$$

对上式两边取拉普拉斯变换有

$$U_1(s) = sL_1 I_1(s) - L_1 i_1(0_-) + sM I_2(s) - M i_2(0_-)$$
$$U_2(s) = sL_2 I_2(s) - L_2 i_2(0_-) + sM I_1(s) - M i_1(0_-) \quad (10\text{-}18)$$

式中,sM 称为互感运算阻抗,$Mi_2(0_-)$ 和 $Mi_1(0_-)$ 都是附加的电压源,附加电压源的方向与 i_1、i_2 的参考方向有关。图 10-4b 为具有耦合电感的复频域电路模型。

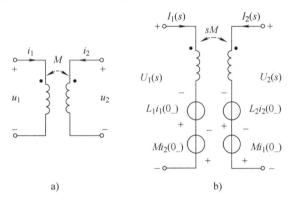

a)   b)

图 10-4　互感及其复频域模型

(5)RLC 串联电路

将电路中所有电路元件均用其复频域模型表示,所得电路模型称为原电路的复频域电路模型或运算电路(Operational Circuit)图 10-5a 所示为 RLC 串联电路。设电源电压为 $u(t)$,电感中初始电流为 $i(0_-)$,电容中初始电压为 $u_C(0_-)$。如用运算电路模型表示,将得到图 10-5b。

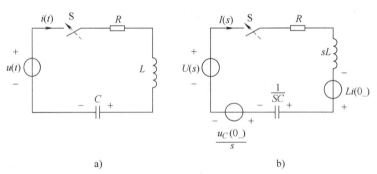

a)   b)

图 10-5　RLC 串联电路及其运算电路模型

根据 $\sum U_k(s) = 0$,有

$$RI(s) + sLI(s) - Li(0_-) + \frac{1}{sC}I(s) + \frac{u_C(0_-)}{s} = U(s)$$

或

$$\left(R + sL + \frac{1}{sC}\right)I(s) = U(s) + Li(0_-) - \frac{u_C(0_-)}{s}$$

$$Z(s)I(s) = U(s) + Li(0_-) - \frac{u_C(0_-)}{s}$$

式中, $Z(s) = R + sL + \dfrac{1}{sC}$ 为 RLC 串联电路的运算阻抗。在零初始状态下, 则有

$$Z(s)I(s) = U(s) \tag{10-19}$$

式 (10-19) 即为运算形式的欧姆定律。

10.4 应用拉普拉斯变换分析线性动态电路的暂态过程

运算法和相量法的基本思想类似, 相量法是把正弦量变换为相量, 把时间域电路转换为频域的相量电路, 从而把求解线性电路的正弦稳态问题转化为求解关于相量的线性代数方程的问题。运算法把时间域函数变换为象函数, 把时间域电路转换为复频域的运算电路, 从而把求解时间域高阶线性电路的问题转化为求解关于象函数的线性代数方程的问题。相量法使正弦稳态电路的分析计算得到简化, 运算法使高阶线性电路的分析计算得到简化。

应用拉普拉斯变换分析线性电路包含以下三个步骤:

1) 将电路从时域转换为 s 域的运算电路。

2) 对上述运算电路应用支路电流法、回路电流法、结点电压法、电源等效变换等方法及各种定理进行求解。

3) 对求得的电路响应进行拉普拉斯反变换, 最后得到电路的时域响应。

例 10-7 如图 10-6a 所示电路原先处于零状态, $t=0$ 时合上开关 S, 试求电流 i_L。

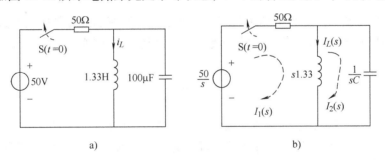

a)   b)

图 10-6 例 10-7 图

解 电路原先处于零状态, 即 $i_L(0_-) = 0A$, $u_C(0_-) = 0V$, 将电路由时间域转换到 s 域, 图 10-6b 所示为运算电路。

对图 10-6b 列网孔电流方程

$$\begin{cases} (R + sL)I_1(s) - sLI_2(s) = \dfrac{50}{s} \\ - sLI_1(s) + \left(sL + \dfrac{1}{sC} \right) I_2(s) = 0 \end{cases}$$

由图可知: $I_1(s) - I_2(s) = I_L(s)$

联立解方程, 得

$$I_L(s) = \frac{1}{s} - \frac{1.5}{s + 50} + \frac{0.5}{s + 150}$$

求其反变换

$$i_L(t) = (1 - 1.5e^{-50t} + 0.5e^{-150t})\,A$$

例 10-8 如图 10-7a 所示电路,已知 $i_L(0_-) = 0A$,$t=0$ 时合上开关 S,求 $t>0$ 时的 $u_L(t)$ 。

解 将信号源进行拉普拉斯变换有 $L[10e^{-t}] = \dfrac{10}{s+1}$,将电路由时间域转换到 s 域,图 10-7b 所示为运算电路。

$$U_L(s) = 3U_1(s)$$

列结点电压方程有 $\left(\dfrac{1}{4} + \dfrac{1}{4} + \dfrac{1}{sL}\right)U_1(s) = \dfrac{10}{4(s+1)} - \dfrac{2U_1(s)}{sL}$

$$U_L(s) = 3U_1(s) = \frac{15s}{(s+1)(s+6)}$$

$$u_L(t) = (-3e^{-t} + 18e^{-6t})\,V$$

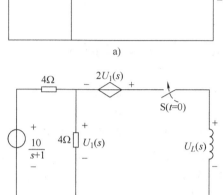

图 10-7 例 10-8 图

10.5 复频域中的网络函数

在线性非时变电路中,如果电路中只有一个激励,且所有储能元件的初始条件均为零,在复频域中响应的象函数 $R(s)$ 和激励的象函数 $E(s)$ 之比,称为网络函数(Network Function),用符号 $H(s)$ 表示,即

$$H(s) = \frac{R(s)}{E(s)} \tag{10-20}$$

由于激励 $E(s)$ 可以是独立的电压源或独立的电流源,响应 $R(s)$ 可以是电路中任意两点之间的电压或任意一支路的电流,故网络函数可能是驱动点阻抗(导纳)、转移阻抗(导纳)、电压转移函数或电流转移函数。

根据网络函数的定义,若 $E(s) = 1$,则 $R(s) = H(s)$,即网络函数就是该响应的象函数,而当 $E(s) = 1$ 时,$e(t) = \delta(t)$,所以网络函数的原函数 $h(t)$ 是电路的单位冲激响应,即

$$h(t) = L^{-1}[H(s)] \tag{10-21}$$

例 10-9 图 10-8a 中电路激励为 $i_S(t) = \delta(t)$,求冲激激励下的电容电压 $u_C(t)$ 。

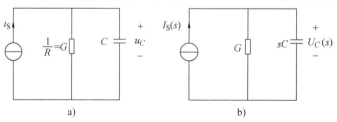

图 10-8 例 10-9 图

解　图 10-8b 为其运算电路，由于此冲激响应与冲激电流激励属于同一端口，因而网络函数为驱动点阻抗，即

$$H(s) = \frac{R(s)}{E(s)} = \frac{U_C(s)}{1} = Z(s) = \frac{1}{sC + G} = \frac{1}{C} \cdot \frac{1}{s + \frac{1}{RC}}$$

$$h(t) = L^{-1}[H(s)] = L^{-1}\left[\frac{1}{C} \cdot \frac{1}{s + \frac{1}{RC}}\right] = \frac{1}{C} e^{-\frac{1}{RC}t} \varepsilon(t)$$

本 章 小 结

1. 拉普拉斯变换的定义为

$$F(s) = L[f(t)] = \int_{0_-}^{\infty} f(t) e^{-st} dt$$

2. 拉普拉斯变换的主要性质有：线性性质、微分性质、积分性质。根据后两个性质可以把微分（积分）方程变换成代数方程。

3. 通常用部分分式展开法计算拉普拉斯反变换。

4. 电流、电压象函数服从复频域形式的基尔霍夫定律，即

$$\sum I_k(s) = 0 \text{ 和 } \sum U_k(s) = 0$$

5. 若线性电阻、电容、电感上的电压和电流参考方向相同，则它们的象函数之间关系分别为：

电阻
$$U_R(s) = RI_R(s)$$

电容
$$U_C(s) = \frac{1}{sC}I_C(s) + \frac{u_C(0_-)}{s}$$

电感
$$U_L(s) = sLI_L(s) - Li_L(0_-)$$

6. 动态电路复频域模型的各种方程与直流电路的各种方程一一对应。因此可以用直流电路的任一种分析方法求解复频域电路模型。

7. 网络函数 $H(s)$ 定义为复频域中响应的象函数 $R(s)$ 和激励的象函数 $E(s)$ 之比，即

$$H(s) = \frac{R(s)}{E(s)}$$

其原函数等于网络的单位冲激响应，即 $h(t) = L^{-1}[H(s)]$

习　题

10-1　求下列函数的象函数：

（1）$f(t) = 1 - e^{-\alpha t}$ （2）$f(t) = e^{-\alpha t}(1 - \alpha t)$ （3）$f(t) = t\cos(at)$

10-2　求下列各函数的原函数：

（1）$\dfrac{(s+1)(s+3)}{s(s+2)(s+4)}$ （2）$\dfrac{1}{(s+1)(s+2)^2}$

10-3　图 10-9 所示电路原已处于稳态，$t = 0$ 时将 S 闭合。试用运算法求 $i(t)$ 及 $u_C(t)$。

10-4　图 10-10 所示电路中 $L_1 = 1\text{H}$，$L_2 = 4\text{H}$，$M = 2\text{H}$，$R_1 = R_2 = 1\Omega$，$U_S = 1\text{V}$，电感中原无磁场能。$t = 0$ 时合上开关 S，用运算法求 i_1、i_2。

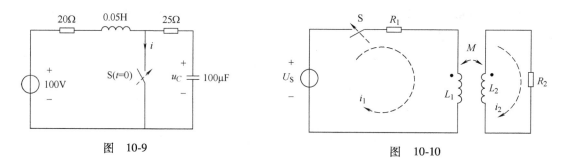

图 10-9

图 10-10

10-5 求图 10-11 所示各电路的驱动点阻抗 $Z(s)$ 的表达式。

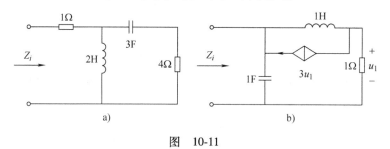

a)

b)

图 10-11

第11章 非正弦周期电流电路

▌内容提要

本章主要介绍非正弦周期电流电路的一种分析方法——谐波分析法，可看作是正弦稳态电路分析方法的推广。主要讲解周期函数分解为傅里叶级数，周期量的有效值、平均值、平均功率，非正弦周期电流电路的计算。

11.1 非正弦周期电流和电压

在工程实践中，经常会遇到按非正弦规律周期变化的电源信号，由它们在线性电路中产生的电流和电压也将是按非正弦规律周期变化的量，即非正弦周期电流和电压。

图11-1所示的非正弦周期波形都是工程中常见的一些例子。

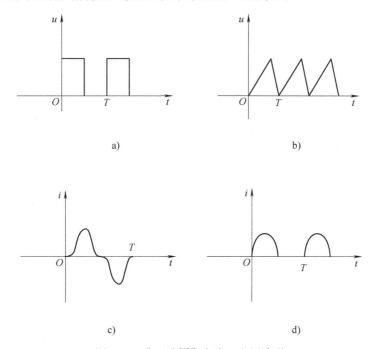

a)   b)

c)   d)

图11-1 非正弦周期电流、电压波形

工程实践中产生非正弦周期量的原因很多，这里举几种例子：

1）正弦电源经过非线性元件时，产生的电流将是非正弦周期量。

2）发电机由于内部结构的原因很难保证电压是理想的正弦波。

3）在几个不同频率正弦电源作用下，线性电路中的响应也是非正弦周期量。

在非正弦周期电压、电流或其他信号的作用下，线性电路的稳态分析和计算：首先利用傅里叶级数展开法，将非正弦周期激励的电压或电流分解为直流分量和一系列不同频率的正弦量之和，再根据叠加定理，分别计算在直流分量和各个频率正弦分量单独作用时的稳态响应分量，最后再把所得的各分量时域形式叠加，就可以得到电路中实际的稳态电流和电压。这种方法称为谐波分析法。

11.2　非正弦周期信号的傅里叶展开

设一非正弦周期函数为 $f(t)$，它可以表示为

$$f(t) = f(t + nT)$$

式中，T 为非正弦周期函数 $f(t)$ 的周期，$n = 0, 1, 2, \cdots$

如果非正弦周期函数 $f(t)$ 满足狄里赫利条件，即在一个周期内函数 $f(t)$ 满足：①连续或只有有限个间断点。②有有限个极大值和极小值。③绝对收敛。那么，它就可以展开为一个收敛的三角级数——傅里叶级数。电工、无线电技术中所遇到的非正弦周期函数通常都能满足狄里赫利条件。

设非正弦周期函数 $f(t)$ 的周期为 T，则角频率为 $\omega = \dfrac{2\pi}{T}$，并满足狄里赫利条件，则 $f(t)$ 可展开为下列三角级数

$$\begin{aligned} f(t) &= a_0 + (a_1\cos \omega t + b_1\sin \omega t) + (a_2\cos 2\omega t + b_2\sin 2\omega t) + \cdots + \\ &\quad (a_k\cos k\omega t + b_k\sin k\omega t) + \cdots \\ &= a_0 + \sum_{k=1}^{\infty} (a_k\cos k\omega t + b_k\sin k\omega t) \end{aligned} \tag{11-1}$$

上式还可以改写成

$$\begin{aligned} f(t) &= A_0 + A_{m1}\cos (\omega t + \psi_1) + A_{m2}\cos (2\omega t + \psi_2) + \cdots + A_{mk}\cos (k\omega t + \psi_k) + \cdots \\ &= A_0 + \sum_{k=1}^{\infty} A_{mk}\cos (k\omega t + \psi_k) \end{aligned} \tag{11-2}$$

比较式（11-1）与式（11-2），其系数关系为

$$\begin{cases} A_0 = a_0 \\ A_{mk} = \sqrt{a_k^2 + b_k^2} \\ a_k = A_{mk}\cos \psi_k \\ b_k = -A_{mk}\sin \psi_k \\ \psi_k = \arctan \left(\dfrac{-b_k}{a_k} \right) \end{cases} \tag{11-3}$$

傅里叶级数是一个无穷三角级数。式（11-2）的第一项 A_0 称为 $f(t)$ 的直流分量（或恒定分量）；第二项 $A_{m1}\cos (\omega t + \psi_1)$ 称为 1 次谐波（基波分量），其周期与原函数 $f(t)$ 相同；第三项 $A_{m2}\cos (2\omega t + \psi_2)$ 称为 2 次谐波；第 k 项 $A_{mk}\cos (k\omega t + \psi_k)$ 称为 k 次谐波。除直流分量和基波外，其余各次谐波统称为高次谐波。高次谐波的频率是基波频率的整数倍，由于傅里叶级数是收敛的，一般来说谐波次数越高，其幅值越小。傅里叶级数是一个无穷级数，在实际计算时只能取前面的有限项来计算，必然会产生误差。因为频率越高的谐波其幅值越小，所以可按工程精度要求及级数收敛的快慢来确定选择前多少项进行计算。如果级数收敛很快，只取级数的前几项就足够了，5 次以上谐波一般可以略去。通常，函数的波形越光滑、越接近于正弦波形，其级数收敛得越快。

式（11-1）中的系数，可按下列公式计算

$$
\begin{cases}
a_0 = \dfrac{1}{T}\int_0^T f(t)\,\mathrm{d}t = \dfrac{1}{T}\int_{-\frac{T}{2}}^{\frac{T}{2}} f(t)\,\mathrm{d}t \\[3mm]
a_k = \dfrac{2}{T}\int_0^T f(t)\cos(k\omega t)\,\mathrm{d}t = \dfrac{2}{T}\int_{-\frac{T}{2}}^{\frac{T}{2}} f(t)\cos(k\omega t)\,\mathrm{d}t \\[3mm]
\quad = \dfrac{1}{\pi}\int_0^{2\pi} f(t)\cos(k\omega t)\,\mathrm{d}(\omega t) = \dfrac{1}{\pi}\int_{-\pi}^{\pi} f(t)\cos(k\omega t)\,\mathrm{d}(\omega t) \\[3mm]
b_k = \dfrac{2}{T}\int_0^T f(t)\sin(k\omega t)\,\mathrm{d}t = \dfrac{2}{T}\int_{-\frac{T}{2}}^{\frac{T}{2}} f(t)\sin(k\omega t)\,\mathrm{d}t \\[3mm]
\quad = \dfrac{1}{\pi}\int_0^{2\pi} f(t)\sin(k\omega t)\,\mathrm{d}(\omega t) = \dfrac{1}{\pi}\int_{-\pi}^{\pi} f(t)\sin(k\omega t)\,\mathrm{d}\omega t
\end{cases}
\tag{11-4}
$$

式（11-4）中，$k = 1, 2, 3, \cdots$。对给定的非正弦周期函数 $f(t)$，可按式（11-4）求出所有系数，也就可以把 $f(t)$ 展开成式（11-1）所示的无穷级数。常用周期函数的傅里叶级数见表 11-1。

表 11-1　常用周期函数的傅里叶级数

函　数	傅里叶级数
	$f(t) = \dfrac{4A}{\pi}\sum\limits_{k=1}^{\infty}\dfrac{1}{2k-1}\sin\left[(2k-1)\omega t\right]$
	$f(t) = \dfrac{A}{2} - \dfrac{4A}{\pi^2}\sum\limits_{k=1}^{\infty}\dfrac{1}{(2k-1)^2}\cos\left[(2k-1)\omega t\right]$
	$f(t) = \dfrac{A}{\pi} + \dfrac{A}{2}\sin\omega t - \dfrac{2}{\pi}\sum\limits_{k=1}^{\infty}\dfrac{1}{4k^2-1}\cos 2k\omega t$
	$f(t) = \dfrac{2A}{\pi} - \dfrac{4A}{\pi}\sum\limits_{k=1}^{\infty}\dfrac{1}{4k^2-1}\cos k\omega t$

11.3　非正弦周期量的有效值、平均值和平均功率

11.3.1　有效值

周期量的有效值等于其瞬时值的方均根值，即

$$A = \sqrt{\frac{1}{T} \int_0^T [f(t)]^2 dt} \tag{11-5}$$

当给出函数 $f(t)$ 在一个周期内的表达式时,便可以直接代入上式计算有效值。如果已知周期量的恒定分量和各次谐波分量,则其有效值也可以根据这些分量计算。

把给定的 $f(t)$ 的傅里叶级数式(11-2)代入式(11-5)得

$$A = \sqrt{\frac{1}{T} \int_0^T \left[A_0 + \sum_{k=1}^\infty A_{mk} \cos(k\omega t + \psi_k) \right]^2 dt} \tag{11-6}$$

上式展开后将得到下列四种类型积分,其积分结果分别为

$$\frac{1}{T} \int_0^T A_0^2 dt = A_0^2 \tag{11-7}$$

$$\frac{1}{T} \int_0^T \sum_{k=1}^\infty A_{mk}^2 \cos^2(k\omega t + \psi_k) dt = \sum_{k=1}^\infty \frac{1}{2} A_{mk}^2 \tag{11-8}$$

$$\frac{1}{T} \int_0^T A_0 \sum_{k=1}^\infty A_{mk} \cos(k\omega t + \psi_k) dt = 0 \tag{11-9}$$

$$\frac{1}{T} \int_0^T \sum_{k=1}^\infty \sum_{k'=1}^\infty A_{mk} A_{mk'} \cos(k\omega t + \psi_k) \cos(k'\omega t + \psi_k) dt = 0 \quad (k \neq k') \tag{11-10}$$

其中式(11-9)和式(11-10)等于零是由于三角函数系具有正交性。将以上四式代入式(11-6)得

$$A = \sqrt{A_0^2 + \sum_{k=1}^\infty \frac{1}{2} A_{mk}^2} = \sqrt{A_0^2 + A_1^2 + A_2^2 + \cdots} \tag{11-11}$$

式中,$A_1 = A_{m1}/\sqrt{2}$、$A_2 = A_{m2}/\sqrt{2}$、$\cdots$分别为基波、二次谐波$\cdots\cdots$的有效值,这是因为各谐波都是正弦量,其有效值等于振幅的 $1/\sqrt{2}$。

式(11-11)表明,任意周期量的有效值等于它的恒定分量、基波分量与各谐波分量有效值的二次方和的二次方根。

例 11-1 已知周期电流 $i = [1 + 0.707\cos(\omega t - 20^0) + 0.42\cos(2\omega t + 50^0)]A$,求其有效值。

解 应用式(11-7)计算周期电流 i 的有效值为

$$I = \sqrt{1^2 + \frac{1}{2}(0.707)^2 + \frac{1}{2}(0.42)^2} A \approx 1.16A$$

11.3.2 平均值

非正弦周期电流的平均值定义为 i 的绝对值的平均值,其定义式为

$$i = \frac{1}{T} \int_0^T |i| dt$$

对于同一非正弦周期电流,当用不同类型的仪表进行测量时,会得到不同的结果。以常用的三种仪表为例其测量结果如下:

1)磁电系仪表(直流仪表)测量的数值为电流的直流分量,这是因为这种仪表的偏转角

$$\alpha \propto \frac{1}{T} \int_0^T i dt$$

2）电磁系仪表测量的是有效值，因为这种表的偏转角

$$\alpha \propto \frac{1}{T}\int_0^T i^2 \mathrm{d}t = I^2$$

3）全波整流磁电系仪表测量的是平均值，因为这种仪表的偏转角

$$\alpha \propto \frac{1}{T}\int_0^T |i|\mathrm{d}t = I_{av}$$

由此可见，在测量非正弦周期电流和电压时，要根据要求选择合适的仪表。

11.3.3　平均功率

设一端口网络的端口电压、电流取关联参考方向，则其输入的瞬时功率为

$$p = ui$$

u 和 i 如果为同频率的非正弦周期量，其平均功率就是瞬时功率在一周期内的平均值，即

$$P = \frac{1}{T}\int_0^T p\mathrm{d}t = \frac{1}{T}\int_0^T ui\mathrm{d}t \tag{11-12}$$

如果给出电压 u 和电流 i 在一个周期内的表达式，便可把它们直接代入式（11-12）中计算平均功率。

如果电压 u 和电流 i 是用傅里叶级数表示的，即

$$u = U_0 + \sum_{k=1}^{\infty} U_{mk}\cos(k\omega t + \psi_{uk})$$

$$i = I_0 + \sum_{k=1}^{\infty} I_{mk}\cos(k\omega t + \psi_{ik})$$

代入式（11-12）则为

$$P = \frac{1}{T}\int_0^T ui\mathrm{d}t = \frac{1}{T}\int_0^T U_0 I_0 \mathrm{d}t + \frac{1}{T}\int_0^T U_0 \sum_{k=1}^{\infty} I_{mk}\cos(k\omega t + \psi_{ik})\mathrm{d}t +$$

$$\frac{1}{T}\int_0^T I_0 \sum_{k=1}^{\infty} U_{mk}\cos(k\omega t + \psi_{uk})\mathrm{d}t +$$

$$\frac{1}{T}\int_0^T \sum_{k=1}^{\infty} \sum_{k'=1}^{\infty} U_{mk}I_{mk'}\cos(k\omega t + \psi_{uk})\cos(k'\omega t + \psi_{ik'})\mathrm{d}t +$$

$$\frac{1}{T}\int_0^T \sum_{k=1}^{\infty} U_{mk}I_{mk}\cos(k\omega t + \psi_{uk})\cos(k\omega t + \psi_{ik})\mathrm{d}t \tag{11-13}$$

上式等号右端第一项积分为

$$P_0 = U_0 I_0 \tag{11-14}$$

根据三角函数的正交性，式（11-13）右端第二项、第三项和第四项（其中 $k \neq k'$）积分都等于零。最后一项积分中两同频率余弦的乘积为

$$U_{mk}I_{mk}\cos(k\omega t + \psi_{uk})\cos(k\omega t + \psi_{ik}) = \frac{1}{2}U_{mk}I_{mk}\big[\cos(\psi_{uk} - \psi_{ik})\cos(2\omega t + \psi_{uk} + \psi_{ik})\big]$$

此式在一个周期内的平均值为

$$P_k = \frac{1}{2}U_{mk}I_{mk}\big[\cos(\psi_{uk} - \psi_{ik}) = U_k I_k \cos\varphi_k \tag{11-15}$$

式中，$U_k = U_{mk}/\sqrt{2}$、$I_k = I_{mk}/\sqrt{2}$ 分别代表 k 次谐波电压、电流的有效值，而 $\varphi_k = \psi_{uk} - \psi_{ik}$ 则代表

k 次谐波电压超前于 k 次谐波电流的相位差。由此可见，只有同频率的电压与电流才能产生平均功率。

$$P = P_0 + \sum_{k=1}^{\infty} P_k = U_0 I_0 + \sum_{k=1}^{\infty} U_k I_k \cos \varphi_k \tag{11-16}$$

可见，非正弦周期电流电路的平均功率等于恒定分量、基波分量和各次谐波分量分别产生的平均功率之和。

例 11-2 已知某独立电源的一端口网络的端口电压、电流为

$$u = [50 + 84.6\cos(\omega t + 30^0) + 56.6\cos(2\omega t + 10^0)]V$$

$$i = [1 + 0.707\cos(\omega t - 20^0) + 0.424\cos(2\omega t + 50^0)]A$$

求一端口网络输入的平均功率。

解 根据式（11-12）得

$$P = \left[50 \times 1 + \frac{84.6}{\sqrt{2}} \times \frac{0.707}{\sqrt{2}}\cos(30^0 + 20^0) + \frac{56.6}{\sqrt{2}} \times \frac{0.424}{\sqrt{2}}\cos(10^0 - 50^0)\right]W$$

$$\approx 78.42W$$

11.4 非正弦周期电流电路的计算

在 11.1 节中已经提到非正弦周期电流电路的计算问题，其计算步骤如下：

把给定的非正弦周期激励的电压或电流分解为傅里叶级数，高次谐波取到哪一项为止，要根据精度的要求来确定。

按直流稳态电路求出激励中直流分量单独作用的响应分量；再按正弦稳态电路用相量法求出激励中各次谐波分量单独作用的响应分量，在应用相量法时要注意感抗、容抗与频率的关系；最后把各次谐波响应分量转换为时域形式。

应用叠加定理，把步骤②中计算出的结果进行叠加，从而求出电路中的实际响应。

例 11-3 如图 11-2 所示电路，已知 $i_S = (4 + 3\cos 10t)A$，求 u。

解 （1）$I_{S(0)} = 4A$ 单独作用时，C 开路，L 短路，可求出

$$U_{(0)} = 4I_{S(0)} = 4 \times 4V = 16V$$

（2）$i_{S(1)} = 3\cos(10t)A$ 单独作用时，用相量法求解如下：

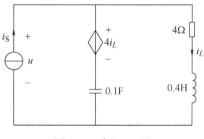

图 11-2 例 11-3 图

$$X_C = \frac{1}{\omega C} = \frac{1}{10 \times 0.1}\Omega = 1\Omega \quad X_L = \omega L = 10 \times 0.4\Omega = 4\Omega$$

$$\dot{I}_{S(1)} = \frac{3}{\sqrt{2}}\angle 0°A$$

由 KVL 得

$$4\dot{I}_{L(1)} - j[\dot{I}_{S(1)} - \dot{I}_{L(1)}] = (4 + j4)\dot{I}_{L(1)}$$

解方程得

$$\dot{I}_{L(1)} = -\frac{1}{3}\dot{I}_{S(1)} = -\frac{1}{\sqrt{2}}\angle 0°A = \frac{1}{\sqrt{2}}\angle 180°A$$

$$\dot{U}_{(1)} = (4 + j4)\dot{I}_{L(1)} = 4\angle -135°\,V$$

$$u_{(1)} = 4\sqrt{2}\cos(10t - 135°)\,V$$

由叠加定理得

$$u = U_{(0)} + u_{(1)} = [16 + 4\sqrt{2}\cos(10t - 135°)]\,V$$

本 章 小 结

1. 非正弦周期量 $f(t)$ 可分解为傅里叶级数

$$f(t) = A_0 + \sum_{k=1}^{\infty} A_{mk}\cos(k\omega t + \psi_k)$$

2. 非正弦周期量的有效值等于恒定分量、基波和各次谐波分量有效值的二次方和的二次方根，即

$$A = \sqrt{A_0^2 + \sum_{k=1}^{\infty}\frac{1}{2}A_{mk}^2} = \sqrt{A_0^2 + A_1^2 + A_2^2 + \cdots}$$

3. 非正弦周期电流电路的平均功率等于恒定分量、基波和各次谐波分量分别产生的平均功率之和，即

$$P = P_0 + \sum_{k=1}^{\infty} P_k = U_0 I_0 + \sum_{k=1}^{\infty} U_k I_k\cos\varphi_k$$

4. 计算非正弦周期电流电路的步骤：将非正弦周期性激励分解为恒定分量、基波和各次谐波分量；分别计算激励中不同频率的分量引起的响应；最后将响应的各分量的瞬时表达式相加。

习　题

11-1　RLC 串联电路的端口电压 $u = [100\cos\omega t + 50\cos(3\omega t - 30°)]\,V$，端口电流 $i = [10\cos\omega t + 1.755\cos(3\omega t - \psi_i)]\,A$，角频率 $\omega = 314\,rad/s$，求 R、L、C 及 ψ_i 的值。

11-2　图 11-3 所示电路中，已知直流电流源 $I_S = 5\,mA$，正弦电压源 $u_S = 10\sqrt{2}\sin10^4 t\,V$，求电流 i 及其有效值。

11-3　图 11-4 所示电路中，$u_{S1} = [1.5 + 5\sqrt{2}\sin(2t + 90°)]\,V$，电流源电流 $i_{S2} = 2\sin1.5t\,A$，求 u_R 及 u_{S1} 发出的功率。

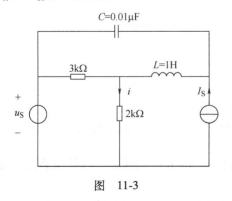

图　11-3

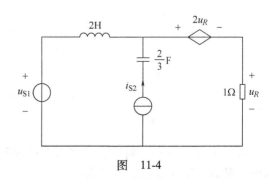

图　11-4

第 12 章　非线性电路

内容提要

前面各章讨论的是线性元件及独立源构成的线性电路，线性元件的特性曲线是一条通过原点的直线。严格说来，实际电路都是非线性的，不过实际电路元件的工作电流、电压都限制在一定范围内，在正常工作条件下大多可以认为它们是线性的，特别是那些非线性程度比较微弱的电路元件，把它当成线性元件处理不会带来很大的差异。但是对于非线性较为显著的元件，就不能忽略其非线性特性，否则会使分析计算结果与实际量值相差很大。本章研究含有非线性元件的电路即非线性电路，并举例说明非线性电路方程的建立方法。

12.1　非线性电阻

非线性电阻元件的伏安关系不满足欧姆定律，而遵循某种特定的非线性函数关系，一般来说，可用下列函数式来表示：

$$u = f(i) \tag{12-1}$$

或

$$i = f(u) \tag{12-2}$$

其电路符号如图 12-1a 所示。

对于式（12-1）来说，电阻元件的端电压是其电流的单值函数，对于同一电压，电流可能是多值的，此种元件称为电流控制型的非线性电阻。如图 12-1b 所示的充气二极管就具有这样的伏安特性。

对于式（12-2）来说，电阻元件的端电流是其电压的单值函数，对于同一电流，电压可能是多值的，此种元件称为电压控制型的非线性电阻。如图 12-1c 所示某隧道二极管就具有这样的伏安特性。

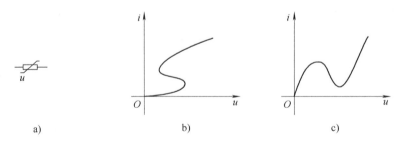

图 12-1　非线性元件符号及伏安特性
a）非线性电阻的电路符号　b）充气二极管的伏安特性　c）隧道二极管的伏安特性

从图 12-1b、c 还可看出，上述两个伏安特性都具有一段下倾的线段，就是说在这一范围内电流随着电压的增长反而下降。

另一种非线性电阻属于"单调型"，其伏安特性是单调增长或单调下降的，它即是电流控制又是电压控制型的。最典型的这一类非线性电阻是 PN 结二极管，其电路符号和伏安特性如

图 12-2 所示。

从图 12-2b 所示的伏安特性可看出，当二极管的端电压方向如图 12-2a 所示时，伏安特性为第一象限的曲线，而当外加反向电压时，电流很小，如第三象限的曲线所示。说明施加于二极管的电压方向不同时，流过它的电流完全不同，称这种非线性元件具有单向性。如果电流、电压关系与方向无关，即伏安特性曲线对称于原点，则称为双向性元件。双向性元件接入电路时，两个端子互换不会影响电路工作，而互换单向性元件的两个端子就会产生完全不同的结果，因此两个端子必须明确区分，不能接错。

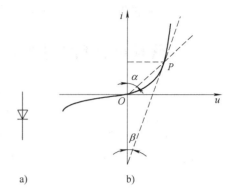

图 12-2　PN 结二极管的伏安特性

非线性电阻的伏安特性不是一条通过原点的直线，特性曲线上每一点的电压与电流的比值不同，且由于电压变化引起的电流变化也不同。为说明元件某一点（如图 12-2b 中的 P 点）的工作特性，有时引用静态电阻 R 和动态电阻 R_d 的概念。非线性电阻元件在某点的静态电阻 R 等于该点的电压值 u 与电流值 i 之比，即 $R = \dfrac{u}{i}$。显然 P 点的静态电阻正比于 $\tan\alpha$。

非线性电阻元件在某点的动态电阻 R_d 等于该点的电压 u 对电流 i 的导数值，即 $R_d = \dfrac{\mathrm{d}u}{\mathrm{d}i}$。显然 P 点的动态电阻正比于 $\tan\beta$。

静态电阻 R 和动态电阻 R_d 都是电压 u 或电流 i 的函数。对于图 12-1b、c 中所示的伏安特性曲线的下倾段，其动态电阻为负值，因此元件工作在这段范围内具有"负电阻"的性质。

例 12-1　设一个非线性电阻元件，其伏安特性为 $u = f(i) = 100i + i^3$。

（1）试分别求出 $i_1 = 5\mathrm{A}$、$i_2 = 10\mathrm{A}$、$i_3 = 0.01\mathrm{A}$ 时对应的电压 u_1、u_2 和 u_3 的值。

（2）试求 $i = 2\cos 314t\,\mathrm{A}$ 时对应的电压 u 的值。

（3）设 $u_{12} = f(i_1 + i_2)$，试问 u_{12} 是否等于 $(u_1 + u_2)$。

解　（1）当 $i_1 = 5\mathrm{A}$ 时，

$u_1 = (100 \times 5 + 5^3)\mathrm{V} = 625\mathrm{V}$

当 $i_2 = 10\mathrm{A}$ 时，

$u_2 = (100 \times 10 + 10^3)\mathrm{V} = 2000\mathrm{V}$

当 $i_3 = 0.01\mathrm{A}$ 时，

$u_3 = (100 \times 0.01 + 0.01^3)\mathrm{V} = (1 + 10^{-6})\mathrm{V}$

从上述计算中可以看出，如果将这个电阻作为 100Ω 的线性电阻，当电流 i 不同时，引起的误差不同，当电流值较小时，引起的误差不大。

（2）当 $i = 2\cos 314t\,\mathrm{A}$ 时

$u = (100 \times 2\cos 314t + 8\cos^3 314t)\mathrm{V} = (206\cos 314t + 2\cos 942t)\mathrm{V}$

电压 u 中含有 3 倍电流频率的分量，所以利用非线性电阻可以产生频率不同于输入频率的输出（这种作用称为"倍频"）。

（3）现假设 $u_{12} = f(i_1 + i_2)$，则

$$u_{12} = 100(i_1 + i_2) + (i_1 + i_2)^3 = 100(i_1 + i_2) + (i_1^3 + i_2^3) + (i_1 + i_2) \times 3i_1 i_2$$
$$= u_1 + u_2 + 3i_1 i_2(i_1 + i_2)$$

可见，一般情况下，$i_1 + i_2 \neq 0$，因此有 $u_{12} \neq u_1 + u_2$，即叠加定理不适用于非线性电路。

12.2 非线性电容和非线性电感

电容元件的特性是用 $q\text{-}u$ 平面的库伏特性来描述的。线性电容储存的电荷与电压之间存在线性关系，其库伏特性是 $q = Cu$，式中 C 为常数，在 $q\text{-}u$ 平面上是一条通过原点的直线。线性电容的物理原型是用线性电介质制成的电容器。

工程上还有一类电介质，例如钛酸钡等，它们的介电常数与电场强度有关，不是常量，属于非线性介质。利用这种介质制成的电容器所储存的电荷与极板间电压不呈线性关系。在电路模型中用非线性电容（Nonlinear Capacitor）作为这类电容器的元件模型。其电路符号如图 12-3a 所示。

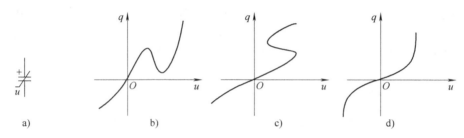

图 12-3　非线性电容元件的电路符号与库伏特性

非线性电容的电荷和电压之间不成线性关系，其特性须用电荷与电压之间的非线性函数来描述。非线性电容元件的库伏特性一般可用下列函数式来表示：

$$q = f(u) \tag{12-3}$$

或

$$u = h(q) \tag{12-4}$$

式中，f 和 h 分别为 u 和 q 的非线性函数。

对于式（12-3）而言，电容的电荷 q 是电压 u 的单值函数，这种电容称为电压控制型电容，简称压控电容。其典型 $q\text{-}u$ 特性如图 12-3b 所示，但需注意，对应同一电荷值 q，其电压 u 可能是多值的。

对于式（12-4）而言，电压 u 是电荷 q 的单值函数，这种电容称为电荷控制型电容，简称荷控电容。其典型 $q\text{-}u$ 特性如图 12-3c 所示，但需注意，对应同一电压值 u，其电荷 q 可能是多值的。

若非线性电容元件的库伏特性如图 12-3d 所示，此库伏特性的特点是，当电压 u 增大或减小时，电荷 q 也随着单调地增大或减小，这种非线性电容元件称为单调型电容。单调型电容既是压控的，也是荷控的，其库伏特性既可用式（12-3）表示，也可用式（12-4）表示。

为了计算和分析的需要，有时引入静态电容 C 和动态电容 C_d 的概念，其定义分别如下：

P 点的静态电容：　$C = \dfrac{q}{u}$

P 点的动态电容：　$C_d = \dfrac{\mathrm{d}q}{\mathrm{d}u}$

如图 12-4 所示，其中 P 点称为工作点，P 点的静态电容正比于 $\tan\alpha$，P 点的动态电容正比

于 $tan\beta$。工作点不同，C 和 C_d 也不同，它们都是电压或电荷的函数。

电感元件的特性是用 $\psi\text{-}i$ 平面的韦安特性来描述的。线性电感的韦安特性是 $\psi\text{-}i$ 平面上通过原点的直线，它可表示为 $\psi = Li$，式中 L 为常数。如果绕组绕在磁导率为常量的非铁磁材料上，则穿过绕组的磁链与流过的电流为正比。可用线性电感元件作为其元件模型。但是，对绕在非线性磁介质铁磁材料的绕组，由于材料的磁导率与磁感应强度有关，故穿过绕组的磁链与流过的电流不是正比关系。在电路模型中用非线性电感作为这类绕组的元件模型，其电路符号如图 12-5a 所示。

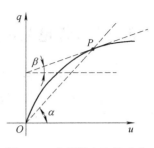

图 12-4　非线性电容的动态电容和静态电容

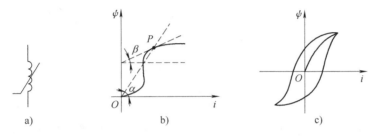

图 12-5　非线性电感元件的电路符号与库伏特性

非线性电感的磁链和电流之间不呈线性关系，其特性须用磁链与电流之间的非线性函数来描述。非线性电感元件的韦安特性一般可用下列函数来表示：

$$\psi = f(i) \tag{12-5}$$

或

$$i = h(\psi) \tag{12-6}$$

式中，f 和 h 分别为 ψ 和 i 的非线性函数。

对于式（12-5）而言，电感的磁链 ψ 是电流 i 的单值函数，则称其为电流控制型电感。对于式（12-6）而言，电感电流 i 是磁链 ψ 的单值函数，则称其为磁链控制型电感。如果 $\psi\text{-}i$ 特性曲线是单调上升或单调下降的，则称其为单调型电感。单调型电感既是电流控制型的又是磁链控制型的。

为了计算电路的方便，时常引用静态电感和动态电感的概念。电感的韦安特性上任一点 P 的静态电感 L_s 和动态电感 L_d 的定义式分别为

P 的静态电感 L_s：$L_s = \dfrac{\psi_L}{i}$

P 的动态电感 L_d：$L_d = \dfrac{\mathrm{d}\psi_L}{\mathrm{d}i}$

在图 12-5b 中，非线性电感元件韦安特性曲线上 P 的静态电感 L_s 正比于 $tan\alpha$，动态电感 L_d 正比于 $tan\beta$。

实际上所使用的非线性电感元件大多含有由铁磁材料制成的铁心，而铁磁材料具有磁滞特性，因此这种带有铁心的非线性电感元件的韦安特性曲线具有图 12-5c 所示的回线的形状。从图中容易看出，与这种磁滞回线韦安特性所对应的非线性电感既不是电流控制型的，也不是磁链控制型的。

12.3 非线性电阻电路的串联和并联

当非线性电阻元件串联或并联时，只有所有非线性电阻元件的控制类型相同，才有可能得出其等效电阻伏安特性的解析表达式。如果将非线性电阻元件串联或并联后对外当作一个一端口时，则端口的伏安特性称为此一端口的驱动点特性。

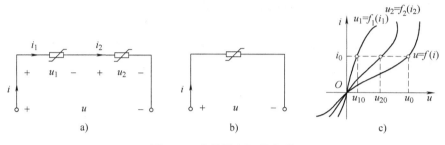

图 12-6 非线性电阻的串联

图 12-6a 所示为两个非线性电阻的串联电路，设它们的伏安特性分别为 $u_1 = f_1(i_1)$，$u_2 = f_2(i_2)$，用 $u = f(i)$ 表示此串联电路的一端口伏安特性，如图 12-6b 所示。根据 KCL 和 KVL，有

$$i = i_1 = i_2 \ , \ u = u_1 + u_2$$

将两个非线性电阻的伏安特性代入 KVL，有

$$u = f(i) = u_1 + u_2 = f_1(i_1) + f_2(i_2) = f_1(i) + f_2(i) \tag{12-7}$$

这说明，其驱动点等效电阻为一个电流控制型非线性电阻，因此两个电流控制型非线性电阻串联组合的等效电阻还是一个电流控制的非线性电阻。

非线性电阻的伏安特性常用 u-i 平面上的曲线表示，因此串联后等效元件的伏安特性常在 u-i 平面上用图解法来求得。如果两个电阻中一个是流控型一个是压控型，则无法写出式（12-7）的解析形式，然而用图解法来分析就不难获得等效的非线性电阻的伏安特性。图 12-6c 说明了分析非线性电阻串联电路的方法，即在同一电流值下将 u_1 和 u_2 相加可得出 u。例如。当 $i_0 = i_1 = i_2$ 时，有 $u_{10} = f_1(i_0)$，$u_{20} = f_2(i_0)$，则对应于 i_0 处的电压 $u_0 = u_{10} + u_{20}$。取不同的 i 值，就可以逐点求得等效一端口的伏安特性 $u = f(i)$，如图 12-6c 所示。

图 12-7a 所示为两个非线性电阻的并联电路。根据 KCL 和 KVL，有

$$i = i_1 + i_2 \ , \ u = u_1 = u_2$$

设两个非线性电阻均为电压控制型的，其伏安特性分别表示为

$$i_1 = f_1(u_1) \ , \ i_2 = f_2(u_2)$$

由并联电路组成的一端口的驱动点特性用 $i = f(u)$ 来表示，如图 12-7b 所示，利用上述关系，可得

$$i = i_1 + i_2 = f_1(u_1) + f_2(u_2) = f_1(u) + f_2(u) \tag{12-8}$$

因此该一端口的驱动点等效电阻是一个电压控制型的非线性电阻。如果并联的非线性电阻中有一个不是电压控制的，就得不出以上的解析式，但可以用图解法求解。

用图解法分析非线性电阻的并联电路时，把在同一电压值下的各并联非线性电阻的电流值相加，即可得到所需要的驱动点特性。如图 12-7c 中，在 $u_0 = u_1 = u_2$ 处，有 $i_{10} = f_1(u)$，$i_{20} = $

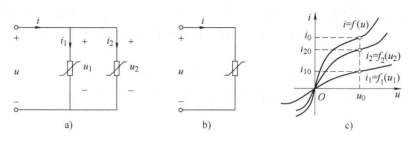

图 12-7　非线性电阻的并联

$f_2(u)$ ，则对应于 u_0 处的电流 $i_0 = i_{10} + i_{20}$ 。取不同的 u 值，就可逐点求得等效一端口电路的伏安特性。

12.4　非线性电阻电路的分析

1. 非线性电阻电路的方程

分析非线性电阻电路的基本依据是 KCL 和 KVL，以及元件的伏安关系。基尔霍夫定律所反映的是结点与支路的连接方式对支路变量的约束，而与元件本身特性无关，因此无论是线性电路还是非线性电路，按 KCL 和 KVL 所列方程都是线性代数方程。

例 12-2　电路如图 12-8 所示，已知 $R_1 = 3\Omega$ 、$R_2 = 2\Omega$ 、$u_S = 10\text{V}$ 、$i_S = 1\text{A}$ ，非线性电阻的特性是电压控制型的，$i = u^2 + u$ ，试求 u 。

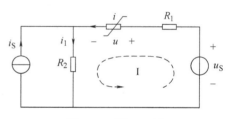

图 12-8　例 12-2 图

解　应用 KCL 有

$$i_1 = i_S + i$$

对于回路 I ，应用 KVL 有

$$R_1 i + R_2 i_1 + u = u_S$$

将 $i_1 = i_S + i$ ，$i = u^2 + u$ 代入上式，得电路方程为

$$5u^2 + 6u - 8 = 0$$

解得 $u_{(1)} = 0.8\text{V}$ ，$u_{(2)} = -2\text{V}$

可见，非线性电路的解可能不是唯一的。

如果电路中既有电压控制型电阻，又有电流控制型电阻，建立方程的过程就比较复杂。

2. 小信号分析法

小信号分析法是电子工程中分析非线性电路的一个重要方法。通常在电子电路中遇到的非线性电路，不仅有作为偏置电压的直流电源 U 作用，同时还有随时间变动的输入电压 $u_S(t)$ 作用。假设在任何时刻有 $|u_S(t)| \ll U$ ，则把 $u_S(t)$ 称为小信号电压。分析此类电路，就可采用小信号分析法。

在图 12-9a 所示电路中，直流电压源 U_S 为偏置电压，电阻 R_0 为线性电

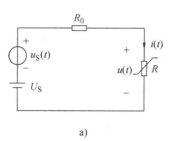
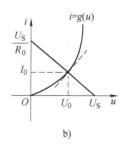

a)　　　b)

图 12-9　非线性电路的小信号分析

阻，非线性电阻是电压控制型的，其伏安特性为 $i = g(u)$ ，图 12-9b 为其伏安特性曲线。小信号时变电压为 $u_{\mathrm{S}}(t)$ ，且有 $|u_{\mathrm{S}}(t)| \ll U_{\mathrm{S}}$ 。现在待求的是非线性电阻的电压 $u(t)$ 和电流 $i(t)$ 。

应用 KVL 列出电路方程

$$U_{\mathrm{S}} + u_{\mathrm{S}}(t) = R_0 i(t) + u(t) \tag{12-9}$$

先假设 $u_{\mathrm{S}}(t) = 0$ ，即当电路中只有直流电源作用时，非线性电阻的电压 U_0 及电流 I_0 应满足

$$U_{\mathrm{S}} = R_0 I_0 + U_0 \tag{12-10}$$

$$I_0 = g(U_0) \tag{12-11}$$

应用图解法求得非线性电阻的特性曲线和负载线的交点，即非线性电阻的直流工作点 (U_0, I_0) ，也称为静态工作点，如图 12-9b 所示。

如果 $u_{\mathrm{S}}(t) \neq 0$ ，则 $u(t)$ 和 $i(t)$ 必定在工作点 (U_0, I_0) 附近变动，因而可表示为

$$u(t) = U_0 + u_1(t)$$

$$i(t) = I_0 + i_1(t)$$

将上两式代入式（12-9），得 KVL 方程为

$$U_{\mathrm{S}} + u_{\mathrm{S}}(t) = R_0 [I_0 + i_1(t)] + [U_0 + u_1(t)] \tag{12-12}$$

式中，$u_1(t)$ 和 $i_1(t)$ 可看成是在工作点 (U_0, I_0) 附近的扰动，这个扰动是由小信号电源引起的小信号响应。在 (U_0, I_0) 附近，非线性元件的特性曲线可用该点的切线来近似表示，所以，对于 $u_1(t)$ 和 $i_1(t)$ 来说，可以把非线性元件看作线性元件，这可用泰勒级数来加以说明。

将非线性电阻的伏安特性按 $i = g(u)$ 在 $u = U_0$ 附近展开为泰勒级数

$$i = g(u) = g(U_0) + \left. \frac{\mathrm{d}g(u)}{\mathrm{d}u} \right|_{U_0} (u - U_0) + \cdots$$

由于 $u - U_0 = u_1(t)$ 很小，可略去级数的高次项，只取前两项，得

$$i(t) = I_0 + i_1(t) \approx g(U_0) + \left. \frac{\mathrm{d}g(u)}{\mathrm{d}u} \right|_{U_0} u_1(t)$$

由于 $I_0 = g(U_0)$ ，由上式可得

$$i_1(t) = \left. \frac{\mathrm{d}g(u)}{\mathrm{d}u} \right|_{U_0} u_1(t)$$

又由于

$$\left. \frac{\mathrm{d}g(u)}{\mathrm{d}u} \right|_{U_0} = \left. \frac{\mathrm{d}i}{\mathrm{d}u} \right|_{U_0} = G_{\mathrm{d}} = \frac{1}{R_{\mathrm{d}}}$$

式中，G_{d} 为非线性电阻在工作点 (U_0, I_0) 处的动态电导，所以有

$$i_1(t) = G_{\mathrm{d}} u_1(t) \quad \text{或} \quad u_1(t) = R_{\mathrm{d}} i_1(t) \tag{12-13}$$

将式（12-10）和式（12-13）代入式（12-12），可得

$$u_{\mathrm{S}}(t) = R_0 i_1(t) + u_1(t) = R_0 i_1(t) + R_{\mathrm{d}} i_1(t)$$

由此可得出非线性电阻在工作点 (U_0, I_0) 处的小信号等效电路，如图 12-10 所示。

于是

$$i_1(t) = \frac{u_{\mathrm{S}}(t)}{R_0 + R_{\mathrm{d}}}$$

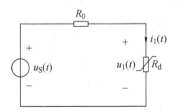

图 12-10 小信号等效电路

$$i(t) = I_0 + i_1(t) = I_0 + \frac{u_S(t)}{R_0 + R_d}$$

如上所述，对一般电路，首先求出各非线性元件的直流工作点以及相应的动态参数，然后将原电路中直流电源移去，各非线性元件用其相应的动态电阻（动态电容或动态电感）代替，得到小信号等效电路，再应用线性电路的计算方法即可求得小信号响应。

例 12-3 图 12-11a 所示电路中的非线性电阻为电压控制型，其伏安特性如图 12-11b 所示，或用函数表示为

$$i = \begin{cases} u^2 & u > 0 \\ 0 & u < 0 \end{cases}$$

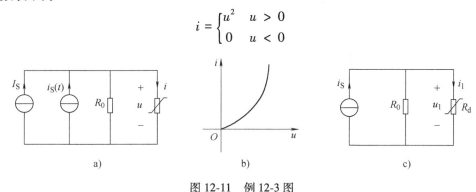

图 12-11 例 12-3 图

直流电流源 $I_S = 10\mathrm{A}$，$R_0 = \dfrac{1}{3}\Omega$，小信号电流源 $i_S(t) = 0.5\cos t\,\mathrm{A}$。试求工作点和工作点处由小信号电源所产生的电压和电流。

解 先求静态工作点。令 $i_S(t) = 0$，并可设 $u > 0$，$i = u^2$，于是由 KCL 得

$$3u + u^2 = 10$$

解得静态工作点电压 $U_0 = 2\mathrm{V}$，电流 $I_0 = U_0^2 = 4\mathrm{A}$。

非线性电阻在工作点处的动态电导为

$$G_d = \left.\frac{\mathrm{d}i}{\mathrm{d}u}\right|_{u = U_0} = 2U_0\big|_{U_0 = 2} = 4\mathrm{S}$$

即动态电阻 $R_d = \dfrac{1}{G_d} = \dfrac{1}{4}\Omega$

做出小信号等效电路如图 12-11c 所示，从而求出小信号产生的电压和电流为

$$u_1(t) = \frac{R_0 R_d}{R_0 + R_d} i_S(t) = \frac{0.5}{7}\cos t\,\mathrm{V} = 0.0714\cos t\,\mathrm{V}$$

$$i_1(t) = \frac{u_1(t)}{R_d} = 0.286\cos t\,\mathrm{A}$$

3. 分段线性分析法

分段线性化方法又称为折线法，是研究非线性电阻电路的一种有效方法。其特点在于能把非线性电路的求解过程分成几个线性区段来进行，因而可应用线性电路的分析方法。

非线性电阻的伏安特性曲线可粗略地用一些直线段来逼近。例如图 12-12a 所示的二极管

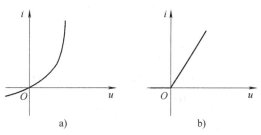

图 12-12 非线性电阻伏安特性的折线表示

伏安特性，可用图 12-12b 所示的折线来近似表示。当二极管加正向电压（$u > 0$）时，它相当于一个线性电阻；当加反向电压（$u < 0$）时，它相当于开路。

　　为说明用分段线性化方法求解非线性电阻电路的过程，先研究只含一个非线性电阻的简单电路，如图 12-13a 所示。图中非线性电阻的伏安特性可用图 12-13b 的折线表示。折线由三段线段构成，对于每一段线段，非线性电阻可用一戴维南等效电路（或诺顿等效电路）来替换。根据该线段的斜率及延长后在 u 轴上的截距可确定等效电路的参数 R_k 及 U_k。为方便计算，对应各线段的参数及定义区域 $D_k(u)$ 及 $D_k(i)$ 见表 12-1。

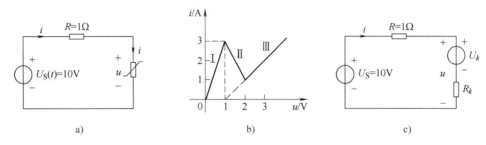

图 12-13　含一个非线性电阻电路的分段线性化方法

表 12-1　各线段参数

K	R_k	U_k	$D_k(u)$	$D_k(i)$
1	1/3	0	(0, 1]	(0, 3]
2	− 0.5	2.5	[1, 2]	[1, 3]
3	1	1	[2, ∞)	[1, ∞]

　　非线性电阻用戴维南等效电路替代后，原电路变为图 12-13c 所示的线性电阻电路，其 KVL 方程为

$$Ri + R_k i + U_k = U_S$$

可得电流及电压分别为

$$i = \frac{U_S - U_k}{R + R_k}, \quad u = U_k + R_k i \tag{12-14}$$

　　如果事先不知道非线性电阻工作在哪一线段上，就必须对每一段进行分析，求解三个结构相同而参数不同的线性电路。现将相应各线段的等效电路参数分别代入式（12-14），得

线段 Ⅰ：$i_1 = \dfrac{10}{1 + 1/3}\text{A} = 7.5\text{A}$

$$u_1 = 7.5 \times \frac{1}{3}\text{V} = 2.5\text{V}$$

线段 Ⅱ：$i_2 = \dfrac{10 - 2.5}{1 - 0.5}\text{A} = 15\text{A}$

$$u_2 = (2.5 - 0.5 \times 15)\text{V} = -5\text{V}$$

线段 Ⅲ：$i_3 = \dfrac{10 - 1}{1 + 1}\text{A} = 4.5\text{A}$

$$u_3 = (1 + 1 \times 4.5)\text{V} = 5.5\text{V}$$

分析以上计算结果可知，u_1 和 u_2 的值并不在线段 I 和线段 II 对应的定义区域内，故结果无效，只有 u_3、i_3 在线段 III 的定义区域内，所以 u_3 和 i_3 就是要求的解答。

如果电路中有多个非线性电阻元件，可以分别求出它们的分段线性化模型。对每个非线性电阻取出一个区段进行组合，得到多种区段组合的线性电路。对于某一区段组合，只有全部非线性电阻的解都分别位于该组合的区段以内时，才是真正的解答。只要有一个超出范围，便是虚解。计算起来比较麻烦，可借助计算机完成。目前已提出许多基于数值计算的效率更高的分段线性近似法。

12.5　非线性动态电路的状态方程

含有储能元件的非线性电路称为非线性动态电路。非线性动态电路可分为三种类型：第一种类型是电路中的动态元件都是线性的，但电阻元件中至少有一个是非线性的；第二种类型是电路中的电阻元件都是线性的，但动态元件中至少有一个是非线性的；第三种类型是电路中既有非线性动态元件，又有非线性电阻元件。

描述非线性动态电路的状态方程是一组一阶非线性常微分方程。其列写的基本步骤与线性电路相同，但不具有线性状态方程的标准矩阵形式。

例 12-4　含非线性电容的电路如图 12-14 所示，其中非线性电容的库伏特性为 $u = 0.5kq^2$，试以 q 为电路变量列写微分方程。

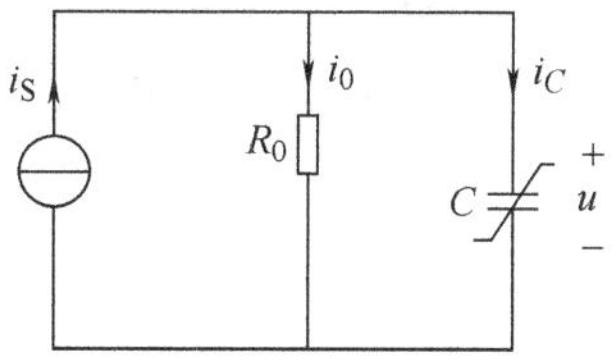

解　以电容电荷 q 为电路变量，有

$$i_C = \frac{\mathrm{d}q}{\mathrm{d}t} , \; i_0 = \frac{u}{R_0} = \frac{0.5kq^2}{R_0}$$

图 12-14　例 12-4 图

应用 KCL，有

$$i_C + i_0 = i_S$$

因此，得一阶非线性微分方程为

$$\frac{\mathrm{d}q}{\mathrm{d}t} = -\frac{0.5kq^2}{R_0} + i_S$$

列写具有多个非线性储能元件电路的状态方程比线性电路更为复杂和困难。

对于非线性代数方程和非线性微分方程，其解析解一般都是难以求得的，但可以利用计算机应用数值法来求得数值解。

本 章 小 结

1. 电压与电流不成正比的电阻称为非线性电阻，根据电压与电流的函数关系，非线性电阻可以区分成电压控制型、电流控制型和单调型。

电荷与电压不成正比的电容称为非线性电容，根据电荷与电压的函数关系，非线性电容可以区分成电压控制型、电荷控制型和单调型。

磁链与电流不成正比的电感称为非线性电感，根据磁链与电流的函数关系，非线性电感可以区分成电流控制型、磁链控制型和单调型。

2. 含有非线性电阻元件的直流电路方程是非线性代数方程。电路中存在一个非线性电阻时，图解法是一种直观有效的方法。

3. 非线性电阻元件的特性曲线可用折线逼近，即在一定的工作区段里，分别用线性电路等效，称为分段线性近似法。

4. 描述非线性动态电路的状态方程是一组非线性常微分方程，可以利用计算机应用数值法来求解。

习　题

12-1　如果通过非线性电阻的电流为 $\cos\omega t\mathrm{A}$，要使该电阻两端的电压中含有 4ω 角频率的电压分量，试求该电阻的伏安特性，写出其解析表达式。

12-2　在图 12-15 所示电路中，非线性电阻特性方程为 $i = 10^{-3}u^3$，电阻 $R = 1\mathrm{k}\Omega$。求 U_S 分别为 2V、10V 和 12V 时的电压 u。

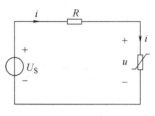

图　12-15

12-3　已知非线性电阻的伏安特性为 $u = 2i + \dfrac{1}{3}i^3$，试求非线性电阻在 $i = 1\mathrm{A}$ 和 $i = 3\mathrm{A}$ 时的动态电阻。

12-4　非线性电感的韦安特性为 $\psi = 10^{-2}(i - i^3)\mathrm{Wb}$，试求当 $i = 0.5\mathrm{A}$ 时的静态电感和动态电感。

12-5　在图 12-16 所示电路中，非线性电阻的特性为 $i = 2u^2(u > 0)$，已知 $I_\mathrm{S} = 10\mathrm{A}$、$i_\mathrm{S1}(t) = \cos t\mathrm{A}$、$R = 1\Omega$。试用小信号分析法求非线性电阻的端电压 u。

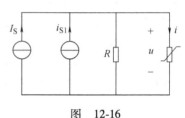

图　12-16

第 13 章 电路方程的矩阵形式

本章主要介绍图论的初步知识及其在网络分析中的简单应用。首先介绍割集的概念，在上述概念的基础上介绍图的三种矩阵表示法，即关联矩阵、回路矩阵、割集矩阵，并将基尔霍夫定律方程表述成上述三种矩阵形式。

13.1 割集

连通图 G 的割集是一组支路的集合，并且满足：①如果移去包含在此集合中的全部支路（保留支路的两个端点），则此图变成两个分离的部分；②如果留下该集合中的任一支路，则剩下的图仍是连通的。例如在图 13-1 中，支路集合 {1，2，4}、{1，3，4，6} 是割集，而集合 {2，3，5} 不是割集，因为将其全部支路移去后并没有将图分离成两个分离部分。集合 {3，4，5，6} 也不是割集，因为若将支路 6 留下而将 3、4、5 移去，剩下的图为非连通图。

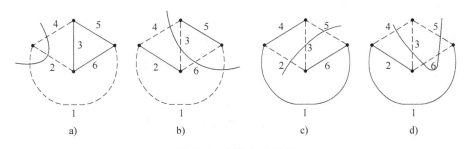

图 13-1　割集与非割集

一般可以用在连通图 G 上作闭合面的方法来确定割集。如果在 G 上作一个闭合面，使其包围 G 的某些结点，若把与此闭合面相切割的所有支路全部移去，G 将被分离为两个部分，则这样一组支路便构成一个割集。

由于 KCL 适用于任何一个闭合面，因此属于同一割集的所有支路的电流应满足 KCL。当一个割集的所有支路都连接在同一个结点上时，如图 13-2 所示，则割集的 KCL 方程变为结点的 KCL 方程。因此，对于连通图，总共可列出与割集数相等数目的 KCL 方程，但这些方程并非都是线性独立的。对应于一组线性独立的 KCL 方程的割集称为独立割集。

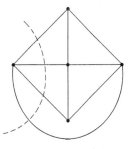

图 13-2　所有支路连接在同一结点的割集

下面介绍借助于"树"确定一组独立割集的方法。对于一个连通图 G，由于树 T 连通全部结点，要想构成割集则至少要包括一条树枝（支路）。取一支路和必要的连支只能做出一个单支路割集。例如在图 13-3 中取支路 {1，2，3} 为树，在图 13-3a 中取支路 1 只能与连支 5、6 构成一个单支路割集 Q_1（支路 {1，5，6}）。同理，支路 2 和支路 3 也只能各形成一个单支路割集 Q_2（支路 {2，4，5，6}）和 Q_3（支路 {3，4，5}），分别如图 13-3b 和 13-3c 所示。

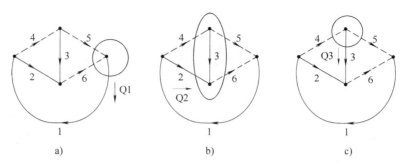

图 13-3　基本割集

每取一个树枝作一个单支路割集，称为基本割集。基本割集的方向规定为所含支路的方向。由于一个连通图 G 可以有许多不同的树，所以可选出许多基本割集组。对于一个具有 n 个结点和 b 条支路的连通图，其支路数为 $(n-1)$，因此将有 $(n-1)$ 个单支路割集，称为基本割集组。基本割集组是独立割集组。对于 n 个结点的连通图，独立割集数为 $(n-1)$。顺便指出，独立割集不一定是单支路割集，如同独立回路不一定是单连支回路一样。

13. 2　关联矩阵、回路矩阵、割集矩阵

电路的图是电路拓扑结构的抽象描述，若图中每一支路都赋予一个参考方向，则成为有向图。有向图的拓扑性质可以用关联矩阵、回路矩阵和割集矩阵描述。

1. 关联矩阵

结点和支路的关联关系可以用关联矩阵来表示。

设一条支路连接于某两个结点，则称该支路与这两个结点相关联。设有向图的结点数为 n，支路数为 b，且对所有结点与支路均加以编号，则该有向图的关联矩阵为一个 $(n \times b)$ 的矩阵，用 A_a 表示，它的行对应结点，列对应支路，矩阵中第 i 行第 j 列的元素定义为

$$a_{ij} = \begin{cases} 1, & \text{当支路 } j \text{ 从结点 } i \text{ 连出} \\ -1, & \text{当支路 } j \text{ 从结点 } i \text{ 连入} \\ 0, & \text{当支路 } j \text{ 与结点 } i \text{ 无关联} \end{cases} \tag{13-1}$$

例如对于图 13-4 所示的有向图，其关联矩阵是

$$A_a = \begin{array}{c} \\ 1 \\ 2 \\ 3 \\ 4 \end{array} \begin{array}{c} \begin{matrix} 1 & 2 & 3 & 4 & 5 & 6 \end{matrix} \\ \begin{pmatrix} -1 & 1 & 0 & 1 & 0 & 0 \\ 0 & -1 & -1 & 0 & 0 & 1 \\ 1 & 0 & 0 & 0 & -1 & -1 \\ 0 & 0 & 1 & -1 & 1 & 0 \end{pmatrix} \end{array} \tag{13-2}$$

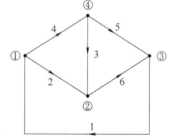

图 13-4　图的结点与支路
的关联性质

A_a 的每一列对应于一条支路。由于一条支路连接于两个结点，若从一个结点连出，则必将连入另一个结点，因此每一列中只有两个非零元素，即 1 和 -1，每一列元素之和均为零。当把所有行的元素按列相加就得一行全为零的元素，所以 A_a 的行不是彼此独立的，或者说按 A_a 中的每一列只有 1 和 -1 两个非零元素的这一特点，A_a 中的任一行必能从其他 $(n-1)$ 行导出。因此若将 A_a 中的任一行省略（通常省略参考结点对应的

行），将得到一个 $[(n-1)×b]$ 的缩减的结点-支路关联矩阵，称为关联矩阵 A。如将式（13-2）中，除去结点④对应的第 4 行，便得到关联矩阵

$$A = \begin{pmatrix} -1 & 1 & 0 & 1 & 0 & 0 \\ 0 & -1 & -1 & 0 & 0 & 1 \\ 1 & 0 & 0 & 0 & -1 & -1 \end{pmatrix} \tag{13-3}$$

关联矩阵与网络的图一一对应。根据给定的图可以写出对应的关联矩阵 A；根据关联矩阵 A，也不难画出对应的图。关联矩阵，作为图的一种数学表示，可以直接参与运算，而图却不能。

2. 回路矩阵

回路与支路的关联关系可以用回路矩阵 B 来表示。

设一个回路由某些支路组成，则称这些支路与该回路关联。下面介绍基本回路矩阵，简称为回路矩阵。设有向图的基本回路数为 b_l，支路数为 b，且对所有基本回路和支路均加以编号，于是该有向图的回路矩阵 B 是一个（$b_l×b$）的矩阵，其中 B 的行对应基本回路、列对应支路，矩阵中的任一元素 b_{ij} 定义为

$$b_{ij} = \begin{cases} 1 & \text{基本回路 } i \text{ 包含支路 } j，\text{且二者方向相同} \\ -1 & \text{基本回路 } i \text{ 包含支路 } j，\text{但二者方向相反} \\ 0 & \text{基本回路 } i \text{ 不包含支路 } j \end{cases} \tag{13-4}$$

例如图 13-5a 所示的有向图，基本回路数为 3，若选 $\{1, 2, 3\}$ 为树支，$\{4, 5, 6\}$ 为连支，选基本回路如图 13-5b 所示，对应的回路矩阵为

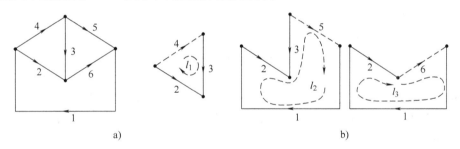

图 13-5　基本回路

$$\begin{array}{c} \\ \\ B = \end{array} \begin{array}{c} \\ l_1 \\ l_2 \\ l_3 \end{array} \begin{array}{c} 1 \quad\ 2 \quad\ 3 \quad\ 4 \quad 5 \quad 6 \\ \begin{pmatrix} 0 & -1 & 1 & \vdots & 1 & 0 & 0 \\ 1 & 1 & -1 & \vdots & 0 & 1 & 0 \\ 1 & 1 & 0 & \vdots & 0 & 0 & 1 \end{pmatrix} \end{array} \tag{13-5}$$

回路矩阵是基本回路与支路关联关系的一种数学表示。写矩阵 B 时，先将树支依次排列第 1 至第 6 列再排列连支，并且基本回路的编号顺序与连支的编号顺序一致，则在矩阵的右端必定出现（$b_l×b_l$）的单位矩阵，即有

$$B = (B_t \vdots \mathbf{1}_l) \tag{13-6}$$

式中，下标 t 和 l 分别表示树支和连支对应的部分。

3. 割集矩阵

支路和割集的关联关系可用割集矩阵 Q 来表示。

设一个割集由某些支路构成，则称这些支路与该割集关联。下面介绍基本割集矩阵，简称

为割集矩阵。设有向图的结点数为 n ，支路数为 b ，则该图的基本割集数为（ $n-1$ ）。对每个割集进行编号，并指定一个割集方向（选基本割集为单树支割集，则树支方向即为割集方向）。于是割集矩阵 $\boldsymbol{Q}$ 为一个 $[(n-1)\times b]$ 的矩阵，其中 $\boldsymbol{Q}$ 的行对应基本割集，列对应支路，矩阵中的任一元素 q_{ij} 定义为

$$q_{ij} = \begin{cases} 1 & \text{基本割集 } i \text{ 包含支路 } j \text{，且二者方向相同} \\ -1 & \text{基本割集 } i \text{ 包含支路 } j \text{，但二者方向相反} \\ 0 & \text{基本割集 } i \text{ 不包含支路 } j \end{cases} \qquad (13\text{-}7)$$

例如图 13-6a 所示的有向图，基本割集数为 3，若选 {1，2，3} 为树支，{4，5，6} 为连支，选基本割集如图 13-6b 所示，对应的割集矩阵为

$$\boldsymbol{Q} = \begin{array}{c} \\ Q_1 \\ Q_2 \\ Q_3 \end{array} \begin{array}{cccccc} 1 & 2 & 3 & 4 & 5 & 6 \\ \left(\begin{array}{ccc|ccc} 1 & 0 & 0 & 0 & -1 & -1 \\ 0 & 1 & 0 & 1 & -1 & -1 \\ 0 & 0 & 1 & -1 & 1 & 0 \end{array} \right) \end{array} \qquad (13\text{-}8)$$

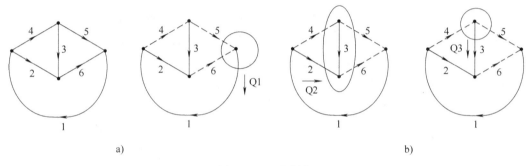

图 13-6 基本割集

割集矩阵是基本割集与支路关联关系的一种数学表示。如支路的编号顺序按照先树支后连支编排，并且基本割集的编号顺序与支路的编号顺序一致，则在矩阵的左端必定出现（ $b_t \times b_t$ ）的单位矩阵，即有

$$\boldsymbol{Q} = (\boldsymbol{1}_t \ \vdots \ \boldsymbol{Q}_l) \qquad (13\text{-}9)$$

式中，下标 t 和 l 分别表示树支和连支对应的部分。

13.3 基尔霍夫定律方程的矩阵形式

基尔霍夫定律与元件性质无关，仅取决于电路结构。因此可以利用图来列写电路的基尔霍夫定律方程。前面已经介绍了有向图的三种矩阵描述形式，本节将介绍由这三种矩阵来描述的基尔霍夫定律方程的矩阵形式。

1. 基尔霍夫定律的关联矩阵形式

设支路电流的参考方向就是支路的方向，电路中的 b 个支路电流可以用一个 b 阶的列向量表示，即

$$\boldsymbol{i} = (i_1 \quad i_2 \quad \cdots \quad i_b)^{\mathrm{T}}$$

若用关联矩阵 $\boldsymbol{A}$ 左乘电流列向量，则乘积是一个（ $n-1$ ）阶的列向量，由矩阵相乘规则可知，它的每一元素即为关联到对应结点上的各支路电流代数和，即

$$
\boldsymbol{Ai} = \begin{pmatrix} 结点\,1\,上的\,\sum i \\ 结点\,2\,上的\,\sum i \\ \vdots \\ 结点(n-1)\,上的\,\sum i \end{pmatrix}
$$

因此有

$$\boldsymbol{Ai} = 0 \tag{13-10}$$

式（13-10）是用关联矩阵 $\boldsymbol{A}$ 表示的 KCL 的矩阵形式。例如对图 13-4，有

$$
\boldsymbol{Ai} = \begin{pmatrix} -1 & 1 & 0 & 1 & 0 & 0 \\ 0 & -1 & -1 & 0 & 0 & 1 \\ 1 & 0 & 0 & 0 & -1 & -1 \end{pmatrix} \begin{pmatrix} i_1 \\ i_2 \\ i_3 \\ i_4 \\ i_5 \\ i_6 \end{pmatrix} = \begin{pmatrix} -i_1 + i_2 + i_4 \\ -i_2 - i_3 + i_6 \\ i_1 - i_5 - i_6 \end{pmatrix} = \begin{pmatrix} 0 \\ 0 \\ 0 \end{pmatrix}
$$

下面分析基尔霍夫电压定律的关联矩阵形式。设支路电压的参考方向就是支路的方向，电路中 b 个支路电压可以用一个 b 阶的列向量表示，即

$$\boldsymbol{u} = \begin{pmatrix} u_1 & u_2 & \cdots & u_b \end{pmatrix}^{\mathrm{T}}$$

$(n-1)$ 个结点电压可以用一个 $(n-1)$ 阶的列向量表示，即

$$\boldsymbol{u}_n = \begin{pmatrix} u_{n1} & u_{n2} & \cdots & u_{n(n-1)} \end{pmatrix}^{\mathrm{T}}$$

由于关联矩阵 $\boldsymbol{A}$ 的每一列，也就是矩阵 $\boldsymbol{A}^{\mathrm{T}}$ 的每一行，表示每一对应支路与结点的关联情况，所以有

$$\boldsymbol{u} = \boldsymbol{A}^{\mathrm{T}} \boldsymbol{u}_n \tag{13-11}$$

例如对图 13-4，有

$$
\begin{pmatrix} u_1 \\ u_2 \\ u_3 \\ u_4 \\ u_5 \\ u_6 \end{pmatrix} = \begin{pmatrix} -1 & 0 & 1 \\ 1 & -1 & 0 \\ 0 & -1 & 0 \\ 1 & 0 & 0 \\ 0 & 0 & -1 \\ 0 & 1 & -1 \end{pmatrix} \begin{pmatrix} u_{n1} \\ u_{n2} \\ u_{n3} \end{pmatrix} = \begin{pmatrix} -u_{n1} + u_{n3} \\ u_{n1} - u_{n2} \\ -u_{n2} \\ u_{n1} \\ -u_{n3} \\ u_{n2} - u_{n3} \end{pmatrix}
$$

可见式（13-11）表明电路中的各支路电压可以用与该支路关联的两个结点的结点电压（参考结点的结点电压为零）表示，这正是结点电压法的基本思想。同时，也可以认为该式是用关联矩阵 $\boldsymbol{A}$ 表示的 KVL 的矩阵形式。

2. 基尔霍夫定律的回路矩阵形式

对基本回路列写的基尔霍夫电压定律方程是一组独立方程。

若用回路矩阵 $\boldsymbol{B}$ 左乘支路电压列向量，所得乘积是一个 b_l 阶的列向量。由于矩阵 $\boldsymbol{B}$ 的每一行表示每一对应回路与支路的关联情况，由矩阵的乘法规则可知乘积列向量中每一元素将等于每一对应回路中各支路电压的代数和，即

$$\boldsymbol{Bu} = \begin{pmatrix} \text{回路 } l_1 \text{ 上的 } \sum u \\ \text{回路 } l_2 \text{ 上的 } \sum u \\ \vdots \\ \text{回路 } l_{bl} \text{ 上的 } \sum u \end{pmatrix}$$

因此，有

$$\boldsymbol{Bu} = 0 \tag{13-12}$$

式（13-12）是用矩阵 $\boldsymbol{B}$ 表示的 KVL 的矩阵形式。对图 13-5a，若选基本回路如图 13-5b 所示，则有

$$\boldsymbol{Bu} = \begin{pmatrix} 0 & -1 & 1 & \vdots & 1 & 0 & 0 \\ 1 & 1 & -1 & \vdots & 0 & 1 & 0 \\ 1 & 1 & 0 & \vdots & 0 & 0 & 1 \end{pmatrix} \begin{pmatrix} u_1 \\ u_2 \\ u_3 \\ u_4 \\ u_5 \\ u_6 \end{pmatrix} = \begin{pmatrix} -u_2 + u_3 + u_4 \\ u_1 + u_2 - u_3 + u_5 \\ u_1 + u_2 + u_6 \end{pmatrix} = \begin{pmatrix} 0 \\ 0 \\ 0 \end{pmatrix}$$

将式（13-12）写成分块矩阵并展开得

$$(\boldsymbol{B}_t \ \vdots \ \boldsymbol{1}_l) \begin{pmatrix} \boldsymbol{u}_t \\ \boldsymbol{u}_l \end{pmatrix} = \boldsymbol{B}_t \boldsymbol{u}_t + \boldsymbol{u}_l = 0$$

从而得连支电压与支路电压的关系

$$\boldsymbol{u}_l = -\boldsymbol{B}_t \boldsymbol{u}_t \tag{13-13}$$

接下来分析基尔霍夫电流定律。连支电流是一组独立变量，可以用来表达全部支路电流。对基本割集列 KCL 方程，能够将树支电流 i_1、i_2、i_3 表达成连支电流 i_4、i_5、i_6 的代数和。对图 13-6b 所示的基本割集列写 KCL 方程并写成矩阵形式，有

$$\begin{pmatrix} 0 & 1 & 1 \\ -1 & 1 & 1 \\ 1 & -1 & 0 \end{pmatrix} \begin{pmatrix} i_{l1} \\ i_{l2} \\ i_{l3} \end{pmatrix} = \begin{pmatrix} i_1 \\ i_2 \\ i_3 \end{pmatrix} \tag{13-14}$$

再将上式方程扩展至全部支路电流，则有

$$\begin{pmatrix} 0 & 1 & 1 \\ -1 & 1 & 1 \\ 1 & -1 & 0 \\ 1 & 0 & 0 \\ 0 & 1 & 0 \\ 0 & 0 & 1 \end{pmatrix} \begin{pmatrix} i_{l1} \\ i_{l2} \\ i_{l3} \end{pmatrix} = \begin{pmatrix} i_1 \\ i_2 \\ i_3 \\ i_4 \\ i_5 \\ i_6 \end{pmatrix} \tag{13-15}$$

上述方程的系数矩阵刚好是基本回路矩阵 $\boldsymbol{B}$ 的转置。单连支回路的回路电流等于连支电流，回路电流是连续的，所有用回路电流表示的各支路电流等价于用基尔霍夫电流定律列写的方程，因此式（13-15）就是图 13-6 的基尔霍夫电流定律的基本回路矩阵形式。

将此结论推广到一般情况，设 b_l 个连支电流向量为 $\boldsymbol{i}_l = (i_{l1} \quad i_{l2} \quad \cdots \quad i_{lbl})^T$，则基尔霍夫电流定律的基本回路矩阵形式为

$$i = B^{\mathrm{T}} i_l \qquad (13\text{-}16)$$

若基本回路矩阵 B 的右端出现单位子矩阵，则式（13-16）可以写成

$$(B_t \;\vdots\; \mathbf{1}_l)^{\mathrm{T}} i_l = \begin{pmatrix} i_t \\ i_l \end{pmatrix}$$

由上式得用连支电流计算支路电流的表达式为

$$i_t = B_t^{\mathrm{T}} i_l \qquad (13\text{-}17)$$

3. 基尔霍夫定律的割集矩阵形式

对基本割集列写的基尔霍夫电流定律方程是一组独立方程。对图 13-6b 所示的基本割集列写基尔霍夫电流定律方程，并写成矩阵形式为

$$\begin{pmatrix} 1 & 0 & 0 & \vdots & 0 & -1 & -1 \\ 0 & 1 & 0 & \vdots & 1 & -1 & -1 \\ 0 & 0 & 1 & \vdots & -1 & 1 & 0 \end{pmatrix} \begin{pmatrix} i_1 \\ i_2 \\ i_3 \\ i_4 \\ i_5 \\ i_6 \end{pmatrix} = \begin{pmatrix} 0 \\ 0 \\ 0 \end{pmatrix} \qquad (13\text{-}18)$$

与式（13-8）的割集矩阵 Q 对比可知，上述方程的系数矩阵刚好是图 13-6b 的基本割集矩阵。

推广到一般情况，设 i 表示支路电流列向量，则基尔霍夫电流定律的基本割集矩阵形式是

$$Qi = 0 \qquad (13\text{-}19)$$

如果支路编号是树支在前，使得矩阵 Q 的左端出现单位子矩阵，同时将支路电流按照先树支电流再连支电流进行分块，则式（13-19）可以写成

$$Qi = (\mathbf{1}_t \;\vdots\; Q_l) \begin{pmatrix} i_t \\ i_l \end{pmatrix} = i_t + Q_l i_l = 0$$

由此得到用连支电流表示树支电流的表达式，即

$$i_t = -Q_l i_l \qquad (13\text{-}20)$$

下面分析基尔霍夫电压定律。树支电压是一组独立变量，可以用来表达全部支路电压。对基本回路列写基尔霍夫电压定律方程，能够将连支电压表达成支路电压 u_1、u_2、u_3 的代数和。对图 13-6b 所示的基本回路列写基尔霍夫电压定律方程并写成矩阵形式得

$$\begin{pmatrix} 0 & 1 & -1 \\ -1 & -1 & 1 \\ -1 & -1 & 0 \end{pmatrix} \begin{pmatrix} u_{t1} \\ u_{t2} \\ u_{t3} \end{pmatrix} = \begin{pmatrix} u_4 \\ u_5 \\ u_6 \end{pmatrix}$$

再将上述方程扩展到全部支路电压得

$$\begin{pmatrix} 1 & 0 & 0 \\ 0 & 1 & 0 \\ 0 & 0 & 1 \\ 0 & 1 & -1 \\ -1 & -1 & 1 \\ -1 & -1 & 0 \end{pmatrix} \begin{pmatrix} u_{t1} \\ u_{t2} \\ u_{t3} \end{pmatrix} = \begin{pmatrix} u_1 \\ u_2 \\ u_3 \\ u_4 \\ u_5 \\ u_6 \end{pmatrix} \qquad (13\text{-}21)$$

与式（13-8）的割集矩阵 Q 对比可知，上述方程的系数矩阵刚好是图 13-6b 的基本割集矩阵 Q 的转置。

推广到一般情况，设支路电压相量为 $u_t = (u_{t1} \quad u_{t2} \quad \cdots \quad u_{tb_t})^T$，则基尔霍夫电压定律的基本割集矩阵形式是

$$u = Q^T u_t \tag{13-22}$$

写成分块形式得

$$\begin{pmatrix} u_t \\ u_l \end{pmatrix} = (1_t \vdots Q_l)^T u_t$$

从而得连支电压与支路电压的关系为

$$u_l = Q_l^T u_t \tag{13-23}$$

本 章 小 结

1. 图是由结点和支路组成的集合，它可以用来描述电路的结构，进而用图论中的概念和方法研究电路问题。

2. 图论中"树"是一个重要概念。一个连通图的树是一个包含全部结点但不含回路的连通子图。树中包含的支路称为树支，其余支路称为连支。

3. 只包含一个连支的回路称为基本回路，只包含一个树支的割集称为基本割集。

4. 关联矩阵 A 表示结点与支路的关联关系，基本回路矩阵 B 表示支路与基本回路间的关联关系，基本割集矩阵 Q 表示支路与基本割集间的关联关系。它们是网络图的不同的数学表示。若选取的树不同，则基本回路矩阵 B 和基本割集矩阵 Q 也不同。

5. 基尔霍夫定律的关联矩阵形式为：$Ai = 0$ 和 $u = A^T u_n$

基尔霍夫定律的基本回路矩阵形式为：$i = B^T i_l$ 和 $Bu = 0$

基尔霍夫定律的基本割集矩阵形式为：$Qi = 0$ 和 $u = Q^T u_t$

习 题

13-1 以结点⑤为参考，写出图 13-7 所示有向图的关联矩阵 A。

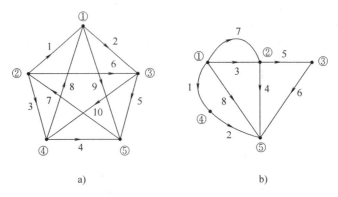

a)   b)

图 13-7

13-2 对于图 13-8 所示有向图，若选支路 1、2、3、7 为树，试写出基本割集矩阵和基本回路矩阵。

13-3　对图 13-9 所示有向图,若选结点⑤为参考,并选支路 1、2、4、5 为树。试写出关联矩阵、基本回路矩阵和基本割集矩阵;并验证 $\boldsymbol{B}_t^{\mathrm{T}} = -\boldsymbol{A}_t^{-1}\boldsymbol{A}_l$ 和 $\boldsymbol{Q}_l = -\boldsymbol{B}_t^{\mathrm{T}}$。

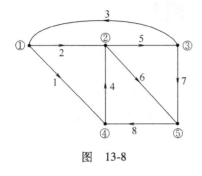

图　13-8

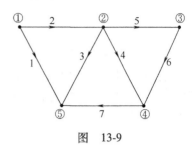

图　13-9

13-4　设某网络图的关联矩阵为

$$\boldsymbol{A} = \begin{pmatrix} -1 & 0 & 0 & 0 & 1 & -1 & 1 \\ 0 & -1 & -1 & 0 & -1 & 0 & 0 \\ 0 & 0 & 1 & 1 & 0 & 1 & 0 \end{pmatrix}$$

取 {1, 2, 3} 为支路,写出基本割集矩阵。

13-5　某网络图的基本割集矩阵为

$$\boldsymbol{Q} = \begin{pmatrix} 1 & 0 & 0 & 0 & 1 & 0 & 0 & -1 \\ 0 & 1 & 0 & 0 & 0 & 1 & 1 & 1 \\ 0 & 0 & 1 & 0 & -1 & -1 & -1 & 0 \\ 0 & 0 & 0 & 1 & -1 & -1 & 0 & 0 \end{pmatrix}$$

画出对应的网络图。

第 14 章　二端口网络

二端口网络又称双口网络，它是网络理论中的一个重要组成部分。本章首先介绍二端口网络的概念，着重介绍二端口网络外部特性的方程及参数，重点是导纳参数方程、阻抗参数方程、传输参数方程和混合参数方程，然后介绍二端口的两种重要的等效电路：T 形等效电路和Ⅱ形等效电路，最后介绍二端口网络的连接。

14.1　二端口网络概述

网络的一个端口是由满足端口条件的一对端子构成的。端口条件是指这样的一对端子，从其中一个端子流入的电流等于从另一端子流出的电流。任何一个网络，不论其内部复杂与否，如果有两个端子与外电路相连接，则称该网络为二端网络。图 14-1a 所示的二端网络的一对端子肯定满足端口条件，即 $i = i'$，所以二端网络都是一端口网络，简称一端口。在工程实际中还可能遇到有四个端子与外电路相连接的网络，这样的网络称为四端网络。如图 14-1b

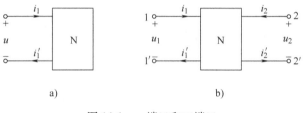

图 14-1　一端口和二端口

所示的四端网络，若满足 $i_1 = i'_1$ 和 $i_2 = i'_2$ 的条件，便是一个二端口网络，简称二端口。

最简单的二端口就是一个元件。如图 14-2a 所示的互感元件、图 14-2b 所示的受控源都是二端口元件。而晶体管（图 14-2c）原本是三端元件，也可以用二端口来等效代替。

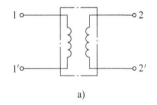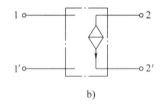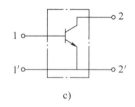

图 14-2　二端口网络举例

电气工程中的许多传输或变换单元都有两个端口，一个端口输入电压、电流信号或功率，称为输入端口；另一个端口输出信号或功率，称为输出端口。用二端口概念分析电路时，仅对二端口处的电流、电压之间的关系感兴趣，这种相互关系可以通过一些参数表示，而这些参数只决定于构成二端口本身的元件及它们的连接方式。一旦确定表征这个二端口的参数后，当一个端口的电压、电流发生变化时，要找出另外一个端口上的电压、电流就比较容易了。同时，还可以利用这些参数比较不同的二端口在传递电能和信号方面的性能，从而评价它们的质量。一个任意复杂的二端口，还可以看作由若干简单的二端口组成。如果已知这些简单的二端口的参数，从而找出后者在两个端口处的电压与电流关系，就不再涉及原来复杂电路内部的任何计算。这种分析方法有它的特点，与前面介绍的一端口有类似的地方。

本章仅讨论线性无独立电源的二端口，即其中含有线性电阻、电感（包括耦合电感）、电容和线性受控源，而不包含任何独立电源；同时还假设其中所有的电感和电容均处于零状态，即在运算法分析时不含附加电源。

14.2 二端口网络的方程和参数

分析如图 14-3 所示的线性无独立电源的二端口网络。如果要对此网络作正弦稳态分析，可采用相量法；要作暂态分析，则可应用运算法。两者的电路方程在形式上是完全一致的。这里仅用相量法按正弦稳态分析作为范例。在分析二端口网络时，通常假设端口电压、电流的参考方向如图 14-3 所示。

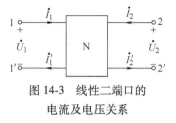

图 14-3 线性二端口的电流及电压关系

1. 导纳参数方程

假设在图 14-3 所示的两个端口上施加电压源 $\dot{U}_1$ 和 $\dot{U}_2$，根据齐性定理和叠加定理，$\dot{I}_1$ 和 $\dot{I}_2$ 应为 $\dot{U}_1$ 和 $\dot{U}_2$ 的线性组合，即

$$\begin{cases} \dot{I}_1 = Y_{11}\dot{U}_1 + Y_{12}\dot{U}_2 \\ \dot{I}_2 = Y_{21}\dot{U}_1 + Y_{22}\dot{U}_2 \end{cases} \tag{14-1}$$

式中，系数 Y_{11}、Y_{12}、Y_{21} 和 Y_{22} 具有导纳的量纲，称为二端口的导纳参数，简称 Y 参数。式 (14-1) 称为二端口的导纳参数方程或 Y 参数方程。其矩阵形式为

$$\begin{pmatrix} \dot{I}_1 \\ \dot{I}_2 \end{pmatrix} = \begin{pmatrix} Y_{11} & Y_{12} \\ Y_{21} & Y_{22} \end{pmatrix} \begin{pmatrix} \dot{U}_1 \\ \dot{U}_2 \end{pmatrix} \tag{14-2}$$

或

$$\dot{\boldsymbol{I}} = \boldsymbol{Y}\dot{\boldsymbol{U}} \tag{14-3}$$

式中

$$\boldsymbol{Y} = \begin{pmatrix} Y_{11} & Y_{12} \\ Y_{21} & Y_{22} \end{pmatrix} \tag{14-4}$$

称为二端口的导纳参数矩阵或 Y 参数矩阵。

对于未给出其内部电路结构和元件参数的二端口网络，可以通过实验的方法测定其等效的 Y 参数。假设在端口 1-1′ 上外施电压源 $\dot{U}_1$，而把端口 2-2′ 短路，即 $\dot{U}_2 = 0$，如图 14-4a 所示。由式 (14-1) 可得

$$Y_{11} = \frac{\dot{I}_1}{\dot{U}_1}\Big|_{\dot{U}_2 = 0} \quad \text{和} \quad Y_{21} = \frac{\dot{I}_2}{\dot{U}_1}\Big|_{\dot{U}_2 = 0} \tag{14-5}$$

同理，在端口 2-2′ 上外施电压源 $\dot{U}_2$，而把端口 1-1′ 短路，即 $\dot{U}_1 = 0$，如图 14-4b 所示。由式 (14-1) 可得

$$Y_{12} = \frac{\dot{I}_1}{\dot{U}_2}\Big|_{\dot{U}_1 = 0} \quad \text{和} \quad Y_{22} = \frac{\dot{I}_2}{\dot{U}_2}\Big|_{\dot{U}_1 = 0} \tag{14-6}$$

这 4 个 Y 参数是在两个端口分别短路的条件下测得的，因此 Y 参数也称为短路导纳参数。

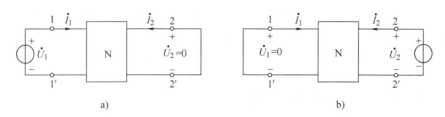

图 14-4　短路导纳参数的测定

Y_{11} 称为短路输入导纳，Y_{22} 称为短路输出导纳，Y_{12} 和 Y_{21} 称为短路转移导纳。

当已知二端口内部的电路结构和元件参数时，一方面可以通过式（14-5）和式（14-6）计算 **Y** 参数；另一方面也可以通过列电路方程来确定此二端口的 **Y** 参数。由于 **Y** 参数方程（14-1）与结点电压方程的形式相近，因此通过结点电压法求 **Y** 参数是比较方便的。

一般的二端口具有四个参数。如果一个二端口是互易的，即满足互易定理，也就是在图14-5 中将一个端口的电压源 $\dot{U}_{\mathrm{S}}$ 与另一端口的电流互易位置后，电流满足 $\dot{I}_1 = \dot{I}_2$。

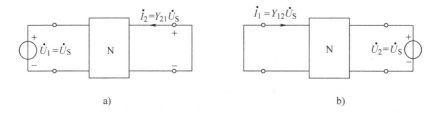

图 14-5　互易二端口的说明

根据 **Y** 参数方程（14-1），图 14-5 中的电流 $\dot{I}_1$ 和 $\dot{I}_2$ 应为

$$\dot{I}_1 = Y_{12}\dot{U}_{\mathrm{S}} \quad 和 \quad \dot{I}_2 = Y_{21}\dot{U}_{\mathrm{S}}$$

可见，具有互易性的二端口的 **Y** 参数中 $Y_{12} = Y_{21}$，因此互易性二端口只有三个独立参数。反之，如果 **Y** 参数满足

$$Y_{12} = Y_{21} \tag{14-7}$$

则此二端口便是互易二端口。式（14-7）是用 **Y** 参数表述的互易条件。

如果二端口的 Y 参数同时满足

$$Y_{12} = Y_{21} \quad 和 \quad Y_{11} = Y_{22} \tag{14-8}$$

则此二端口称为对称二端口。对称二端口只有两个独立参数，所谓对称二端口，是将输入端口与输出端口对换之后，二端口的特性保持不变。

例 14-1　求图 14-6a 所示二端口的 **Y** 参数矩阵。

解　将输出端口 2-2′ 短路，在输入端口 1-1′ 外施电压源 $\dot{U}_1$，如图 14-6b 所示，此时可求得

$$\dot{I}_1 = \dot{U}_1(Y_{\mathrm{a}} + Y_{\mathrm{b}})$$

$$\dot{I}_2 = -\dot{U}_1 Y_{\mathrm{b}}$$

根据定义可得

$$Y_{11} = \frac{\dot{I}_1}{\dot{U}_1} \Big|_{\dot{U}_2 = 0} = Y_{\mathrm{a}} + Y_{\mathrm{b}}$$

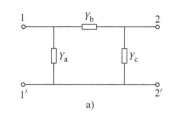

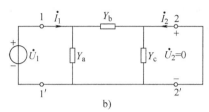 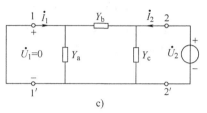

图 14-6 例 14-1 图

$$Y_{21} = \frac{\dot{I}_2}{\dot{U}_1}\Big|_{\dot{U}_2 = 0} = -Y_b$$

再将输入端口 1-1′ 短路，在输出端口 2-2′ 外施电压源 $\dot{U}_2$，如图 14-6c 所示，此时可求得

$$\dot{I}_1 = -\dot{U}_2 Y_b$$

$$\dot{I}_2 = \dot{U}_2(Y_b + Y_c)$$

根据定义可得

$$Y_{12} = \frac{\dot{I}_1}{\dot{U}_2}\Big|_{\dot{U}_1 = 0} = -Y_b$$

$$Y_{22} = \frac{\dot{I}_2}{\dot{U}_2}\Big|_{\dot{U}_1 = 0} = Y_b + Y_c$$

所以二端口的 Y 参数矩阵为

$$Y = \begin{pmatrix} Y_{11} & Y_{12} \\ Y_{21} & Y_{22} \end{pmatrix} = \begin{pmatrix} Y_a + Y_b & -Y_b \\ -Y_b & Y_b + Y_c \end{pmatrix}$$

本题中，$Y_{12} = Y_{21}$，说明是互易二端口。若 $Y_a = Y_c$，则有 $Y_{11} = Y_{22}$，二端口是对称的。由图 14-6a 所示可见，此时二端口在结构上和参数上都是对称的，输入端口和输出端口对换后不会改变二端口的特性。

但对含有受控源的线性二端口，利用特勒根定理可以证明互易定理一般不再成立，因此 $Y_{12} \neq Y_{21}$。下面的例子将说明这一点。

例 14-2 求图 14-7 所示二端口的 Y 参数。

解 将输出端口 2-2′ 短路，在输入端口 1-1′ 外施电压源 $\dot{U}_1$，得

$$\dot{I}_1 = \dot{U}_1(Y_a + Y_b)$$

$$\dot{I}_2 = -\dot{U}_1 Y_b - g\dot{U}_1$$

于是可求得

$$Y_{11} = \frac{\dot{I}_1}{\dot{U}_1}\Big|_{\dot{U}_2 = 0} = Y_a + Y_b$$

$$Y_{21} = \frac{\dot{I}_2}{\dot{U}_1}\Big|_{\dot{U}_2 = 0} = -Y_b - g$$

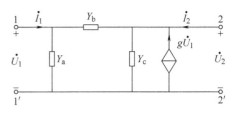

图 14-7   例 14-2 图

再将输入端口 1-1′ 短路，即令 $\dot{U}_1 = 0$，这时受控源的电流也等于零，在输出端口 2-2′ 外施电压源 $\dot{U}_2$，此时的电路与图 14-6c 相同，可求得

$$Y_{12} = \frac{\dot{I}_1}{\dot{U}_2}\Big|_{\dot{U}_1 = 0} = -Y_b$$

$$Y_{22} = \frac{\dot{I}_2}{\dot{U}_2}\Big|_{\dot{U}_1 = 0} = Y_b + Y_c$$

所以二端口的 $\boldsymbol{Y}$ 参数矩阵为

$$\boldsymbol{Y} = \begin{pmatrix} Y_{11} & Y_{12} \\ Y_{21} & Y_{22} \end{pmatrix} = \begin{pmatrix} Y_a + Y_b & -Y_b \\ -Y_b - g & Y_b + Y_c \end{pmatrix}$$

可见，在这种情况下，$Y_{12} \neq Y_{21}$。

2. 阻抗参数方程

假设在图 14-3 所示的两个端口上施加电流源 $\dot{I}_1$ 和 $\dot{I}_2$，根据齐性定理和叠加定理，$\dot{U}_1$ 和 $\dot{U}_2$ 应为 $\dot{I}_1$ 和 $\dot{I}_2$ 的线性组合，即

$$\begin{cases} \dot{U}_1 = Z_{11}\dot{I}_1 + Z_{12}\dot{I}_2 \\ \dot{U}_2 = Z_{21}\dot{I}_1 + Z_{22}\dot{I}_2 \end{cases} \tag{14-9}$$

式中，系数 Z_{11}、Z_{12}、Z_{21} 和 Z_{22} 具有阻抗的量纲，称为二端口的阻抗参数，简称 $\boldsymbol{Z}$ 参数。式 (14-9) 称为二端口的阻抗参数方程或 $\boldsymbol{Z}$ 参数方程。其矩阵形式为

$$\begin{pmatrix} \dot{U}_1 \\ \dot{U}_2 \end{pmatrix} = \begin{pmatrix} Z_{11} & Z_{12} \\ Z_{21} & Z_{22} \end{pmatrix} \begin{pmatrix} \dot{I}_1 \\ \dot{I}_2 \end{pmatrix} \tag{14-10}$$

或

$$\dot{\boldsymbol{U}} = \boldsymbol{Z}\dot{\boldsymbol{I}} \tag{14-11}$$

式中

$$\boldsymbol{Z} = \begin{pmatrix} Z_{11} & Z_{12} \\ Z_{21} & Z_{22} \end{pmatrix} \tag{14-12}$$

称为二端口的阻抗参数矩阵或 $\boldsymbol{Z}$ 参数矩阵。

对于未给出其内部电路结构和元件参数的二端口网络，可以通过实验的方法测定其等效的 $\boldsymbol{Z}$ 参数。假设在端口 1-1′ 上外施电流源 $\dot{I}_1$，而把端口 2-2′ 开路，即 $\dot{I}_2 = 0$，如图 14-8a 所示。由式 (14-9) 可得

$$Z_{11} = \frac{\dot{U}_1}{\dot{I}_1}\Big|_{\dot{I}_2=0} \quad 和 \quad Z_{21} = \frac{\dot{U}_2}{\dot{I}_1}\Big|_{\dot{I}_2=0} \tag{14-13}$$

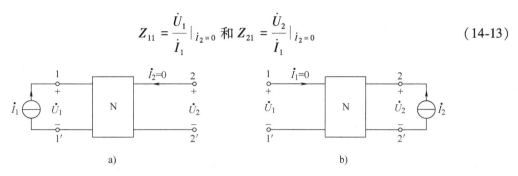

图 14-8　开路阻抗参数的测定

同理，在端口 2-2′ 上外施电流源 $\dot{I}_2$，而把端口 1-1′ 开路，即 $\dot{I}_1 = 0$，如图 14-8b 所示。由式（14-9）可得

$$Z_{12} = \frac{\dot{U}_1}{\dot{I}_2}\Big|_{\dot{I}_1=0} \quad 和 \quad Z_{22} = \frac{\dot{U}_2}{\dot{I}_2}\Big|_{\dot{I}_1=0} \tag{14-14}$$

这 4 个 Z 参数是在两个端口分别开路的条件下测得的，因此 Z 参数也称为开路阻抗参数。Z_{11} 称为开路输入阻抗，Z_{22} 称为开路输出阻抗，Z_{12} 和 Z_{21} 称为开路转移阻抗。

对于已知电路结构和元件参数的二端口网络，一方面可以通过式（14-13）和式（14-14）来计算 Z 参数，另一方面也可以通过列回路电流方程来计算 Z 参数，这是由于 Z 参数方程式（14-9）与回路电流方程的形式相近。

比较式（14-2）与式（14-10）可以看出开路阻抗矩阵 Z 与短路导纳矩阵 Y 之间存在着互为逆矩阵的关系，即

$$Z = Y^{-1} \quad 或 \quad Y = Z^{-1} \tag{14-15}$$

即

$$\begin{pmatrix} Z_{11} & Z_{12} \\ Z_{21} & Z_{22} \end{pmatrix} = \frac{1}{\Delta_Y}\begin{pmatrix} Y_{22} & -Y_{12} \\ -Y_{21} & Y_{11} \end{pmatrix} \tag{14-16}$$

式中，$\Delta_Y = Y_{11}Y_{22} - Y_{12}Y_{21}$。

二端口的互易条件用 Y 参数表示为 $Y_{12} = Y_{21}$，若用 Z 参数表示，由式（14-16）可得 $Z_{12} = Z_{21}$。二端口的对称条件用 Y 参数表示为 $Y_{12} = Y_{21}$ 和 $Y_{11} = Y_{22}$，若用 Z 参数表示，由式（14-16）可得 $Z_{12} = Z_{21}$ 和 $Z_{11} = Z_{22}$。

例如图 14-9 所示的互感元件，其方程是用两个绕组电流表示两个绕组电压，即

$$\begin{pmatrix} \dot{U}_1 \\ \dot{U}_2 \end{pmatrix} = \begin{pmatrix} j\omega L_1 & j\omega M \\ j\omega M & j\omega L_2 \end{pmatrix}\begin{pmatrix} \dot{I}_1 \\ \dot{I}_2 \end{pmatrix}$$

所以互感元件的阻抗参数矩阵为

$$Z = \begin{pmatrix} j\omega L_1 & j\omega M \\ j\omega M & j\omega L_2 \end{pmatrix}$$

并且满足 $Z_{12} = Z_{21}$ 的互易条件。若两个自感系数相等，即 $L_1 = L_2$，则满足 $Z_{12} = Z_{21}$ 和 $Z_{11} = Z_{22}$ 的对称条件。

例 14-3　求图 14-10 所示二端口的 Z 参数矩阵。

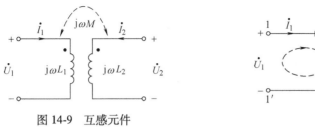

图 14-9　互感元件

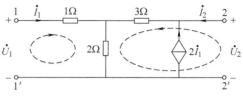

图 14-10　例 14-3 图

解　假设在端口 1-1′ 上外施电流源 $\dot{I}_1$，而把端口 2-2′ 开路，即 $\dot{I}_2 = 0$，列 KVL 方程，可得

$$\dot{U}_1 = 1 \times \dot{I}_1 + 2 \times (\dot{I}_1 + 2\dot{I}_1) = 7\dot{I}_1$$

$$\dot{U}_2 = 2 \times (\dot{I}_1 + 2\dot{I}_1) + 3 \times 2\dot{I}_1 = 12\dot{I}_1$$

$$Z_{11} = \frac{\dot{U}_1}{\dot{I}_1}\Big|_{i_2 = 0} = 7\Omega$$

因此

$$Z_{21} = \frac{\dot{U}_2}{\dot{I}_1}\Big|_{i_2 = 0} = 12\Omega$$

再将端口 2-2′ 上外施电流源 $\dot{I}_2$，而把端口 1-1′ 开路，即 $\dot{I}_1 = 0$，此时受控电流源也为零，可得

$$\dot{U}_1 = 2\dot{I}_2$$

$$\dot{U}_2 = (2 + 3) \times \dot{I}_2 = 5\dot{I}_2$$

$$Z_{12} = \frac{\dot{U}_1}{\dot{I}_2}\Big|_{i_1 = 0} = 2\Omega$$

因此

$$Z_{22} = \frac{\dot{U}_2}{\dot{I}_2}\Big|_{i_1 = 0} = 5\Omega$$

得 Z 参数矩阵为

$$\mathbf{Z} = \begin{pmatrix} 7 & 2 \\ 12 & 5 \end{pmatrix} \Omega$$

本题的第二种解法是应用回路法直接写出式（14-9）形式的方程，由对应系数来确定 $\mathbf{Z}$ 参数矩阵。选择回路电流如图 14-10 中虚线所示，其方程为

$$\dot{U}_1 = \dot{I}_1 + 2\dot{I}_1 + 2 \times (2\dot{I}_1 + \dot{I}_2) = 7\dot{I}_1 + 2\dot{I}_2$$

$$\dot{U}_2 = 2 \times (\dot{I}_1 + 2\dot{I}_1 + \dot{I}_2) + 3 \times (2\dot{I}_1 + \dot{I}_2) = 12\dot{I}_1 + 5\dot{I}_2$$

即 $\mathbf{Z}$ 参数矩阵为

$$\mathbf{Z} = \begin{pmatrix} 7 & 2 \\ 12 & 5 \end{pmatrix} \Omega$$

3. 传输参数方程

在许多实际问题中，往往希望找到一个端口的电流、电压与另一端口的电流、电压之间的关系。例如放大器、滤波器的输入和输出之间的关系，传输线的始端和终端之间的关系。另外，有些二端口网络并不同时存在阻抗参数矩阵和导纳参数矩阵，又或者既无阻抗参数矩阵又

无导纳参数矩阵。这就说明某些二端口网络需要除 Z 参数和 Y 参数以外的其他形式的参数来描述其端口特性。

传输参数方程是用输出端口的电压 $\dot{U}_2$ 和电流 $\dot{I}_2$ 来表示输入端口的电压 $\dot{U}_1$ 和电流 $\dot{I}_1$。为此，将式（14-1）的第二式改写为

$$\dot{U}_1 = -\frac{Y_{22}}{Y_{21}}\dot{U}_2 + \frac{1}{Y_{21}}\dot{I}_2$$

然后将其代入式（14-1）的第一式，经整理后得

$$\dot{I}_1 = \left(Y_{12} - \frac{Y_{11}Y_{22}}{Y_{21}}\right)\dot{U}_2 + \frac{Y_{11}}{Y_{21}}\dot{I}_2$$

将以上两式写成如下形式：

$$\begin{cases} \dot{U}_1 = A\dot{U}_2 + B(-\dot{I}_2) \\ \dot{I}_1 = C\dot{U}_2 + D(-\dot{I}_2) \end{cases} \tag{14-17}$$

式（14-17）称为二端口的传输参数方程，简称 T 参数方程。

式中

$$\begin{cases} A = -\dfrac{Y_{22}}{Y_{21}} & B = -\dfrac{1}{Y_{21}} \\ C = Y_{12} - \dfrac{Y_{11}Y_{22}}{Y_{21}} & D = -\dfrac{Y_{11}}{Y_{21}} \end{cases} \tag{14-18}$$

称为传输参数，简称 T 参数。T 参数方程的矩阵形式为

$$\begin{pmatrix} \dot{U}_1 \\ \dot{I}_1 \end{pmatrix} = \begin{pmatrix} A & B \\ C & D \end{pmatrix} \begin{pmatrix} \dot{U}_2 \\ -\dot{I}_2 \end{pmatrix} = T \begin{pmatrix} \dot{U}_2 \\ -\dot{I}_2 \end{pmatrix} \tag{14-19}$$

式中

$$T = \begin{pmatrix} A & B \\ C & D \end{pmatrix}$$

称为 T 参数矩阵。引用上式时，需注意式中电流 $\dot{I}_2$ 前面的负号。

计算二端口网络的传输参数矩阵可以通过将网络输出端开路和短路后获得。根据传输参数方程，令输出端口开路，则有 $\dot{I}_2 = 0$，可得

$$A = \frac{\dot{U}_1}{\dot{U}_2}\bigg|_{\dot{I}_2=0} \quad \text{和} \quad C = \frac{\dot{I}_1}{\dot{U}_2}\bigg|_{\dot{I}_2=0} \tag{14-20}$$

同理，令输出端口短路，则有 $\dot{U}_2 = 0$，可得

$$B = \frac{\dot{U}_1}{-\dot{I}_2}\bigg|_{\dot{U}_2=0} \quad \text{和} \quad D = \frac{\dot{I}_1}{-\dot{I}_2}\bigg|_{\dot{U}_2=0} \tag{14-21}$$

可见，A 是输出端开路时输入电压与输出电压之比，B 是输出端短路时输入电压与输出电流之比，C 是输出端开路时输入电流与输出电压之比，D 是输出端短路时输入电流与输出电流之比。A 和 D 分别为转移电压比和转移电流比，无量纲；B 为短路转移阻抗，C 为开路转移导纳。

由式（14-18）可得

$$AD - BC = \frac{Y_{11}Y_{22}}{Y_{21}^2} + \frac{1}{Y_{21}}\frac{Y_{12}Y_{21} - Y_{11}Y_{22}}{Y_{21}} = \frac{Y_{12}}{Y_{21}}$$

对于互易二端口有 $Y_{12} = Y_{21}$，因此用 $\boldsymbol{T}$ 参数表示的互易条件是矩阵 $\boldsymbol{T}$ 的行列式满足

$$\Delta_T = AD - BC = 1$$

对于对称的二端口，其 $\boldsymbol{Y}$ 参数存在 $Y_{12} = Y_{21}$ 和 $Y_{11} = Y_{22}$ 的关系，则由式（14-18）可得 $\boldsymbol{T}$ 参数的对称条件中除了 $\Delta_T = AD - BC = 1$ 外，还有 $A = D$。

如果已知二端口的内部电路，可通过列结点电压方程求得 $\boldsymbol{Y}$ 参数或列回路电流方程求得 $\boldsymbol{Z}$ 参数，然后再转化成 $\boldsymbol{T}$ 参数，也可通过式（14-20）和式（14-21）来计算 $\boldsymbol{T}$ 参数。

图 14-11 表示理想变压器，根据元件方程，很容易写出其传输参数方程为

$$\begin{pmatrix} \dot{U}_1 \\ \dot{I}_1 \end{pmatrix} = \begin{pmatrix} n & 0 \\ 0 & 1/n \end{pmatrix} \begin{pmatrix} \dot{U}_2 \\ -\dot{I}_2 \end{pmatrix}$$

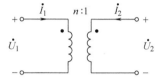

因此，该理想变压器的传输参数矩阵为

$$\boldsymbol{T} = \begin{pmatrix} n & 0 \\ 0 & 1/n \end{pmatrix}$$

图 14-11　理想变压器

并且满足 $\Delta_T = AD - BC = 1$ 的条件，可见，理想变压器不存在阻抗参数和导纳参数。

4. 混合参数方程

在晶体管电路中，常用端口 1-1′ 的电流和端口 2-2′ 的电压作为自变量，这时就需要用混合参数来描述一个二端口网络。

若用输入端口的电流 $\dot{I}_1$ 和输出端口的电压 $\dot{U}_2$ 来表示输入端口的电压 $\dot{U}_1$ 和输出端口的电流 $\dot{I}_2$，可得二端口的混合参数方程或 $\boldsymbol{H}$ 参数方程为

$$\begin{cases} \dot{U}_1 = H_{11}\dot{I}_1 + H_{12}\dot{U}_2 \\ \dot{I}_2 = H_{21}\dot{I}_1 + H_{22}\dot{U}_2 \end{cases} \tag{14-22}$$

写成矩阵形式为

$$\begin{pmatrix} \dot{U}_1 \\ \dot{I}_2 \end{pmatrix} = \begin{pmatrix} H_{11} & H_{12} \\ H_{21} & H_{22} \end{pmatrix} \begin{pmatrix} \dot{I}_1 \\ \dot{U}_2 \end{pmatrix} = \boldsymbol{H} \begin{pmatrix} \dot{I}_1 \\ \dot{U}_2 \end{pmatrix} \tag{14-23}$$

式中

$$\boldsymbol{H} = \begin{pmatrix} H_{11} & H_{12} \\ H_{21} & H_{22} \end{pmatrix}$$

称为 $\boldsymbol{H}$ 参数矩阵。

根据式（14-22）可得确定混合参数的方法，令输出端口短路，则有 $\dot{U}_2 = 0$，可得

$$H_{11} = \frac{\dot{U}_1}{\dot{I}_1}\Big|_{\dot{U}_2 = 0} \quad \text{和} \quad H_{21} = \frac{\dot{I}_2}{\dot{I}_1}\Big|_{\dot{U}_2 = 0} \tag{14-24}$$

同理，令输入端口开路，则有 $\dot{I}_1 = 0$，可得

$$H_{12} = \frac{\dot{U}_1}{\dot{U}_2}\Big|_{\dot{I}_1 = 0} \quad \text{和} \quad H_{22} = \frac{\dot{I}_2}{\dot{U}_2}\Big|_{\dot{I}_1 = 0} \tag{14-25}$$

可见 H_{11} 是输出端口短路时的输入端口的驱动点阻抗；H_{21} 是输出端口短路时的输出电流与输入电流之比，即为转移电流比；H_{12} 是输入端口开路时输入电压与输出电压之比，即为转移电压比；H_{22} 为输入端口开路时输出端口的驱动点导纳。**H** 参数中各元素具有阻抗、导纳、转移电压和转移电流的性质，故称为混合参数。

混合参数可通过导纳参数来获得。若用 $\dot{I}_1$ 和 $\dot{U}_2$ 来表示 $\dot{U}_1$ 和 $\dot{I}_2$，则式（14-1）中的第一式可改为

$$\dot{U}_1 = \frac{1}{Y_{11}}\dot{I}_1 - \frac{Y_{12}}{Y_{11}}\dot{U}_2 = H_{11}\dot{I}_1 + H_{12}\dot{U}_2$$

然后将其代入式（14-1）的第二式，经整理后得

$$\dot{I}_2 = Y_{21}\left(\frac{1}{Y_{11}}\dot{I}_1 - \frac{Y_{12}}{Y_{11}}\dot{U}_2\right) + Y_{22}\dot{U}_2 = \frac{Y_{21}}{Y_{11}}\dot{I}_1 + \frac{Y_{11}Y_{22} - Y_{12}Y_{21}}{Y_{11}}\dot{U}_2 = H_{21}\dot{I}_1 + H_{22}\dot{U}_2$$

所以混合参数与导纳参数的关系是

$$\begin{cases} H_{11} = \dfrac{1}{Y_{11}} & H_{12} = -\dfrac{Y_{12}}{Y_{11}} \\[3mm] H_{21} = \dfrac{Y_{21}}{Y_{11}} & H_{22} = \dfrac{Y_{11}Y_{22} - Y_{12}Y_{21}}{Y_{11}} \end{cases} \tag{14-26}$$

对互易二端口有 $Y_{12} = Y_{21}$，由式（14-26）可得用 **H** 参数表示的互易条件为

$$H_{12} = -H_{21} \tag{14-27}$$

对于对称的二端口网络，由于存在 $Y_{12} = Y_{21}$ 和 $Y_{11} = Y_{22}$ 的关系，则由式（14-26）可得 **H** 参数的对称条件除 $H_{12} = -H_{21}$ 外，还有

$$\Delta_H = H_{11}H_{22} - H_{12}H_{21} = H_{11}H_{22} - H_{12}^2 = 1 \tag{14-28}$$

如果已知二端口的内部电路，可通过列结点电压方程求得 **Y** 参数，然后根据式（14-26）转化成 **H** 参数，也可通过式（14-24）和式（14-25）来计算 **H** 参数。

例 14-4　求图 14-12 所示半导体晶体管低频小信号等效电路的混合参数矩阵。

解　对输入端口所在回路列 KVL 方程，得

$$\dot{U}_1 = R_1\dot{I}_1$$

对结点①列 KCL 方程，又得

$$\dot{I}_2 = \beta\dot{I}_1 + \frac{1}{R_2}\dot{U}_2$$

由 **H** 参数定义，可得

$$H_{11} = \frac{\dot{U}_1}{\dot{I}_1}\Big|_{\dot{U}_2=0} = R_1, \qquad H_{12} = \frac{\dot{U}_1}{\dot{U}_2}\Big|_{\dot{I}_1=0} = 0$$

$$H_{21} = \frac{\dot{I}_2}{\dot{I}_1}\Big|_{\dot{U}_2=0} = \beta, \qquad H_{22} = \frac{\dot{I}_2}{\dot{U}_2}\Big|_{\dot{I}_1=0} = \frac{1}{R_2}$$

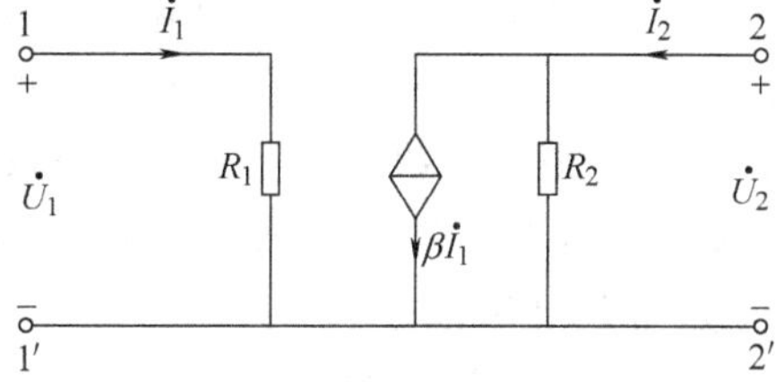

由此可得等效电路的混合参数矩阵为

图 14-12　例 14-4 图

$$\boldsymbol{H} = \begin{pmatrix} R_1 & 0 \\[2mm] \beta & \dfrac{1}{R_2} \end{pmatrix}$$

对于同一个二端口网络，其 Z 参数、Y 参数、T 参数和 H 参数之间的相互转换关系可根据基本方程推导得出，表 14-1 总结了这种转换关系。

表 14-1

	Z 参数	Y 参数	T 参数	H 参数
Z 参数	$Z_{11}\ \ Z_{12}$ $Z_{21}\ \ Z_{22}$	$\dfrac{Y_{22}}{\Delta_Y}\ \ -\dfrac{Y_{12}}{\Delta_Y}$ $-\dfrac{Y_{21}}{\Delta_Y}\ \ \dfrac{Y_{11}}{\Delta_Y}$	$\dfrac{A}{C}\ \ \dfrac{\Delta_T}{C}$ $\dfrac{1}{C}\ \ \dfrac{D}{C}$	$\dfrac{\Delta_H}{H_{12}}\ \ \dfrac{H_{12}}{H_{22}}$ $-\dfrac{H_{21}}{H_{22}}\ \ \dfrac{1}{H_{22}}$
Y 参数	$\dfrac{Z_{22}}{\Delta_Z}\ \ -\dfrac{Z_{12}}{\Delta_Z}$ $-\dfrac{Z_{21}}{\Delta_Z}\ \ \dfrac{Z_{11}}{\Delta_Z}$	$Y_{11}\ \ Y_{12}$ $Y_{21}\ \ Y_{22}$	$\dfrac{D}{B}\ \ -\dfrac{\Delta_T}{B}$ $-\dfrac{1}{B}\ \ \dfrac{A}{B}$	$\dfrac{1}{H_{11}}\ \ -\dfrac{H_{12}}{H_{11}}$ $\dfrac{H_{21}}{H_{11}}\ \ \dfrac{\Delta_H}{H_{11}}$
T 参数	$\dfrac{Z_{11}}{Z_{21}}\ \ \dfrac{\Delta_Z}{Z_{21}}$ $\dfrac{1}{Z_{21}}\ \ \dfrac{Z_{22}}{Z_{21}}$	$-\dfrac{Y_{22}}{Y_{21}}\ \ -\dfrac{1}{Y_{21}}$ $-\dfrac{\Delta_Y}{Y_{21}}\ \ -\dfrac{Y_{11}}{Y_{21}}$	$A\ \ B$ $C\ \ D$	$-\dfrac{\Delta_H}{H_{21}}\ \ -\dfrac{H_{11}}{H_{21}}$ $-\dfrac{H_{22}}{H_{21}}\ \ -\dfrac{1}{H_{21}}$
H 参数	$\dfrac{\Delta_Z}{Z_{22}}\ \ \dfrac{Z_{12}}{Z_{22}}$ $-\dfrac{Z_{21}}{Z_{22}}\ \ \dfrac{1}{Z_{22}}$	$\dfrac{1}{Y_{11}}\ \ -\dfrac{Y_{12}}{Y_{11}}$ $\dfrac{Y_{21}}{Y_{11}}\ \ \dfrac{\Delta_Y}{Y_{11}}$	$\dfrac{B}{D}\ \ \dfrac{\Delta_T}{D}$ $-\dfrac{1}{D}\ \ \dfrac{C}{D}$	$H_{11}\ \ H_{12}$ $H_{21}\ \ H_{22}$

表中

$$\Delta_Z = \begin{vmatrix} Z_{11} & Z_{12} \\ Z_{21} & Z_{22} \end{vmatrix}, \qquad \Delta_Y = \begin{vmatrix} Y_{11} & Y_{12} \\ Y_{21} & Y_{22} \end{vmatrix}$$

$$\Delta_T = \begin{vmatrix} A & B \\ C & D \end{vmatrix}, \qquad \Delta_H = \begin{vmatrix} H_{11} & H_{12} \\ H_{21} & H_{22} \end{vmatrix}$$

二端口共有 6 种不同的参数，其余 2 组分别与 T 参数和 H 参数相似，只是将电路方程两边的端口变量互换，此处不再列举。

14.3 二端口网络等效电路

任何复杂的无独立源的一端口网络，可以用一个等效阻抗（或导纳）来表征它的外特性。同理，一个无独立源的二端口网络，也可以用一个最简单的二端口网络来等效代替。一般的二端口有 4 个独立参数，而互易二端口仅有 3 个独立参数，因而互易性二端口的等效电路可以由 3 个阻抗或导纳元件来组成。这 3 个元件可以连接成 T 形电路（如图 14-13a 所示），或 $\prod$ 形电路（如图 14-13b 所示）。

如果给定二端口的 Z 参数，宜选用 T 形等效电路，为确定其中的 Z_1、Z_2、Z_3 的值，可先按图 14-13a 中所示的回路电流方向，写出 T 形电路的回路电流方程

$$\begin{cases} \dot{U}_1 = Z_1 \dot{I}_1 + Z_2(\dot{I}_1 + \dot{I}_2) \\ \dot{U}_2 = Z_2(\dot{I}_1 + \dot{I}_2) + Z_3 \dot{I}_2 \end{cases} \qquad (14\text{-}29)$$

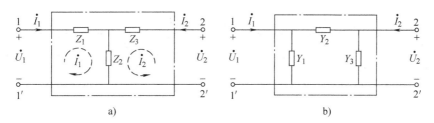

图 14-13 互易二端口网络的 T 形和 Π 形等效电路

上式应与给定的 $\boldsymbol{Z}$ 参数的二端口方程式（14-9）相同，比较 $\dot{I}_1$、$\dot{I}_2$ 的系数，得

$$Z_{11} = Z_1 + Z_2 , \; Z_{12} = Z_{21} = Z_2 , \; Z_{22} = Z_2 + Z_3$$

由上式解得 T 形等效电路各阻抗值与 $\boldsymbol{Z}$ 参数的关系为

$$Z_1 = Z_{11} - Z_{12} , \; Z_2 = Z_{12} , \; Z_3 = Z_{22} - Z_{12} \tag{14-30}$$

若要进一步求 Π 形等效电路，可以在求得 T 形等效电路后，再根据无源星形网络与三角形网络的等效变换关系，求出 Π 形等效电路的各参数值。

如果二端口网络给定的是 $\boldsymbol{Y}$ 参数，则宜选用 Π 形等效电路，以便对其列结点电压方程，再与给定 $\boldsymbol{Y}$ 参数的二端口方程（14-1）比较，从而确定 Y_1、Y_2、Y_3 的值。对图 14-13b 列结点电压方程

$$\begin{cases} \dot{I}_1 = Y_1 \dot{U}_1 + Y_2(\dot{U}_1 - \dot{U}_2) \\ \dot{I}_2 = Y_2(\dot{U}_2 - \dot{U}_1) + Y_3 \dot{U}_2 \end{cases} \tag{14-31}$$

上式与导纳参数方程（14-1）比较，得

$$Y_{11} = Y_1 + Y_2 , \; Y_{12} = Y_{21} = -Y_2 , \; Y_{22} = Y_2 + Y_3$$

从上式解得 Π 形等效电路各导纳值与 $\boldsymbol{Y}$ 参数的关系为

$$Y_1 = Y_{11} + Y_{12} , \; Y_2 = -Y_{12} = -Y_{21} , \; Y_3 = Y_{22} + Y_{21} \tag{14-32}$$

如果二端口网络给定的是传输参数或混合参数，一般要将它们变换成阻抗参数或导纳参数，然后再按上述方法求得 T 形或 Π 形等效电路。

对于对称二端口，因 $Z_{11} = Z_{22}$ 或 $Y_{11} = Y_{22}$，由式（14-30）和式（14-32）得 $Z_1 = Z_3$ 或 $Y_1 = Y_3$，即它的 T 形或 Π 形等效电路也必定是对称的。

如果二端口是非互易的，则有 4 个独立参数。若给定二端口的 $\boldsymbol{Z}$ 参数，其中 $Z_{12} \neq Z_{21}$，则式（14-9）可写成

$$\begin{cases} \dot{U}_1 = Z_{11}\dot{I}_1 + Z_{12}\dot{I}_2 \\ \dot{U}_2 = Z_{12}\dot{I}_1 + Z_{22}\dot{I}_2 + \; (Z_{21} - Z_{12})\dot{I}_1 \end{cases} \tag{14-33}$$

这样在方程中虚线的左侧仍是一个互易性二端口的表达式，可用上述 T 形等效电路来代替，其中每个阻抗的计算与式（14-30）相同，而在虚线的右侧部分，则是一个电流控制电压源。与式（14-32）对应的等效电路如图 14-14a 所示，其中 $r = Z_{21} - Z_{12}$。

如果给定非互易二端口的 $\boldsymbol{Y}$ 参数，其中 $Y_{12} \neq Y_{21}$，则可参照上述步骤做出含受控电流源的 Π 形等效电路，结果如图 14-14b 所示，图中

$$Y_1 = Y_{11} + Y_{12} , \; Y_2 = -Y_{12} , \; Y_3 = Y_{22} + Y_{12} , \; g = Y_{21} - Y_{12} \tag{14-34}$$

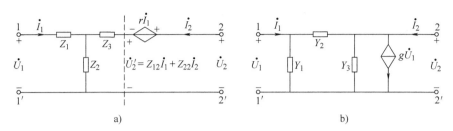

图 14-14　非互易二端口网络的 T 形和 Ⅱ 形等效电路

14.4　二端口网络的连接

1. 二端口网络与电源和负载的连接

二端口网络工作时要接电源和负载，如图 14-15 所示。电源通常接在输入端口，负载接在输出端口。约束端口电压、电流的方程有：二端口方程、电源支路方程和负载支路方程，即

$$\dot{U}_1 = A\dot{U}_2 + B(-\dot{I}_2) \tag{14-35}$$

$$\dot{I}_1 = C\dot{U}_2 + D(-\dot{I}_2) \tag{14-36}$$

$$\dot{U}_1 = \dot{U}_S - Z_S\dot{I}_1 \tag{14-37}$$

$$\dot{U}_2 = -Z_L\dot{I}_2 \tag{14-38}$$

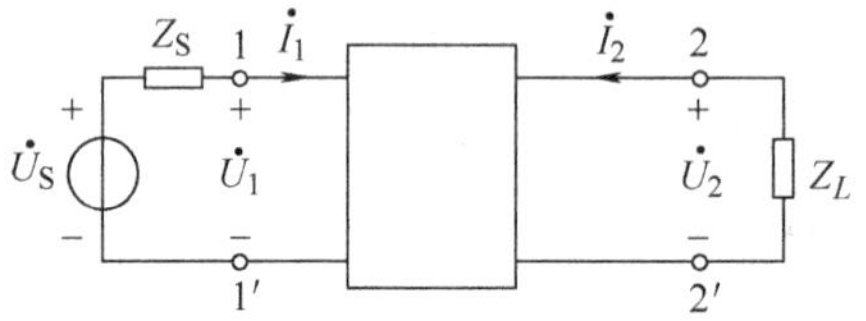

图 14-15　二端口网络与电源和负载的连接

由这四个方程不仅可以解得 $\dot{U}_1$、$\dot{I}_1$ 和 $\dot{U}_2$、$\dot{I}_2$，而且还可作为分析此电路其他问题的基础。

若从输入端口向右视入，如图 14-16a 所示，则是一个线性无独立源的一端口网络，可以用一个等效阻抗来代替，并称该阻抗为此端口的输入阻抗 Z_i，如图 14-16b。根据式（14-35）、式（14-36）和式（14-38）得

$$Z_i = \frac{\dot{U}_1}{\dot{I}_1} = \frac{A\dot{U}_2 - B\dot{I}_2}{C\dot{U}_2 - D\dot{I}_2} = \frac{A(-Z_L\dot{I}_2) - B\dot{I}_2}{C(-Z_L\dot{I}_2) - D\dot{I}_2} = \frac{AZ_L + B}{CZ_L + D} \tag{14-39}$$

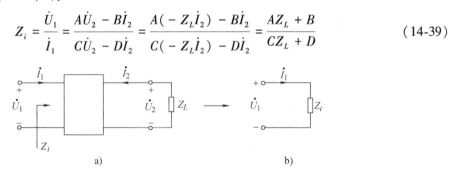

图 14-16　计算输入端等效阻抗

式（14-39）表明输入阻抗 Z_i 决定于负载阻抗 Z_L 和二端口参数。若给定 Z_L，通过改变二端口参数便可得到不同的输入阻抗 Z_i。从这种意义上说，二端口具有变换阻抗的作用。

若从输出端口向左视入，如图 14-17a 所示，则是线性含独立源的一端口网络，可用戴维南等效电路代替，如图 14-17b 所示。图中 Z_o 是从输出端口视入的等效阻抗，称为输出阻抗。

为了求出戴维南等效电路，将式（14-36）和式（14-37）中的 $\dot{U}_1$、$\dot{I}_1$ 代入式（14-35），得

$$A\dot{U}_2 - B\dot{I}_2 = \dot{U}_S - Z_S\dot{I}_1 = \dot{U}_S - Z_S(C\dot{U}_2 - D\dot{I}_2)$$

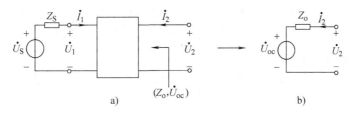

图 14-17 计算输出端口的戴维南等效电路

于是得

$$\dot{U}_2 = \frac{\dot{U}_S}{CZ_S + A} + \frac{DZ_S + B}{CZ_S + A}\dot{I}_2 = \dot{U}_{oc} + Z_o\dot{I}_2$$

式中，$\dot{U}_{oc}$ 和 Z_o 分别是等效电路中的开路电压和等效阻抗

$$\dot{U}_{oc} = \frac{\dot{U}_S}{CZ_S + A} \tag{14-40}$$

$$Z_o = \frac{\dot{U}_2}{\dot{I}_2} = \frac{DZ_S + B}{CZ_S + A} \tag{14-41}$$

式（14-41）表明输出阻抗 Z_o 决定于电源的内阻抗 Z_S 和二端口参数。

例 14-5 图 14-18 所示电路的传输参数矩阵为 $T = \begin{pmatrix} 1.5 & 5\Omega \\ 0.25S & 1.5 \end{pmatrix}$，$R_S = 2\Omega$。求负载电阻 R_L 消耗的最大功率以及此时输入端口的电压 U_1 和电流 I_1。

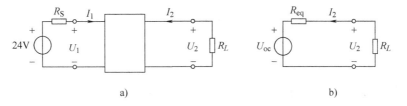

图 14-18 例 14-5 图

解 求出图 14-18a 输出端口的戴维南等效电路如图 14-18b 所示。由式（14-40）和式（14-41）得

$$U_{oc} = \frac{U_S}{CR_S + A} = \frac{24}{0.25 \times 2 + 1.5}V = 12V$$

$$R_{eq} = \frac{U_2}{I_2} = \frac{DR_S + B}{CR_S + A} = \frac{1.5 \times 2 + 5}{0.25 \times 2 + 1.5}\Omega = 4\Omega$$

根据最大功率传输定理，当负载电阻 $R_L = R_{eq} = 4\Omega$ 时，吸收功率为最大

$$P_{max} = \frac{U_{oc}^2}{4R_{eq}} = \frac{12^2}{4 \times 4}W = 9W$$

当吸收最大功率时，输出端口电压、电流分别为 $U_2 = U_{oc}/2 = 6V$，$I_2 = -U_{oc}/2R_{eq} = -1.5A$。由传输参数方程求得输入端口电压、电流为

$$\begin{pmatrix} U_1 \\ I_1 \end{pmatrix} = \begin{pmatrix} A & B \\ C & D \end{pmatrix} \begin{pmatrix} U_2 \\ -I_2 \end{pmatrix} = \begin{pmatrix} 1.5 & 5\Omega \\ 0.25S & 1.5 \end{pmatrix} \begin{pmatrix} 6 \\ 1.5 \end{pmatrix} = \begin{pmatrix} 16.5V \\ 3.75A \end{pmatrix}$$

2. 二端口网络的连接方式

在确定一个复杂二端口网络的参数时，若能将其看作是由若干个简单的二端口网络按某种方式连接而成，这将使电路分析得到简化。另外，在网络设计中，将一些性能不同的二端口网络按一定方式连接起来，可以实现一个所需特性的二端口网络。一般说来，设计一些简单的电路并加以连接要比直接设计一个复杂的整体电路容易些。因此讨论二端口的连接具有重要意义。

二端口网络可按多种不同方式相互连接，这里主要介绍三种方式：级联、串联和并联，分别如图 14-19a、b、c 所示。在二端口的连接问题上，重点分析的是复合二端口的参数与部分二端口的参数之间的关系。

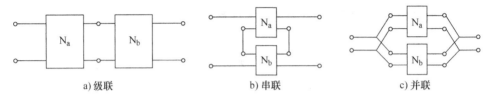

a) 级联　　　　　　　b) 串联　　　　　　　c) 并联

图 14-19　二端口网络的连接

当两个无源二端口 N_a 和 N_b 按级联方式连接后，构成一个复合二端口，如图 14-20 所示。

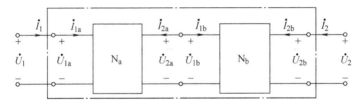

图 14-20　二端口网络的级联

分析级联组成的复合二端口网络与两个二端口网络的关系时，采用传输参数较为方便。二端口网络 N_a 和 N_b 的传输参数方程分别为

$$\begin{pmatrix} \dot{U}_{1a} \\ \dot{I}_{1a} \end{pmatrix} = \begin{pmatrix} A_a & B_a \\ C_a & D_a \end{pmatrix} \begin{pmatrix} \dot{U}_{2a} \\ -\dot{I}_{2a} \end{pmatrix} = \boldsymbol{T}_a \begin{pmatrix} \dot{U}_{2a} \\ -\dot{I}_{2a} \end{pmatrix}$$

和

$$\begin{pmatrix} \dot{U}_{1b} \\ \dot{I}_{1b} \end{pmatrix} = \begin{pmatrix} A_b & B_b \\ C_b & D_b \end{pmatrix} \begin{pmatrix} \dot{U}_{2b} \\ -\dot{I}_{2b} \end{pmatrix} = \boldsymbol{T}_b \begin{pmatrix} \dot{U}_{2b} \\ -\dot{I}_{2b} \end{pmatrix}$$

因为 $\dot{U}_{2a} = \dot{U}_{1b}$，$\dot{I}_{2a} = -\dot{I}_{1b}$，所以

$$\begin{pmatrix} \dot{U}_1 \\ \dot{I}_1 \end{pmatrix} = \begin{pmatrix} \dot{U}_{1a} \\ \dot{I}_{1a} \end{pmatrix} = \boldsymbol{T}_a \begin{pmatrix} \dot{U}_{2a} \\ -\dot{I}_{2a} \end{pmatrix} = \boldsymbol{T}_a \boldsymbol{T}_b \begin{pmatrix} \dot{U}_{2b} \\ -\dot{I}_{2b} \end{pmatrix} = \boldsymbol{T}_a \boldsymbol{T}_b \begin{pmatrix} \dot{U}_2 \\ -\dot{I}_2 \end{pmatrix} = \boldsymbol{T} \begin{pmatrix} \dot{U}_2 \\ -\dot{I}_2 \end{pmatrix}$$

即得

$$\boldsymbol{T} = \boldsymbol{T}_a \boldsymbol{T}_b \qquad\qquad (14-42)$$

可见级联时，复合二端口网络的 **T** 参数矩阵等于两个二端口网络 **T** 参数矩阵的乘积。这个关系可推广到多个二端口网络级联的情况，即级联二端口网络的传输参数矩阵，等于组成级联的各个二端口网络的传输参数矩阵的乘积。注意，矩阵相乘的顺序与级联的先后顺序一致。

当两个二端口网络 N_a 和 N_b 按并联方式连接时，如图 14-21 所示，两个二端口网络的输入电压和输出电压分别相同，即 $\dot{U}_{1a} = \dot{U}_{1b} = \dot{U}_1$，$\dot{U}_{2a} = \dot{U}_{2b} = \dot{U}_2$。复合二端口网络的输入电流和输出电流分别为两个二端口网络的输入电流与输出电流的和，即 $\dot{I}_1 = \dot{I}_{1a} + \dot{I}_{1b}$，$\dot{I}_2 = \dot{I}_{2a} + \dot{I}_{2b}$。

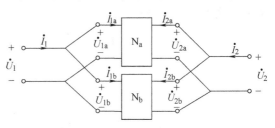

图 14-21 二端口网络的并联

设两个二端口网络 N_a 和 N_b 的 **Y** 参数矩阵分别为 Y_a 和 Y_b，即

$$\begin{pmatrix} \dot{I}_{1a} \\ \dot{I}_{2a} \end{pmatrix} = Y_a \begin{pmatrix} \dot{U}_{1a} \\ \dot{U}_{2a} \end{pmatrix} , \quad \begin{pmatrix} \dot{I}_{1b} \\ \dot{I}_{2b} \end{pmatrix} = Y_b \begin{pmatrix} \dot{U}_{1b} \\ \dot{U}_{2b} \end{pmatrix}$$

则复合二端口网络的 **Y** 参数矩阵为

$$\begin{pmatrix} \dot{I}_1 \\ \dot{I}_2 \end{pmatrix} = \begin{pmatrix} \dot{I}_{1a} \\ \dot{I}_{2a} \end{pmatrix} + \begin{pmatrix} \dot{I}_{1b} \\ \dot{I}_{2b} \end{pmatrix} = Y_a \begin{pmatrix} \dot{U}_{1a} \\ \dot{U}_{2a} \end{pmatrix} + Y_b \begin{pmatrix} \dot{U}_{1b} \\ \dot{U}_{2b} \end{pmatrix} = (Y_a + Y_b) \begin{pmatrix} \dot{U}_1 \\ \dot{U}_2 \end{pmatrix} = Y \begin{pmatrix} \dot{U}_1 \\ \dot{U}_2 \end{pmatrix}$$

即得

$$Y = Y_a + Y_b \tag{14-43}$$

当两个二端口网络 N_a 和 N_b 按串联方式连接时，如图 14-22 所示，由图中可以看出，$\dot{I}_1 = \dot{I}_{1a} = \dot{I}_{1b}$，$\dot{I}_2 = \dot{I}_{2a} = \dot{I}_{2b}$；$\dot{U}_1 = \dot{U}_{1a} + \dot{U}_{1b}$，$\dot{U}_2 = \dot{U}_{2a} + \dot{U}_{2b}$。

设两个二端口网络 N_a 和 N_b 的 **Z** 参数矩阵分别为 Z_a 和 Z_b，即

$$\begin{pmatrix} \dot{U}_{1a} \\ \dot{U}_{2a} \end{pmatrix} = Z_a \begin{pmatrix} \dot{I}_{1a} \\ \dot{I}_{2a} \end{pmatrix} , \quad \begin{pmatrix} \dot{U}_{1b} \\ \dot{U}_{2b} \end{pmatrix} = Z_b \begin{pmatrix} \dot{I}_{1b} \\ \dot{I}_{2b} \end{pmatrix}$$

图 14-22 二端口网络的串联

则复合二端口网络的 **Z** 参数矩阵为

$$\begin{pmatrix} \dot{U}_1 \\ \dot{U}_2 \end{pmatrix} = \begin{pmatrix} \dot{U}_{1a} \\ \dot{U}_{2a} \end{pmatrix} + \begin{pmatrix} \dot{U}_{1b} \\ \dot{U}_{2b} \end{pmatrix} = Z_a \begin{pmatrix} \dot{I}_{1a} \\ \dot{I}_{2a} \end{pmatrix} + Z_b \begin{pmatrix} \dot{I}_{1b} \\ \dot{I}_{2b} \end{pmatrix} = (Z_a + Z_b) \begin{pmatrix} \dot{I}_1 \\ \dot{I}_2 \end{pmatrix} = Z \begin{pmatrix} \dot{I}_1 \\ \dot{I}_2 \end{pmatrix}$$

即得

$$Z = Z_a + Z_b \tag{14-44}$$

14.5　回转器和负阻抗变换器

前面介绍的二端口元件有各种受控源及理想变压器等。本节介绍的回转器和负阻抗变换器也是二端口元件。

1. 回转器

回转器是一种线性非互易的多端元件，图 14-23 为回转器的电路图形符号。理想回转器可视为一个二端口，它的端口电压、电流关系可用下列方程表示：

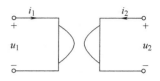

图 14-23　回转器的电路图形符号

$$\begin{cases} u_1 = -ri_2 \\ u_2 = ri_1 \end{cases} \qquad (14\text{-}45)$$

或

$$\begin{cases} i_1 = gu_2 \\ i_2 = -gu_1 \end{cases} \qquad (14\text{-}46)$$

式中，r 和 g 分别具有电阻和电导的量纲。它们分别称为回转电阻和回转电导，简称回转常数。

用矩阵形式表示时，式（14-45）和式（14-46）可分别写为

$$\begin{pmatrix} u_1 \\ u_2 \end{pmatrix} = \begin{pmatrix} 0 & -r \\ r & 0 \end{pmatrix} \begin{pmatrix} i_1 \\ i_2 \end{pmatrix} \quad \text{和} \quad \begin{pmatrix} i_1 \\ i_2 \end{pmatrix} = \begin{pmatrix} 0 & g \\ -g & 0 \end{pmatrix} \begin{pmatrix} u_1 \\ u_2 \end{pmatrix}$$

可见，回转器的 $\boldsymbol{Z}$ 参数矩阵和 $\boldsymbol{Y}$ 参数矩阵分别为

$$\boldsymbol{Z} = \begin{pmatrix} 0 & -r \\ r & 0 \end{pmatrix} \quad \text{和} \quad \boldsymbol{Y} = \begin{pmatrix} 0 & g \\ -g & 0 \end{pmatrix}$$

根据理想回转器的端口方程，有

$$u_1 i_1 + u_2 i_2 = -r i_1 i_2 + r i_1 i_2 = 0$$

由于图 14-23 所示回转器的两个端口电压电流均取关联参考方向，因此上式表明理想回转器与理想变压器类似，既不消耗功率也不发出功率，它是一个无源线性元件。另外从它的参数矩阵可以看出回转器不具有互易性。综上所述，理想回转器是一个线性、无源、无损、非互易的电阻性元件。

式（14-45）和式（14-46）说明，回转器具有将一个端口的电流（或电压）"回转"为另一端口的电压（或电流）的性质，所以它具有既能变换阻抗数值又能变换阻抗性质的属性。图 14-24 所示电路中，回转器将一个电容回转为一个电感，这在微电子器件中为用易于集成的电容实现难以集成的电感提供了可能性。下面说明回转器的这一功能。

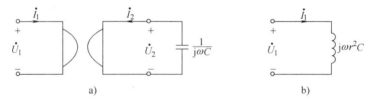

a)　　　　　　　　　　　　b)

图 14-24　回转器将电容 C 回转为电感 L

对于图 14-24 所示电路，有 $\dot{I}_2 = -j\omega C \dot{U}_2$，按式（14-45）或式（14-46）可得

$$\dot{U}_1 = -r\dot{I}_2 = rj\omega C\dot{U}_2 = r^2 j\omega C\dot{I}_1$$

或

$$\dot{I}_1 = g\dot{U}_2 = -g\frac{1}{j\omega C}\dot{I}_2 = g^2\frac{1}{j\omega C}\dot{U}_1$$

于是输入阻抗为

$$Z_i = \frac{\dot{U}_1}{\dot{I}_1} = r^2 \mathrm{j}\omega C = \frac{\mathrm{j}\omega C}{g^2}$$

可见，对于图 14-24 所示电路，从输入端看，相当于一个电感元件，且电感元件的参数值 $L = r^2 C = \dfrac{C}{g^2}$。

2. 负阻抗变换器

负阻抗变换器也是一个二端口网络，它的符号如图 14-25a 所示。负阻抗变换器分为电压反向型（VNIC）和电流反向型（CNIC）。在理想情况下，前者的伏安关系为

$$\begin{pmatrix} \dot{U}_1 \\ \dot{I}_1 \end{pmatrix} = \begin{pmatrix} 1 & 0 \\ 0 & -k \end{pmatrix} \begin{pmatrix} \dot{U}_2 \\ -\dot{I}_2 \end{pmatrix} \tag{14-47}$$

后者的伏安关系为

$$\begin{pmatrix} \dot{U}_1 \\ \dot{I}_1 \end{pmatrix} = \begin{pmatrix} -k & 0 \\ 0 & 1 \end{pmatrix} \begin{pmatrix} \dot{U}_2 \\ -\dot{I}_2 \end{pmatrix} \tag{14-48}$$

式中，k 为正实常数。

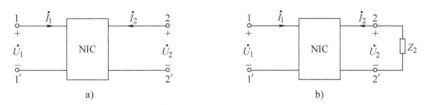

图 14-25　负阻抗变换器

从式（14-47）可以看出，输入电压 $\dot{U}_1$ 经传输后等于输出电压 $\dot{U}_2$，大小和极性均未改变；但电流 $\dot{I}_1$ 经传输后变为 $k\dot{I}_2$，即大小和方向均改变了，所以式（14-47）定义的负阻抗变换器为电流反向型负阻抗变换器，简称 CNIC。

从式（14-48）可以看出，经传输后电压变为 $-k\dot{U}_2$，大小和极性均改变了；但电流的大小和方向均未改变，所以式（14-48）定义的负阻抗变换器为电压反向型负阻抗变换器，简称 VNIC。

若在输出端口 2-2′ 接负载阻抗 Z_2，如图 14-25b 所示，则在输入端口 1-1′ 看进去的输入阻抗 Z_1 由式（14-47）可计算如下：

$$Z_1 = \frac{\dot{U}_1}{\dot{I}_1} = \frac{\dot{U}_2}{k\dot{I}_2} = -\frac{1}{k}Z_2$$

或由式（14-48）得

$$Z_1 = \frac{\dot{U}_1}{\dot{I}_1} = \frac{-k\dot{U}_2}{-\dot{I}_2} = -kZ_2$$

可见，输入阻抗 Z_1 是负载阻抗 Z_2 的 $\left(-\dfrac{1}{k}\right)$ 或 $(-k)$ 倍。所以这个二端口网络有把一

个正阻抗变为负阻抗的功能，也即当输出端口接上电阻 R、电感 L 或电容 C 时，则在输入端口将变为 $-\dfrac{1}{k}R$、$-\dfrac{1}{k}L$、$-\dfrac{1}{k}C$（或 $-kR$、$-kL$、$-kC$）。

综上所述，负阻抗变换器为在电路设计中实现负 R、L、C 提供了可能性。

本 章 小 结

1. 线性无独立源的二端口网络有两个端口电流变量和两个端口电压变量，用任意两个变量来表示另外两个变量，常用形式有：

（1）短路导纳参数方程：

$$\begin{pmatrix} \dot{I}_1 \\ \dot{I}_2 \end{pmatrix} = \begin{pmatrix} Y_{11} & Y_{12} \\ Y_{21} & Y_{22} \end{pmatrix} \begin{pmatrix} \dot{U}_1 \\ \dot{U}_2 \end{pmatrix}$$

（2）开路阻抗参数方程：

$$\begin{pmatrix} \dot{U}_1 \\ \dot{U}_2 \end{pmatrix} = \begin{pmatrix} Z_{11} & Z_{12} \\ Z_{21} & Z_{22} \end{pmatrix} \begin{pmatrix} \dot{I}_1 \\ \dot{I}_2 \end{pmatrix}$$

（3）传输参数方程：

$$\begin{pmatrix} \dot{U}_1 \\ \dot{I}_1 \end{pmatrix} = \begin{pmatrix} A & B \\ C & D \end{pmatrix} \begin{pmatrix} \dot{U}_2 \\ -\dot{I}_2 \end{pmatrix}$$

（4）混合参数方程：

$$\begin{pmatrix} \dot{U}_1 \\ \dot{I}_2 \end{pmatrix} = \begin{pmatrix} H_{11} & H_{12} \\ H_{21} & H_{22} \end{pmatrix} \begin{pmatrix} \dot{I}_1 \\ \dot{U}_2 \end{pmatrix}$$

对于同一个二端口网络，其各种参数之间存在一定的关系，可以通过上述方程由一种参数求出另一种参数。

2. 互易性二端口网络的等效电路是含 3 个阻抗或导纳的 T 形或 Ⅱ 形等效电路。非互易性二端口网络的等效电路由上述 T 形或 Ⅱ 形电路与受控源组成。

3. 二端口网络的输入阻抗为输入端口的电压与电流之比，决定于负载阻抗和二端口网络的参数；二端口网络的输出阻抗为当输入端口所接电源不作用时，输出端口的电压与电流之比，决定于电源的内阻抗和二端口网络的参数。

4. 两个二端口网络级联形成的复合二端口网络的传输参数矩阵等于两个二端口网络的传输矩阵的乘积；两个二端口网络并联形成的复合二端口网络的导纳参数矩阵等于两个二端口网络的导纳矩阵的和；两个二端口网络串联形成的复合二端口网络的阻抗参数矩阵等于两个二端口网络的阻抗矩阵的和。

5. 理想回转器是一个无源线性元件，既不消耗功率也不发出功率，具有将一个端口上的电流回转为另一端口上的电压或相反过程的性质，利用这一性质可将一个电容回转为一个电感。负阻抗变换器具有将一个正阻抗变为负阻抗的功能。

习 题

14-1　求图 14-26 所示二端口网络的 **Y** 参数、**Z** 参数和 **T** 参数矩阵。

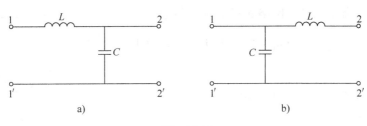

图 14-26

14-2 求图 14-27 所示二端口网络的 $\boldsymbol{Y}$ 参数和 $\boldsymbol{Z}$ 参数矩阵。

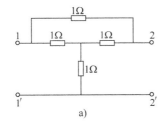 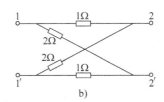

图 14-27

14-3 求图 14-28 所示二端口网络的 $\boldsymbol{Y}$ 参数矩阵。

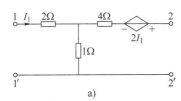 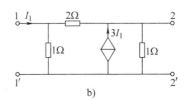

图 14-28

14-4 如图 14-29 所示二端口网络，当开关 S 断开时测得 $U_3 = 9V$、$U_1 = 5V$、$U_2 = 3V$；开关 S 接通时测得 $U_3 = 8V$、$U_1 = 4V$、$U_2 = 2V$。求网络 N 的传输参数矩阵 $\boldsymbol{T}$。

14-5 设二端口网络的阻抗参数 $\boldsymbol{Z} = \begin{pmatrix} 4 & 3 \\ 3 & 5 \end{pmatrix} \Omega$。

（1）求它的混合参数矩阵 $\boldsymbol{H}$。

（2）若 $i_1 = 10A$，$u_2 = 20V$，求二端口消耗的功率。

14-6 电路如图 14-30 所示，已知二端口网络的 $\boldsymbol{H}$ 参数矩阵为

$$\boldsymbol{H} = \begin{pmatrix} 40 & 0.4 \\ 10 & 0.1 \end{pmatrix}$$

求电压转移函数 $\dfrac{U_2(s)}{U_S(s)}$。

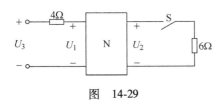

图 14-29

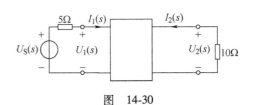

图 14-30

14-7 图 14-31 所示二端口网络 N 的阻抗参数矩阵为

$$\boldsymbol{Z} = \begin{pmatrix} 6 & 4 \\ 4 & 6 \end{pmatrix} \ \Omega \ 。$$ 问 R_L 为何值时可获得最大功率，并求出

此功率。

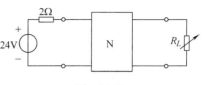

图　14-31

14-8 求图 14-32 所示二端口网络的 $\boldsymbol{T}$ 参数矩阵，设
内部二端口 N_a 的 $\boldsymbol{T}_a$ 参数矩阵为

$$\boldsymbol{T}_a = \begin{pmatrix} A & B \\ C & D \end{pmatrix} 。$$

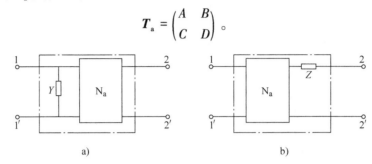

a)　　　　　　　　　　b)

图　14-32

附　　录

附录 A　Multisim 概要

Multisim 是美国国家仪器（NI）有限公司推出的以 Windows 为基础的仿真工具，适用于板级模拟/数字电路板的设计工作。它包含了电路原理图的图形输入、电路硬件描述语言输入方式，具有丰富的仿真分析能力。

使用者可以用 Multisim 交互式地搭建电路原理图，并对电路进行仿真。Multisim 提炼了 SPICE 仿真的复杂内容，这样工程师无须懂得较深的 SPICE 技术就可以很快地进行捕获、仿真和分析新的设计，这也使其更适合电子教学。通过 Multisim 和虚拟仪器技术可以完成从理论到原理图捕获与仿真再到原型设计和测试这样一个完整的综合设计流程。

目前在各高校教学中普遍使用 Multisim10.0，网上最为普遍的是 Multisim 10.0，本书简要介绍 Multisim10.0。

A.1　Multisim 简介

Multisim 软件以图形界面为主，采用菜单、工具栏和热键相结合的方式，具有一般 Windows 应用软件的界面风格，用户可以根据自己的习惯和熟悉程度自如使用。

启动操作，启动 Multisim10.0 以后，出现以下界面，如图 A-1 所示。

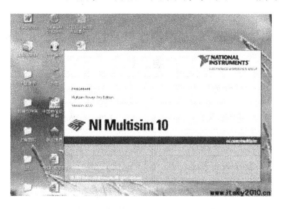

图 A-1　启动 Multisim10 后界面

1. Multisim10.0 的主窗口界面

启动 Multisim 10.0 后，将出现如图 A-2 所示的界面。主要有菜单栏、工具栏、缩放栏、设计栏、仿真栏、工程栏、元件栏、仪器栏和电路绘制窗口等部分。

2. 菜单栏

菜单栏位于界面的上方，如图 A-3 所示，通过菜单可以对 Multisim 的所有功能进行操作。

不难看出菜单中有一些与大多数 Windows 平台上的应用软件一致的功能选项，如文件（File）、编辑（Edit）、视图（View）、选项（Options）和帮助（Help）。此外，还有一些 EDA

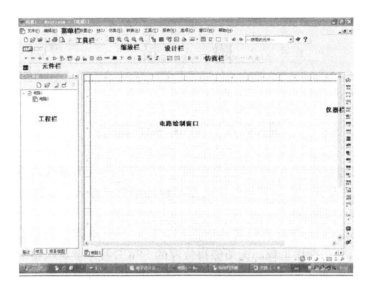

图 A-2　Multisim10.0 的主窗口界面

文件(F)　编辑(E)　视图(V)　放置(P)　MCU　仿真(S)　转换(A)　工具(T)　报表(R)　选项(O)　窗口(W)　帮助(H)

图 A-3　Multisim10 的菜单栏

（Electronics Design Automation，即电子设计自动化）软件专用的选项，如放置（Place）、仿真（Simulation）、转换（Transfer）以及工具（Tools）等。

（1）文件（File）

文件菜单中包含了对文件和项目的基本操作以及打印等命令。具体命令见表 A-1。

表　A-1

命令	功能	命令	功能
New	建立新文件	Close Project	关闭项目
Open	打开文件	Version Control	版本管理
Close	关闭当前文件	Print Circuit	打印电路
Save	保存	Print Report	打印报表
Save As	另存为	Print Instrument	打印仪表
New Project	建立新项目	Recent Files	最近编辑过的文件
Open Project	打开项目	Recent Project	最近编辑过的项目
Save Project	保存当前项目	Exit	退出 Multisim

（2）编辑（Edit）

编辑命令提供了类似于图形编辑软件的基本编辑功能，用于对电路图进行编辑。具体命令见表 A-2。

表 A-2

命　令	功　能
Undo	撤销编辑
Cut	剪切
Copy	复制
Paste	粘贴
Delete	删除
Select All	全选
Flip Horizontal	将所选的元件左右翻转
Flip Vertical	将所选的元件上下翻转
90 ClockWise	将所选的元件顺时针 90° 旋转
90 ClockWise CW	将所选的元件逆时针 90° 旋转
Component Properties	元器件属性

（3）视图（View）

通过 View 菜单可以决定使用软件时的视图，对一些工具栏和窗口进行控制。具体命令见表 A-3。

表 A-3

命　令	功　能
Tool bars	显示工具栏
Component Bars	显示元器件栏
Status Bars	显示状态栏
Show Simulation Error Log/Audit Trail	显示仿真错误记录信息窗口
Show XSpice Command Line Interface	显示 XSpice 命令窗口
Show Grapher	显示波形窗口
Show Simulate Switch	显示仿真开关
Show Grid	显示栅格
Show Page Bounds	显示页边界
Show Title Block and Border	显示标题栏和图框
Zoom In	放大显示
Zoom Out	缩小显示
Find	查找

（4）放置（Place）

通过 Place 命令输入电路图。具体命令见表 A-4。

表 A-4

命　令	功　能
Place Component	放置元器件
Place Junction	放置连接点
Place Bus	放置总线
Place Input/Output	放置输入/输出接口
Place Hierarchical Block	放置层次模块

（续）

命　　令	功　　能
Place Text	放置文字
Place Text Description Box	打开电路图描述窗口，编辑电路图描述文字
Replace Component	重新选择元器件替代当前选中的元器件
Place as Subcircuit	放置子电路
Replace by Subcircuit	重新选择子电路替代当前选中的子电路

（5）仿真（Simulation）

通过 Simulate 菜单执行仿真分析命令。具体命令见表 A-5。

表　A-5

命　　令	功　　能
Run	执行仿真
Pause	暂停仿真
Default Instrument Settings	设置仪表的预置值
Digital Simulation Settings	设定数字仿真参数
Instruments	选用仪表（也可通过工具栏选择）
Analyses	选用各项分析功能
Postprocess	启用后处理
VHDL Simulation	进行 VHDL 仿真
Auto Fault Option	自动设置故障选项
Global Component Tolerances	设置所有器件的误差

（6）转换（Transfer）菜单

Transfer 菜单提供的命令可以完成 Multisim 对其他 EDA 软件需要的文件格式的输出。具体命令见表 A-6。

表　A-6

命　　令	功　　能
Transfer to Ultiboard	将所设计的电路图转换为 Ultiboard（Multisim 中的电路板设计软件）的文件格式
Transfer to other PCB Layout	将所设计的电路图转换为以其他电路板设计软件所支持的文件格式
Backannotate From Ultiboard	将在 Ultiboard 中所做的修改标记到正在编辑的电路中
Export Simulation Results to MathCAD	将仿真结果输出到 MathCAD
Export Simulation Results to Excel	将仿真结果输出到 Excel
Export Netlist	输出电路网表文件

（7）工具（Tools）

Tools 菜单主要针对元器件的编辑与管理。具体命令见表 A-7。

表　A-7

命　令	功　能
Create Components	新建元器件
Edit Components	编辑元器件
Copy Components	复制元器件
Delete Component	删除元器件
Database Management	启动元器件数据库管理器，进行数据库的编辑管理工作
Update Component	更新元器件

（8）选项（Options）

通过 Option 菜单可以对软件的运行环境进行定制和设置。具体命令见表 A-8。

表　A-8

命　令	功　能
Preference	设置操作环境
Modify Title Block	编辑标题栏
Simplified Version	设置简化版本
Global Restrictions	设定软件整体环境参数
Circuit Restrictions	设定编辑电路的环境参数

（9）帮助（Help）

Help 菜单提供了对 Multisim 的在线帮助和辅助说明。具体命令见表 A-9。

表　A-9

命　令	功　能
Multisim Help	Multisim 的在线帮助
Multisim Reference	Multisim 的参考文献
Release Note	Multisim 的发行申明
About Multisim	Multisim 的版本说明

3. 工具栏

顶层的工具栏有：Standard、Design、Zoom，Simulation。

（1）Standard 工具栏　包含了常见的文件操作和编辑操作，如图 A-4 所示。

（2）Design 工具栏　作为设计工具栏是 Multisim 的核心工具栏，如图 A-5 所示，通过对该工作栏按钮的操作可以完成对电路从设计到分析的全部工作，其中的按钮可以直接开关下层的工具栏：Component 中的 Multisim Master 工具栏、Instrument 工具栏。

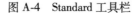

图 A-4　Standard 工具栏

图 A-5　Design 工具栏

①Multisim Master 作为元器件（Component）工具栏中的一项，可以在 Design 工具栏中通过按钮来开关 Multisim Master 工具栏。该工具栏有 14 个按钮，如图 A-6 所示，每一个按钮都

对应一类元器件，其分类方式和 Multisim 元器件数据库中的分类相对应，通过按钮上图标就可大致清楚该类元器件的类型。具体的内容可以从 Multisim 的在线文档中获取。

图 A-6　Multism Master 工具栏

②Instruments 工具栏集中了 Multisim 为用户提供的所有虚拟仪器仪表，用户可以通过按钮选择自己需要的仪器对电路进行观测，如图 A-7 所示。

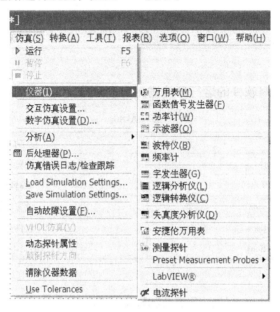

图　A-7

虚拟仪器的名称及表示方法见表 A-10。

表　A-10

在仪器工具栏上的按钮	仪器名称	电路中的仪器符号
	万用表	XMM1
	波形发生器	XFG2
	功率表	XWM1
	示波器	XSC1

（续）

在仪器工具栏上的按钮	仪器名称	电路中的仪器符号
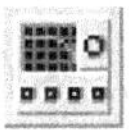	波特图图示仪	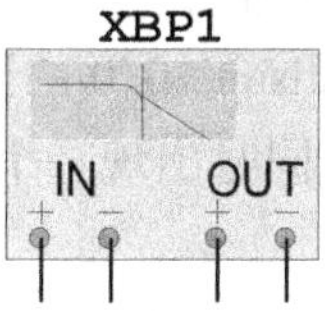XBP1 IN OUT
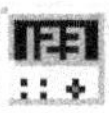	频率计	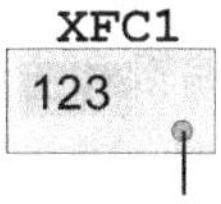XFC1 123
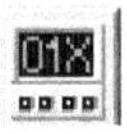	字发生器	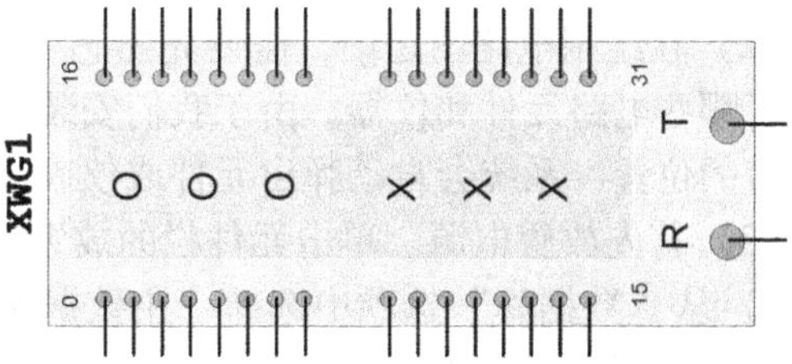XWG1 16 31 T R 0 15
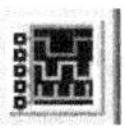	逻辑分析仪	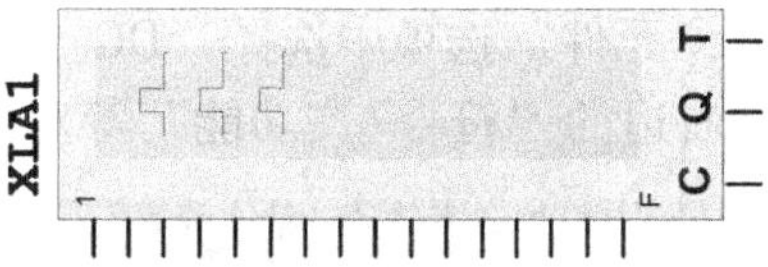XLA1 1 F T Q C
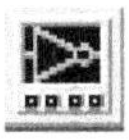	逻辑转换仪	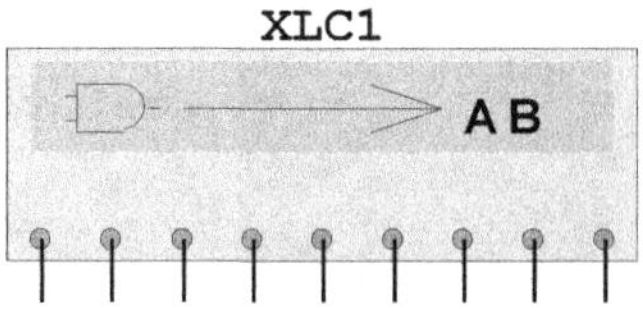XLC1 A B
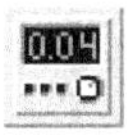	失真度分析仪	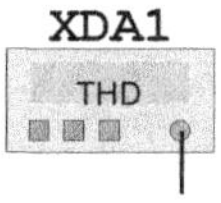XDA1 THD
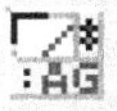	安捷伦万用表	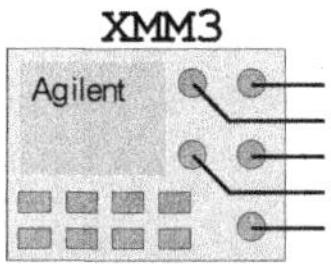XMM3 Agilent

（3）Zoom 工具栏　用户可以通过 Zoom 工具栏 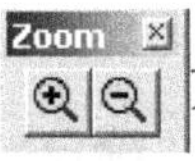
Zoom
方便地调整所编辑电路的视图大小。

（4）Simulation 工具栏 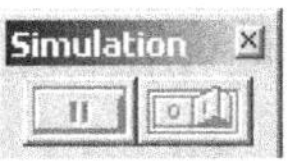
Simulation
可以控制电路仿真的开始、结束和暂停。

A. 2 基于 Multisim 10. 0 的应用举例

例 1 电阻的分压作用

（1）打开 Multisim 10. 0 的设计环境。选择文件→新建→原理图，即弹出一个新的电路图编辑窗口，工程栏同时出现一个新的名称。单击"保存"按钮，将该文件命名，保存到指定文件夹下。

1）文件的名字要能体现电路的功能，要让自己隔很长时间后看到该文件名就能一下子想起该文件实现了什么功能。

2）在电路图的编辑和仿真过程中，要养成随时保存文件的习惯，以免由于没有及时保存而导致文件丢失或损坏。

3）文件的保存位置，最好用一个专门的文件夹来保存所有基于 Multisim 10. 0 的例子，这样便于管理。

（2）在绘制电路图之前，需要先熟悉一下元件栏和仪器栏的内容，看看 Multisim 10. 0 都提供了哪些电路元件和仪器。由于我们安装的是汉化版的软件，直接把鼠标放到元件栏和仪器栏相应的位置，系统会自动弹出元件或仪表的类型。

（3）首先放置电源。单击元件栏的放置信号源选项，出现如图 A-8 所示的对话框。

1）从"数据库"选项中选择"主数据库"。

2）从"组"选项中选择"sources"。

3）从"系列"选项中选择"POWER_ SOURCES"。

4）从"元件"选项中选择"DC_ POWER"。

5）在右边的"符号""功能"等对话框里，会根据所选项目，列出相应的说明。

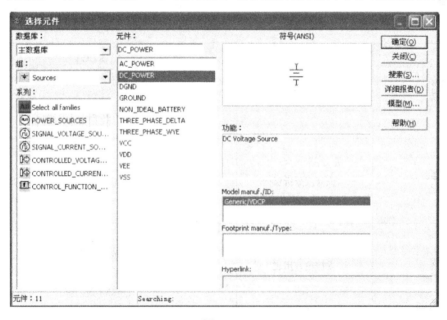

图　A-8

（4）选择好电源符号后，单击"确定"按钮，移动鼠标到电路编辑窗口，选择放置位置后，单击鼠标左键即可将电源符号放置于电路编辑窗口中，仿制完成后，还会弹出元件选择对话框，可以继续放置，单击"关闭"按钮可以取消放置，如图 A-9 所示。

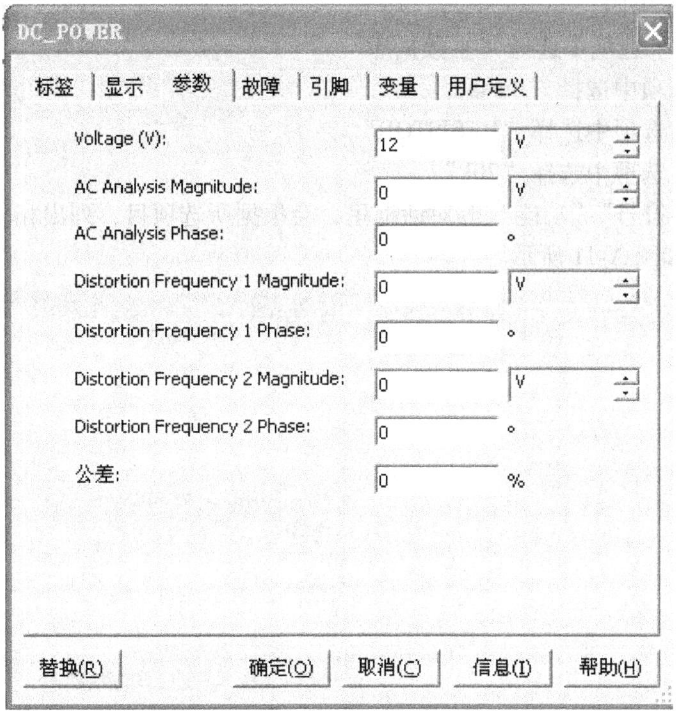

图　A-9

（5）放置的电源符号显示的是 12V。而需要的可能不是 12V，双击该电源符号，出现如图 A-10 所示的属性对话框，在该对话框里，可以更改该元件的属性，也可以更改元件的序号引脚等属性。

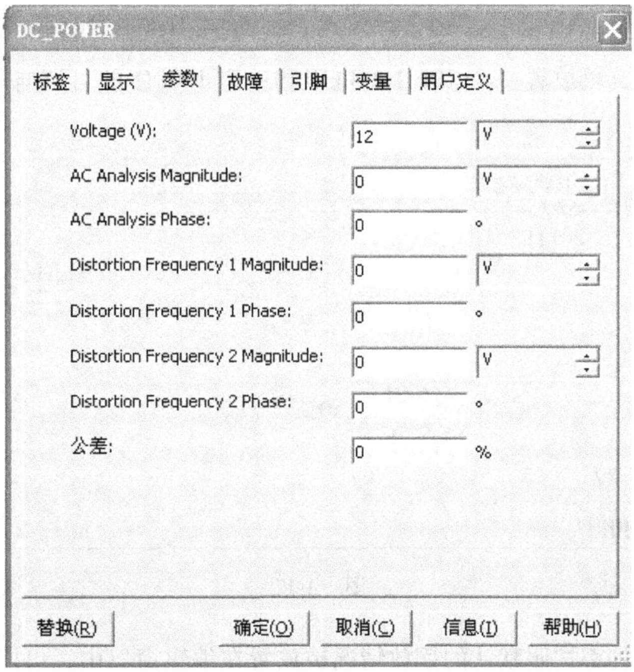

图　A-10

（6）接下来放置电阻。

1）从"数据库"选项中选择"主数据库"。

2）从"组"选项中选择"Basic"。

3）从"系列"选项中选择"RESISTOR"。

4）从"元件"选项中选择"20k"。

5）在右边的"符号""功能"等对话框里，会根据所选项目，列出相应的说明。

放置电阻操作如图 A-11 所示。

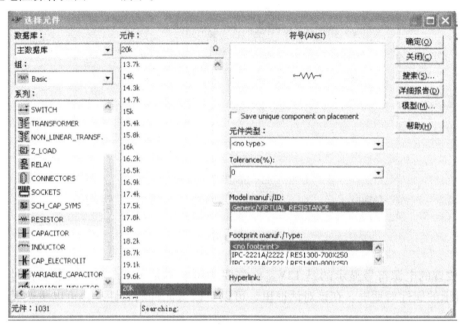

图　A-11

（7）按上述方法，再放置一个 10kΩ 的电阻和一个 100kΩ 的可调电阻。放置完毕后，如图 A-12 所示。

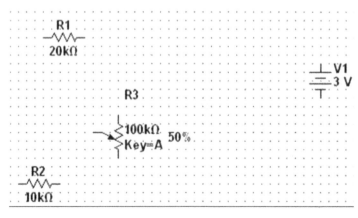

图　A-12

（8）放置后的元件都按照默认的摆放情况被放置在编辑窗口中，可以将鼠标放在电阻 R1 上，然后右键单击，这时会弹出一个对话框，在对话框中可以选择让元件顺时针或者逆时针旋转 90°。如果元件摆放的位置不合适，想移动一下元件的摆放位置，则将鼠标放在元件上，按住鼠标左键，即可拖动元件到合适位置。

（9）放置电压表。在仪器栏选择"万用表"，将鼠标移动到电路编辑窗口内，这时我们可以看到，鼠标上跟随着一个万用表的简易图形符号。单击鼠标左键，将电压表放置在合适位置。电压表的属性同样可以通过双击鼠标左键进行查看和修改。

所有元件放置好后，如图 A-13 所示。

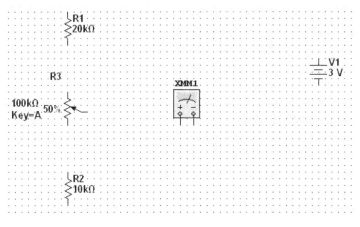

图　A-13

（10）下面就进入连线步骤了，将鼠标移动到电源的正极，当鼠标指针变成"◆"时，表示导线已经和正极连接起来了，单击鼠标将该连接点固定，然后移动鼠标到电阻 R1 的一端，出现小红点后，表示正确连接到 R1 了，单击鼠标左键固定，这样一根导线就连接好了。如图 A-14 所示。如果想要删除这根导线，将鼠标移动到该导线的任意位置，单击鼠标右键，选择"删除"即可将该导线删除。或者选中导线，直接按"Delete"键删除。

按照前面（3）的方法，放置一个公共地线，然后如图 A-14 所示，将各连线连接好。

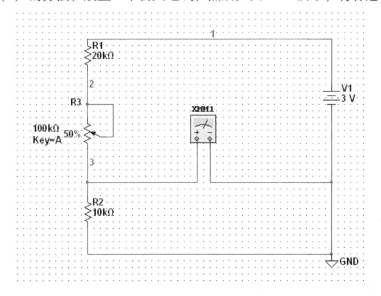

图　A-14

注意：在电路图的绘制中，公共地线是必需的。

（11）电路连接完毕，检查无误后，就可以进行仿真了。单击仿真栏中的绿色开始按钮 ▷。电路进入仿真状态。双击图中的万用表符号，即可弹出如图 A-15 所示的对话框，在这里显示了电阻 R2 上的电压。对于显示的电压值是否正确，我们可以验算一下。

（12）关闭仿真，改变 R2 的阻值，按照以上的步骤再次观察 R2 上的电压值，会发现随着 R2 阻值的变化，其上的电压值也随之变化。

注意：在改变 R2 阻值的时候，最好关闭仿真。千万注意：一定要及时保存文件。

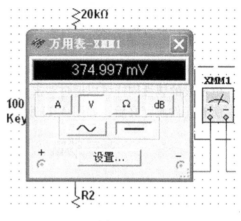

图 A-15

例2 *RC* 高通滤波频率响应仿真

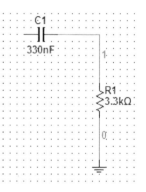

图 A-16

（1）通过单击工具栏（见图 A-16），选择元件，画出电路如图 A-17 所示。

（2）画的过程中要用到鼠标右键来旋转元件，如图 A-18 所示。

（3）仿真前在输入端添加信号发生器，电路如图 A-19 所示。

（4）开始仿真：单击菜单"仿真"—"分析"—"交流分析"并且把参数设置好，如图 A-20 所示。

同时选择要测试的电路位置（可多选），如图 A-21 所示。

最后单击"仿真"按钮，频率响应相位图如图 A-22 所示。

图 A-17

图 A-18

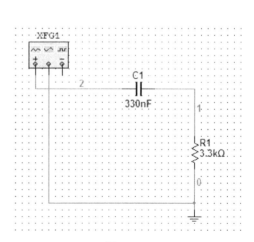

图 A-19

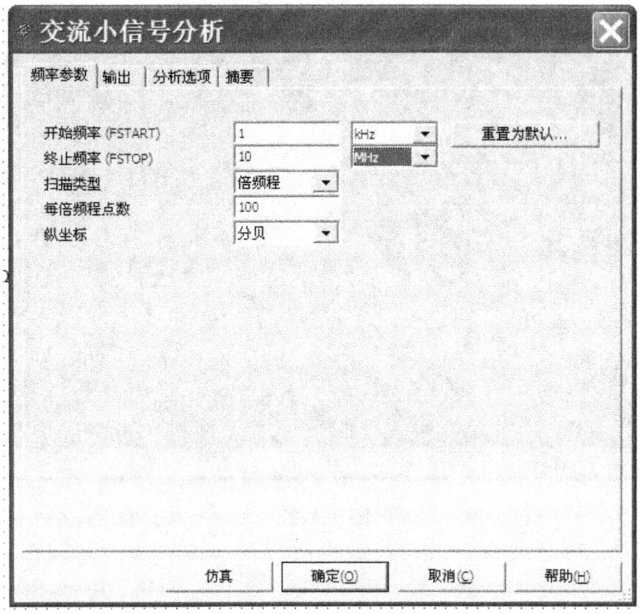
交流小信号分析
频率参数
输出
分析选项
摘要
开始频率 (FSTART)
1
kHz
重置为默认...
终止频率 (FSTOP)
10
MHz
扫描类型
倍频程
每倍频程点数
100
纵坐标
分贝
仿真
确定(O)
取消(C)
帮助(H)

图　A-20

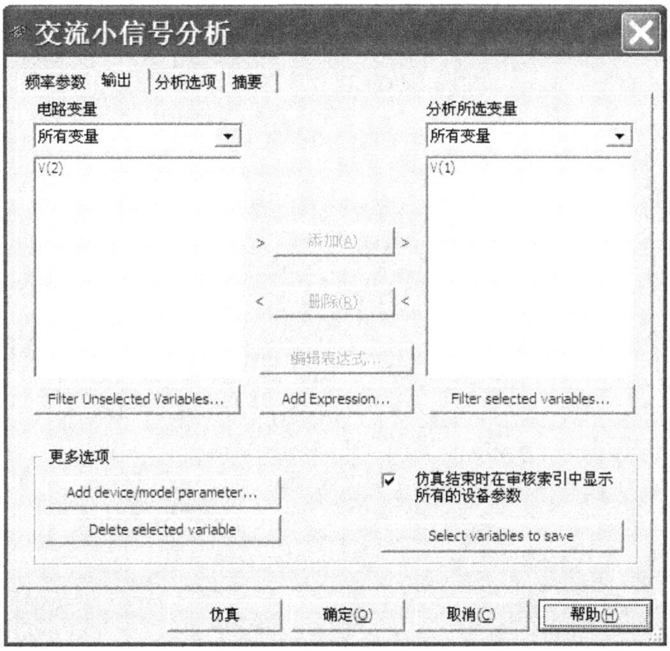
交流小信号分析
频率参数
输出
分析选项
摘要
电路变量
所有变量
V(2)
分析所选变量
所有变量
V(1)
添加(A)
删除(R)
编辑表达式...
Filter Unselected Variables...
Add Expression...
Filter selected variables...
更多选项
Add device/model parameter...
Delete selected variable
仿真结束时在审核索引中显示所有的设备参数
Select variables to save
仿真
确定(O)
取消(C)
帮助(H)

图　A-21

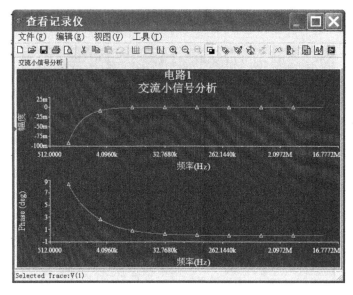

图　A-22

附录 B　研究生入学试题选

2014 年黑龙江科技大学硕士研究生入学考试试题

一、（15 分）如图 B-1 所示电路中 N_S 为含源电阻网络，开关 S 断开时测得电压 $U_{ab} = 13V$，当 S 闭合时测量的电流 $I_{ab} = 3.9A$。试求 N_S 网络的最简等效电路。

二、（15 分）如图 B-2 所示线性电路中，已知当 $R_5 = 8\Omega$ 时，$I_5 = 20A$、$I_0 = -11A$，当 $R_5 = 2\Omega$ 时，$I_5 = 50A$、$I_0 = -5A$。

试求：（1）当 R_5 为何值时消耗的功率最大，该功率为多少？

（2）当 R_5 为何值时，R_0 消耗的功率最小，是多少？

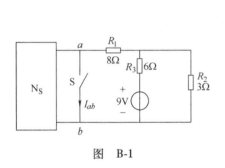

图　B-1

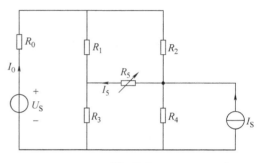

图　B-2

三、（15 分）如图 B-3 所示正弦交流电路中，$U_S = 100\angle 0°\ V$、$\omega = 10^4\ rad/s$、$\omega L_1 = \omega L_2 = 10\Omega$、$\omega M = 6\Omega$、$R = 10\Omega$。

试求：（1）当 C 为何值时 I 为最小？I 的最小值为多少？此时 I_2 的值为多少？

（2）当 C 为何值时 I 为最大？I 的最大值为多少？此时 I_2 的值为多少？

四、（15 分）如图 B-4 所示电路中，A、B 和 C 为对称三相电源的三根端线，设 $U_{AB} = 380\angle 0°\ V$、$R_1 = R_2 = R_3 = R_4 = X_C = 10\Omega$，试求两个功率表 W_1 和 W_2 的读数。

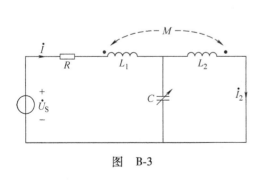

图　B-3

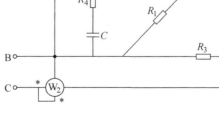

图　B-4

五、（15 分）如图 B-5 所示电路，在开关 S 打开前电路已经处于稳定状态，求开关 S 打开后的电压 $u_{AB}(t) = ?$

六、（15 分）图 B-6 所示电路，$U = 100V$、$f = 50Hz$、$I = I_1 = I_2$，平均功率 $P = 866W$。若频率改为 $f_1 = 25Hz$，且 $U = 100V$ 不变，求此时的 I、I_1、I_2 及 P 的值。

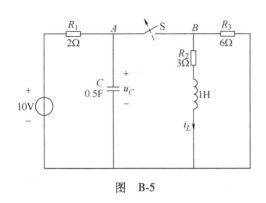

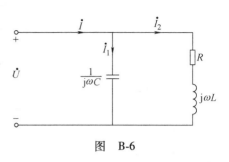

图 B-5　　　　　　　　　　　　　　　图 B-6

七、（15 分）如图 B-7 所示电路中，ab 间的等效电阻为 0.25Ω，图中 $g = 3S$，求理想变压器的电压比 n。

八、（15 分）如图 B-8 所示电路中，二端口网络的 Z 参数矩阵为 $Z = \begin{pmatrix} s+3 & 1 \\ 1 & s+2 \end{pmatrix}$，试求：（1）网络函数 $H(s) = U_2(s)/U_i(s)$。（2）画出零极点图。（3）单位冲激响应 $u_2(t)$。

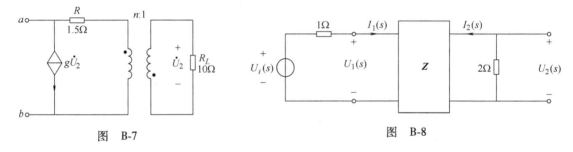

图　B-7　　　　　　　　　　　　　　　图　B-8

九、（15 分）如图 B-9 所示电路中点画线框所示之级联二端口网络是互易的，已知 $r = 10\Omega$，且当 33′ 端开路时：$U_1 = 10V$、$I_1 = 0.2A$、$U_3 = 2V$，当 33′ 短路时：$U_1 = 2V$、$-I_3 = 0.4A$。

求：（1）点画线方框所示网络的 T 参数。

（2）当 33′ 端接电阻 $R_L = 7\Omega$，始端电压 $U_1 = 80V$ 时，计算 $I_1 = ?$

（3）网络 N_2 的 T_{N_2} 参数。

十、（15 分）如图 B-10 所示电路中，$R = \omega L = \dfrac{1}{\omega C} = 10\Omega$、$u_S = 10 + 10\sqrt{2}\cos\omega t \, V$，试求电流 i 及其有效值 I，以及电压源 u_S 发出的功率。

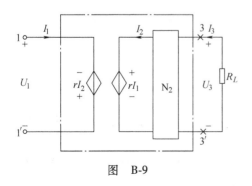

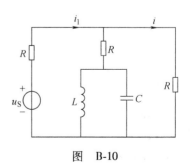

图　B-9　　　　　　　　　　　　　　　图　B-10

2015 年黑龙江科技大学硕士研究生入学考试试题

一、电路如图 B-11 所示。已知 $I_S = 1A$、$R_1 = 10\Omega$、$R_2 = R_3 = R_4 = 30\Omega$、$R_5 = 8\Omega$、$\beta = 9$，求 U_5。

二、如图 B-12 所示电路，有源线性电阻网络 N_S 的端口电压 u 随 β 变化而不同，当 $\beta = 1$ 时，$u = 20V$；当 $\beta = -1$ 时，$u = 12V$。求 β 为何值时外部电路从网络 N_S 获取最大功率，此功率为多少？

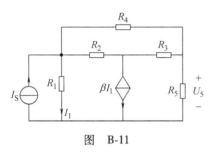

图　B-11

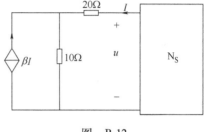

图　B-12

三、在图 B-13a 所示电路中，N_0 为无源线性电阻网络。当 $e_s(t) = 2\varepsilon(t)$ V 时，电路的零状态响应为 $u_C(t) = (6 - 6e^{-2t})\varepsilon(t)$ V。若将图 B-13a 中的电源转换为 $3\delta(t)$ V 的电压源，电容换为 3H 的电感，如图 B-13b 所示，求零状态响应 $u_L(t)$。

注：$\varepsilon(t)$ 和 $\delta(t)$ 分别为单位阶跃函数和单位冲激函数。

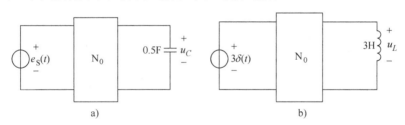

a)　　　　　　　　　b)

图　B-13

四、在图 B-14 所示电路中，已知 $\omega L_1 = \omega L_2 = 8\Omega$、$\omega M = 4\Omega$、$f = 10^3 Hz$、$u_s(t) = 10\sqrt{2}\cos\omega t$ V，若要求负载电压 u_L 与输入电压 u_S 同相位，试求 C，并求 $u_L(t)$。

五、在图 B-15 所示的正弦稳态电路中，已知网络 N_0 是线性无源网络且消耗的有功功率和无功功率分别为 4W 和 12var。若 U_1 超前 $\dot{U}_S$ 30°，求在电源频率为 100Hz 网络 N_0 的等效电路及其元件参数。

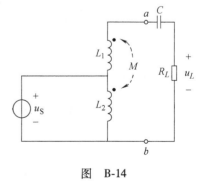

图　B-14

六、三相电路如图 B-16 所示。对称三相电源线电压 $U_1 = 380V$。接有两组三相负载，一组为丫形联结的对称三相负载，每相阻抗 $Z_1 = 30 + j40\Omega$；另一组为△形联结的不对称三相负载，$Z_A = 100\Omega$、$Z_B = -j200\Omega$、$Z_C = j380\Omega$。试求：（1）图中电流表 A_1 和 A_2 的读数。（2）三相电源发出的平均功率。

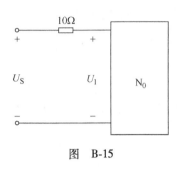

图 B-15

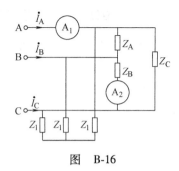

图 B-16

七、图 B-17 所示电路为有源低通滤波电路。图中运算放大器为理想运算放大器。

（1）计算其网路函数 $H(s) = \dfrac{U_o(s)}{U_i(s)}$。

（2）确定网络函数 $H(s)$ 的零点、极点。

八、电路如图 B-18 所示，已知 $R_1 = R_3 = 3\Omega$、$R_2 = 6\Omega$、$U_{S1} = 10V$、$U_{S2} = 5V$、$L = 2H$、$u_{S3}(t) = 2\sin 2t\,V$，当 $t=0$ 时开关 S 闭合，开关 S 闭合前电路已达稳态。试求电感电流 $i_L(t)$。

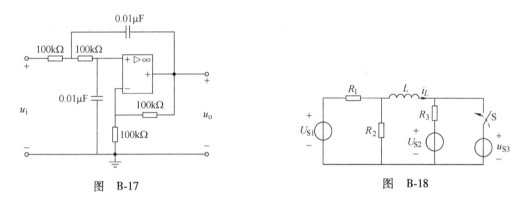

图 B-17

图 B-18

九、已知一线性系统的状态方程及初始条件为

$$\begin{pmatrix} \dot{x}_1 \\ \dot{x}_2 \end{pmatrix} = \begin{pmatrix} -1 & -2 \\ 1 & -4 \end{pmatrix}\begin{pmatrix} x_1 \\ x_2 \end{pmatrix} + \begin{pmatrix} 10 \\ 0 \end{pmatrix} \qquad \begin{pmatrix} x_1(0) \\ x_2(0) \end{pmatrix} = \begin{pmatrix} 0 \\ 1 \end{pmatrix}$$

求状态变量 $x_1(t)$。

十、图 B-19 中二端口 N 的传输参数矩阵 $\boldsymbol{T} = \begin{pmatrix} 1.5 & 1\Omega \\ 0.5S & 1 \end{pmatrix}$。若 $I_1 = 4A$，试求 R 的值。

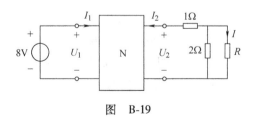

图 B-19

附录 C　部分试题答案

2014 年黑龙江科技大学硕士研究生入学考试试题答案

一、解：根据戴维南定理将 N 网络及 R_1 以右部分电路进行等效变换如图 C-1 所示。

$$U_{OC1} = \frac{9 \times 3}{6 + 3}V = 3V$$

$$R_{eq1} = 8 + (6//3)\Omega = 10\Omega$$

由题可知，当 S 断开时 $U_{ab} = 13V$；当 S 闭合时测量的电流 $I_{ab} = 3.9A$ 可知 N 网络最简等效

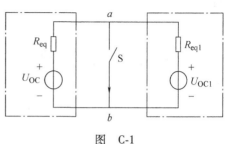

图　C-1

电路参数为　$U_{ab} = \frac{U_{OC} - U_{OC1}}{R_{eq} + R_{eq1}}R_{eq1} + U_{OC1}$、$I_{ab} = \frac{U_{OC}}{R_{eq}} + \frac{U_{OC1}}{R_{eq1}}$

代入数值，整理得 $U_{OC} = 18V$、$R_{eq} = 5\Omega$。

二、解：（1）根据最大功率传输定理，为求 R_5 为何值时消耗的功率最大，需求除 R_5 外电路的戴维南等效电路，根据已知条件

$$20 = \frac{U_{OC}}{8 + R_{eq}} \text{ 和 } 50 = \frac{U_{OC}}{2 + R_{eq}}$$

得 $U_{OC} = 200V$、$R_{eq} = 2\Omega$。

所以当 $R_5 = R_{eq} = 2\Omega$ 时获得最大功率，最大功率为 $P_{max} = \frac{U_{OC}^2}{4R_{eq}} = 5000W$

（2）R_0 值固定，求 R_0 消耗的最小功率，即求流过 R_0 的电流 $I_0 = 0$ 时 R_5 为何值，用替代定理将电阻 R_5 用电流源替代，如图 C-2 所示，则此时 I_0 由 U_S、I_S 和 I_5 共同作用产生，其中 U_S、I_S 的作用固定用 I 表示，即 $I_0 = I + kI_5$，由已知条件得

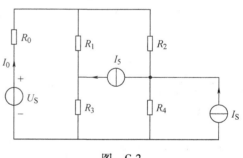

$$\begin{cases} -11 = I + k \times 20 \\ -5 = I + k \times 50 \end{cases}$$

则 $I = -15A$、$k = 0.2$。

若要使 $I_0 = 0$，则需 $0 = -15 + 0.2I_5$

即得 $I_5 = 75A$。

图　C-2

此时 $75 = \frac{U_{OC}}{R_5 + R_{eq}}$

得 $R_5 = \frac{2}{3}\Omega$。

即当 $R_5 = \frac{2}{3}\Omega$ 时，R_0 消耗的功率最小，为 0W。

三、解：去耦等效电路如图 C-3 所示。

（1）在并联部分发生并联谐振时相当于开路，I 为最小，$I_{min} = 0$，此时

$$Y_2 = \frac{1}{j\omega(L_2 - M)} + \frac{1}{j\omega M - j\dfrac{1}{\omega C}} = 0$$

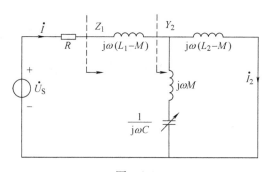

图 C-3

解得 $C = \dfrac{1}{\omega^2 L_2} = 10\mu F$

$$\dot{I}_2 = \frac{\dot{U}_S}{j\omega(L_2 - M)} = \frac{100}{j4}A = 25 \angle -90°A，即$$

$I_2 = 25A$。

（2）当整个电路发生串联谐振时电路的阻抗为最小，I 为最大。

$$I_{max} = U_S/R = 100/10A = 10A$$

此时 $Z_1 = j\omega(L_1 - M) + \dfrac{j\omega(L_2 - M)\left[j\omega M - j\dfrac{1}{\omega C}\right]}{j\omega(L_2 - M) + j\omega M - j\dfrac{1}{\omega C}} = 0$

解得 $C = \dfrac{2}{\omega^2(L_2 + M)} = 12.5\mu F$

$$\dot{I}_2 = \frac{j\omega M - j\dfrac{1}{\omega C}}{j\omega M - j\dfrac{1}{\omega C} + j\omega(L_2 - M)} \times \dot{I} = 10 \angle 180°A，即 I_2 = 10A$$

四、解：经过 Y-△ 等效变换的电路如图 C-4 所示，其中对于对称部分电路取 A 相进行计算，有

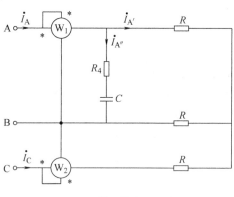

$$\dot{I}_{A'} = \frac{\dot{U}_A}{R} = \frac{380/\sqrt{3} \angle -30°}{10/3}A = 38\sqrt{3} \angle -30°A$$

则 C 相线电流 $\dot{I}_C = \dot{I}_{A'} \angle (-30° + 120°) = 38\sqrt{3} \angle 90°A$

并联的单相负载的电流为 $\dot{I}_{A''} = \dfrac{\dot{U}_{AB}}{R_4 - jX_C} = \dfrac{380 \angle 0°}{10 - j10}A$

$= 19\sqrt{2} \angle 45°A$

图 C-4

则 A 相总电流为 $\dot{I}_A = \dot{I}_{A'} + \dot{I}_{A''} = (38\sqrt{3} \angle -30° + 19\sqrt{2} \angle 45°)A = 77.26 \angle -10.37°A$

功率表 W_1 测量的是 A、B 两线间的线电压和 A 相的线电流，则 W_1 的读数为

$$P_1 = U_{AB}I_A\cos(\varphi_{u_{AB}} - \varphi_{i_A}) = 380 \times 77.26\cos10.37°kW = 28.88 \text{ kW}$$

功率表 W_2 测量的是 C、B 两线间的线电压和 C 相的线电流，C、B 两线间的线电压为

$$\dot{U}_{CB} = -\dot{U}_{BC} = -380 \angle -120°V = 380 \angle 60° \text{ V}$$

则 W_2 的读数为

$$P_2 = U_{CB}I_C\cos(\varphi_{u_{CB}} - \varphi_{i_C}) = 380 \times 38\sqrt{3}\cos(60° - 90°)kW = 21.66kW$$

五、求 $t<0$ 电路的初始值

$$u_C(0_-) = \frac{3 \mathbin{/\mkern-5mu/} 6}{2 + (3 \mathbin{/\mkern-5mu/} 6)} \times 10\text{V} = 5\text{V}, \quad i_L(0_-) = u_C(0_-)/3 = 1.67\text{A}$$

由 RC 电路部分求 $u_C(t)$

$$u_C(0_+) = u_C(0_-) = 5\text{V}, \quad u_C(\infty) = 10\text{V}, \quad \tau_1 = R_1 C = 2 \times 0.5\text{s} = 1\text{s}$$

所以 $u_C(t) = u_C(\infty) + [u_C(0_+) - u_C(\infty)] \mathrm{e}^{-\frac{t}{\tau_1}} = (10 - 5\mathrm{e}^{-t})\text{V}$

由 RL 电路部分求解 u_{R_3}

$$i_L(0_+) = i_L(0_-) = 1.67\text{A}, \quad i_L(\infty) = 0, \quad \tau_2 = L/(R_2 + R_3) = 1/(3 + 6)\text{s} = 0.11\text{s}$$

所以 $i_L(t) = i_L(0_+) \mathrm{e}^{-\frac{t}{\tau_2}} = 1.67\mathrm{e}^{-9t}\text{A}$

$$u_{R_3} = -R_3 i_L(t) = -10\mathrm{e}^{-9t}\text{V}$$

$$u_{AB} = u_C - u_{R_3} = (10 - 5\mathrm{e}^{-t} + 10\mathrm{e}^{-9t})\text{V}$$

六、解：取 $\dot{U} = 100\angle 0°\ \text{V}$，由于 $I = I_1 = I_2$，故可做出相量图如图 C-5 所示。

得 $I_2 = \dfrac{P}{U\cos 30°} = \dfrac{866}{100 \times \dfrac{\sqrt{3}}{2}}\text{A} = 10\text{A}$

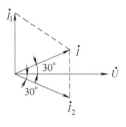

图　C-5

$$R = \frac{P}{I^2} = 8.66\Omega, \quad |Z_2| = \sqrt{R^2 + (\omega L)^2} = \frac{U}{I} = 10\Omega$$

故 $(\omega L)^2 = 100 - R^2 = 25$，$\omega L = 5\Omega$，即 $2\pi f L = 5\Omega$

又因 $\dfrac{1}{\omega C} = \dfrac{U}{I_1} = 10$，故 $2\pi f C = 0.1\text{s}$

当频率 $f_1 = 25\text{Hz}$ 时，有 $2\pi f_1 L = 2.5\Omega$，$2\pi f_1 C = 0.05\text{s}$

又因 $I_1 = 0.05 \times 100\text{A} = 5\text{A}$，$I_2 = \dfrac{100}{\sqrt{8.66^2 + 2.5^2}}\text{A} = 11.1\text{A}$

$$\tan\varphi_1 = \frac{2.5}{8.66} = 0.289, \quad 即\ \varphi_1 = 16.1°$$

$$I_2\cos\varphi_1 = 11.1\cos 16.1°\text{A} = 10.66\text{A}$$

$$I_2\sin\varphi_1 = 11.1\sin 16.1°\text{A} = 3.08\text{A}$$

$$I = \sqrt{(5 - 3.08)^2 + 10.66^2}\text{A} = 10.83\text{A}$$

$$P = I_2^2 R = 11.1^2 \times 8.66\text{W} = 1067\text{W}$$

七、解：将电阻 R_L 等效到变压器的一次为 $n^2 R_L$，其等效电路如图 C-6 所示，$\dot{U}_1$ 为变压器一次电压，

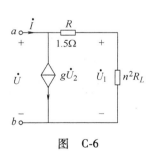

图　C-6

则，$\dot{U}_1 = -n^2\dot{U}_2$

由 KCL 得，$\dot{I} = g\dot{U}_2 + \dfrac{\dot{U}}{R + n^2 R_L}$

由分压公式得，$\dot{U}_1 = \dfrac{n^2 R_L}{R + n^2 R_L}\dot{U}$

所以，$Z_{ab} = \dfrac{\dot{U}}{\dot{I}} = \dfrac{R + n^2 R_L}{1 - g n R_L} = 0.25\Omega$

代入元件数值得，$\dfrac{1.5 + n^2 10}{1 - 30n} = 0.25\Omega$

解得 $n_1 = -1/2$、$n_2 = -1/4$，电压比 n 为负值说明实际上 $\dot{U}_1$ 与 $\dot{U}_2$ 的极性与图标注的同名端相反。

八、解：（1）由于右端端口开路，可得 $I_2(s) = -0.5 U_2(s)$

由已知 **Z** 参数得 $U_i(s) - I_1(s) = (s + 3) I_1(s) - 0.5 U_2(s)$

$$U_2(s) = I_1(s) - 0.5(s + 2) U_2(s)$$

解得 $H(s) = \dfrac{U_2(s)}{U_i(s)} = \dfrac{2}{s^2 + 8s + 15}$

（2）对所得网络函数进行部分分式展开得

$$H(s) = \frac{2}{(s + 3)(s + 5)} = \frac{1}{s + 3} + \frac{1}{s + 5}$$

可得其极点分别为 $p_1 = -3$、$p_2 = -5$，网络函数无零点，其极点分布如图 C-7 所示。

（3）当外加激励为单位冲激激励时，对网络函数进行拉普拉斯反变换得

$$u_2(t) = L^{-1}[H(s)] = (e^{-3t} - e^{-5t}) \varepsilon(t) \ \text{V}$$

图 C-7

九、解：（1）33′ 端开路时，$I_3 = 0$，可求出：$A = \dfrac{U_1}{U_3}\Big|_{I_3 = 0}$

$= \dfrac{10}{2} = 5$，$C = \dfrac{I_1}{U_3}\Big|_{I_3 = 0} = \dfrac{0.2}{2}\text{S} = 0.1\text{S}$

当 33′ 端短路时，即 $U_3 = 0$，可求出：$B = \dfrac{U_1}{-I_3}\Big|_{U_3 = 0} = \dfrac{2}{0.4}\Omega = 5\Omega$

按互易双口网络性质有 $AD - BC = 1$，所以 $D = 0.3$

$$\boldsymbol{T} = \begin{pmatrix} 5 & 5 \\ 0.1 & 0.3 \end{pmatrix}$$

（2）当 33′ 端接 $R_L = 7\Omega$、$U_1 = 80\text{V}$ 时，双口网络方程为

$$\begin{cases} U_1 = 5 U_3 - 5 I_3 \\ I_1 = 0.1 U_3 - 0.3 I_3 \end{cases}$$

又因为 $U_3 = -0.7 I_3$、$U_1 = 80\text{V}$，所以可解 $I_1 = 2\text{A}$。

（3）受控电源等效电路的传输参数 T_1，已知 $r = 10\Omega$，所以 $T_1 = \begin{pmatrix} 0 & 10 \\ 0.1 & 0 \end{pmatrix}$

$$T = T_1 T_{N_2} \ \text{所以} \ T_{N_2} = \begin{pmatrix} 1 & 3 \\ 0.5 & 0.5 \end{pmatrix}$$

十、解：用叠加定理求解

（1）$u_S^{(0)} = 10\text{V}$ 单独作用

$$I^{(0)} = \frac{u_S^{(0)}}{R + (R /\!/ R)} \times \frac{1}{2} = \frac{1}{3}A$$

（2）$u_S^{(1)} = 10\sqrt{2}\cos\omega t$V 单独作用。因为 $\omega L = \dfrac{1}{\omega C}$，所以 LC 并联支路发生谐振，所以 $i^{(1)} =$

$\dfrac{u_S^{(1)}}{R + R} = \dfrac{\sqrt{2}}{2}\cos\omega t$A。

电流 $i = I^{(0)} + i^{(1)} = \left(\dfrac{1}{3} + \dfrac{\sqrt{2}}{2}\cos\omega t\right)$ A

有效值 $I = \sqrt{(1/3)^2 + (1/2)^2}$A $= 0.6$A

电流 $i_1 = I_1^{(0)} + i_1^{(1)} = 2I^{(0)} + i^{(1)} = \left(\dfrac{2}{3} + \dfrac{\sqrt{2}}{2}\cos\omega t\right)$ A

电压源发出的功率 $P = u_S^{(0)}I_1^{(0)} + u_S^{(1)}I_1^{(1)}\cos(\varphi_{u_S} - \varphi_{i_1}) = \left(10 \times \dfrac{2}{3} + 10 \times \dfrac{1}{2} \times 1\right)$ W $= 11.67$W

2015 年黑龙江科技大学硕士研究生入学考试试题答案

一、解：经 $\triangle \to \curlyvee$ 变换，原图可变换为图 C-8 所示电路，其中 $R_a = R_b = R_c = 10\Omega$。

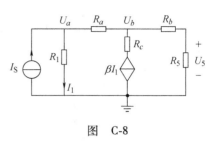

图 C-8

列结点电压方程：
$$\begin{cases} \left(\dfrac{1}{10} + \dfrac{1}{10}\right) U_a - \dfrac{1}{10} U_b = 1 \\ \left(\dfrac{1}{10} + \dfrac{1}{18}\right) U_b - \dfrac{1}{10} U_a = -\beta I_1 \\ I_1 = \dfrac{U_a}{10} \end{cases}$$

解上述方程，得 $U_b = -7.2\text{V}$、$U_5 = \dfrac{U_b \times 8}{10 + 8} = -3.2\text{V}$。

二、解：由题意结合实际电路，利用分压关系可得 $U = (30 + 10\beta)I$

代入已知数据可得 $\beta = 1$、$I = 0.5\text{A}$、$\beta = -1$、$I = 0.6\text{A}$

画出戴维南等效电路如图 C-9 所示。根据戴维南等效定理可得

$$\begin{cases} 20 + 0.5 R_{\text{in}} = U_{\text{OC}} \\ 12 + 0.6 R_{\text{in}} = U_{\text{OC}} \end{cases} \Rightarrow \begin{cases} U_{\text{OC}} = 60\text{V} \\ R_{\text{in}} = 80\Omega \end{cases}$$

根据最大功率传输定理，若要求从电阻网络 N_S 获得的最大功率，只需求得 N_S 两端的戴维南等效电路，使外电路的等效电阻等于 N_S 戴维南等效电阻值即可。

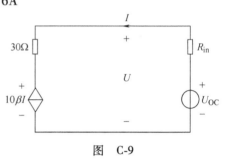

图 C-9

当 $R_{\text{in}} = \dfrac{U}{I} = 30 + 10\beta = 80\Omega$ 时，即 $\beta = 5$ 时可获得最大功率 $P_{\max} = \dfrac{U_{\text{OC}}^2}{4 R_{\text{in}}} = 11.25\text{W}$

三、解：由题意，当 $e_s(t) = 2\varepsilon(t)$ 时，$u_c(t) = (6 - 6\text{e}^{-2t})\varepsilon(t)$，因此：
$$\tau_C = RC = 0.5 \Rightarrow R = 1\Omega$$

当 $t = 0_+$ 时，$u_C(0_+) = 0$；当 $t = \infty$ 时，$u_C(\infty) = 6\text{V}$。

因此，有 $u_L(0_+) = u_C(\infty) = 6\text{V}$，$u_L(\infty) = u_C(0_+) = 0\text{V}$。

又可知 $\tau_L = L/R = 3$，因此可得 $u_L(t) = 6(1 - \text{e}^{-t/3})\varepsilon(t)$。

所以当激励为 $3\delta(t)$ 时，有

$$\begin{aligned} u_L(t) &= \frac{\text{d}}{\text{d}t}\left[6(1 - \text{e}^{-t/3})\varepsilon(t)\right] = 6 \times \frac{1}{3}\text{e}^{-t/3}\varepsilon(t) + 6(1 - \text{e}^{-t/3})\delta(t) \\ &= 2\text{e}^{-t/3}\varepsilon(t) + 6(1 - \text{e}^{-t/3})\delta(t) \end{aligned}$$

四、解：将 ab 左侧电路进行戴维南等效，首先将 ab 左侧进行去耦等效，如图 C-10 所示。

当 ab 间开路时，有

$$\dot{I}_s = \frac{\dot{U}_s}{\text{j}8} = 1.25\angle-90°\text{A} \Rightarrow \dot{U}_{\text{OC}} = \text{j}12\dot{I}_s = 15\angle0°\text{V}$$

当 ab 间短路时，有

$$\dot{I}_s = \frac{\dot{U}_s}{-\text{j}4 + \text{j}12P\text{j}12} = 5\angle-90°\text{A}，\dot{I}_{\text{SC}} = \frac{\dot{I}_s}{2} = 2.5\angle-90°\text{A}$$

则等效阻抗为：$Z_{eq} = \dfrac{\dot{U}_{oc}}{\dot{I}_{SC}} = j6\Omega$ 。

则戴维南等效电路如图 C-11 所示。

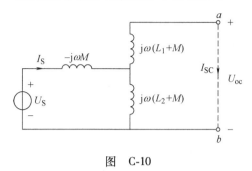

图　C-10

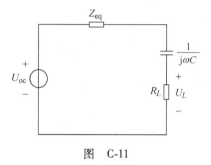

图　C-11

又由于负载电压 u_L 与输入电压 u_S 同相位，即发生串联谐振，因此有

$$\frac{1}{\sqrt{LC}} = \omega = 2\pi f \Rightarrow C = 26.5\mu F$$

$$\dot{U}_L = \dot{U}_{oc} = 15\angle 0°V \Rightarrow u_L(t) = 15\sqrt{2}\cos\omega t V$$

五、解：设 $Z_N = R + jX$，$\dot{I} = I\angle 0° A$，做出等效电路和相量图如图 C-12 和图 C-13 所示。

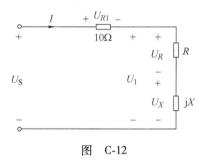

图　C-12

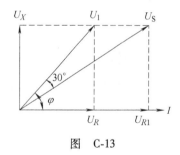

图　C-13

根据已知条件，可知：$\dfrac{R}{X} = \dfrac{P}{Q} = \dfrac{4}{12} = \dfrac{1}{3} \Rightarrow X = 3R$

因此有 $\varphi = \arctan 3 = 71.57°$，$\tan(71.57° - 30°) = \dfrac{U_X}{U_{R1} + U_R} = \dfrac{X}{R + 10} = 0.887$

因此电路元件参数为　$R = 4.2\Omega$

$$X = 12.59\Omega$$

$$L = \frac{X}{\omega} = 0.02H$$

六、解：设 $\dot{U}_{AN} = 220\angle 0°V$。则对称三相负载的线电流为

$$\dot{I}_{A1} = \frac{220\angle 0°}{30 + j40}A = 4.4\angle -53.1°A = (2.642 - j3.519)A$$

不对称三相负载的相电流分别为

$$\dot{I}_{AB} = \frac{380\angle 30°}{100}A = 3.8\angle 30°A$$

$$\dot{I}_{BC} = \frac{380\angle -90°}{-j200}A = 1.9\angle 0°A$$

$$\dot{I}_{CA} = \frac{380\angle 150°}{j380}A = 1\angle 60°A$$

A 相总线电流为 $\dot{I}_A = \dot{I}_{A1} + \dot{I}_{AB} - \dot{I}_{CA} = 5.97\angle -24.6°A$

所以，电流表 A_1 的读数为 5.97A，A_2 的读数为 1.9A。

三相电源发出的平均功率即电阻元件消耗的功率，即

$$P = I_{A1}^2 \times 3 \times 30 + \frac{U_{AB}^2}{100} = 3.19kW$$

七、解 (1) 图 B-17 所对应的运算电路模型如图 C-14 所示。

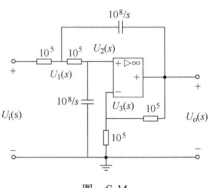

图 C-14

由结点电压法和理想运算放大器的虚短和虚断的条件可列方程如下：

$$\begin{cases} \left(\dfrac{1}{10^5} + \dfrac{1}{10^5} + \dfrac{s}{10^8}\right)U_1(s) - \dfrac{1}{10^5}U_2(s) - \dfrac{s}{10^8}U_o(s) = \dfrac{1}{10^5}U_i(s) \\[2mm] -\dfrac{1}{10^5}U_1(s) + \left(\dfrac{1}{10^5} + \dfrac{s}{10^8}\right)U_2(s) = 0 \quad \text{（用到虚断）} \\[2mm] \left(\dfrac{1}{10^5} + \dfrac{1}{10^5}\right)U_3(s) - \dfrac{1}{10^5}U_o(s) = 0 \quad \text{（用到虚断）} \\[2mm] U_2(s) = U_3(s) \quad \text{（用到虚短）} \end{cases}$$

解上述方程，消去 $U_1(s)$、$U_2(s)$ 和 $U_3(s)$，得到 $U_o(s)$ 和 $U_i(s)$ 的关系，从而得到网络函数为 $H(s) = \dfrac{U_o(s)}{U_i(s)} = \dfrac{2\times 10^6}{s^2 + 10^3 s + 10^6}$

(2) 由网络函数可知，该网络没有零点，极点为

$$p_{1,2} = \frac{-10^3 \pm \sqrt{10^6 - 4\times 10^6}}{2} = -500 \pm j500\sqrt{3}$$

八、解：由换路前电路求得 $i_L(0_-) = \left(\dfrac{10}{3+2} \times \dfrac{6}{9} - \dfrac{5}{3+2}\right)A = \dfrac{1}{3}A$

由换路定则得 $i_L(0_+) = i_L(0_-) = \dfrac{1}{3}A$

时间常数为 $\tau = 1s$

由叠加定理求稳态电流 $i_L(\infty)$。当 U_{S1} 单独作用时，有 $i_{L1}(\infty) = \dfrac{U_{S1}}{R_1} = \dfrac{10}{3}A$

当 U_{S2} 单独作用时，有 $i_{L2}(\infty) = 0$

当 u_{S3} 单独作用时，有 $\dot{I}_{L3} = \dfrac{-2\angle 0°}{(R_1 /\!/ R_2) + j\omega L} = \dfrac{-2}{2+j4}A = 0.447\angle 116.6°A$

$$i_{L3}(t)|_{t\to\infty} = 0.447\sin(2t + 116.6°)A$$

由三要素法，可得

$$i_L(t) = \frac{10}{3} + 0.447\sin(2t + 116.6°) + \left(\frac{1}{3} - \frac{10}{3} - 0.447\sin116.6°\right)e^{-t}A$$

$$= 3.33 + 0.447\sin(2t + 116.6°) - 3.4e^{-t}A(t \geqslant 0)$$

九、解：用拉普拉斯变换法求解。对状态方程作拉普拉斯变换得

$$\begin{pmatrix} sX_1(s) \\ sX_2(s) \end{pmatrix} - \begin{pmatrix} x_1(0) \\ x_2(0) \end{pmatrix} = \begin{pmatrix} -1 & -2 \\ 1 & -4 \end{pmatrix}\begin{pmatrix} X_1(s) \\ X_2(s) \end{pmatrix} + \begin{pmatrix} 10/s \\ 0 \end{pmatrix}$$

代入初始条件，并整理得 $\begin{pmatrix} X_1(s) \\ X_2(s) \end{pmatrix} = \dfrac{1}{s^2 + 5s + 6}\begin{pmatrix} s+4 & -2 \\ 1 & s+1 \end{pmatrix}\begin{pmatrix} 10/s \\ 0 \end{pmatrix}$

则有 $X_1(s) = \dfrac{8s + 40}{s(s^2 + 5s + 6)}$

对 $X_1(s)$ 作拉普拉斯反变换得 $x_1(t) = \dfrac{20}{3} - 12e^{-2t} + \dfrac{16}{3}e^{-3t}(t \geqslant 0)$

十、解：以电压源和电阻 R 为端口，中间总的二端口 T 参数为

$$\boldsymbol{T}_\Sigma = \begin{pmatrix} 1.5 & 1 \\ 0.5 & 1 \end{pmatrix}\begin{pmatrix} 1.5 & 1 \\ 0.5 & 1 \end{pmatrix} = \begin{pmatrix} 2.75 & 2.5 \\ 1.25 & 1.5 \end{pmatrix}$$

$\boldsymbol{T}$ 参数方程为 $\begin{pmatrix} 8 \\ 4 \end{pmatrix} = \begin{pmatrix} 2.75 & 2.5 \\ 1.25 & 1.5 \end{pmatrix}\begin{pmatrix} RI \\ I \end{pmatrix}$

变换后得 $\begin{pmatrix} RI \\ I \end{pmatrix} = \begin{pmatrix} 1.5 & -2.5 \\ -1.25 & 2.75 \end{pmatrix}\begin{pmatrix} 8 \\ 4 \end{pmatrix}$

由上式可求得 $R = \dfrac{RI}{I} = \dfrac{2}{1}\Omega = 2\Omega$

参 考 文 献

［1］邱关源，罗先觉．电路［M］.5 版．北京：高等教育出版社，2006.

［2］贺洪江，王振涛．电路基础［M］.2 版．北京：高等教育出版社，2011.

［3］陈希有．电路理论基础［M］.3 版．北京：高等教育出版社，2004.

［4］范承志，孙盾，童梅，等．电路原理［M］.4 版．北京：机械工业出版社，2014.

［5］张年凤，王宏远．电路基本理论［M］.北京：清华大学出版社，北京交通大学出版社，2004.

［6］孙雨耕．电路基础理论［M］.北京：高等教育出版社，2011.

［7］许爱德，那振宇，李作洲．电路理论［M］.北京：电子工业出版社，2015.

［8］刘南平，艾艳锦，孟庆杰．电路基础［M］.北京：科学出版社，2006.

［9］何琴芳．电路分析基础［M］.北京：高等教育出版社，2009.

［10］钟洪声，吴涛，孙利佳．简明电路分析［M］.北京：机械工业出版社，2014.

［11］汪金山．电路分析教程［M］.北京：电子工业出版社，2011.

［12］王德强，许宏吉，吴晓娟，等．电路分析基础［M］.2 版．北京：国防工业出版社，2013.

［13］James W Nilsson，Susan A Riedel．电路［M］.9 版．周玉坤，冼立勤，李莉，等译．北京：电子工业出版社，2012.

［14］康巨珍，康晓明．电路原理［M］.北京：国防工业出版社，2006.

［15］潘双来，邢丽冬，龚余才，等．电路学习指导与习题精解［M］.北京：清华大学出版社，2004.

［16］吴建华，李华．电路原理［M］.北京：机械工业出版社，2009.

［17］李晓滨，卢元元，王晖，等．电路理论基础学习指导［M］.西安：西安电子科技大学出版社，2008.

［18］李瑞年．电工电子学［M］.徐州：中国矿业大学出版社，2003.

［19］蒋学华，等．电路原理［M］.北京：清华大学出版社，2014.

［20］黄锦安．电路［M］.北京：机械工业出版社，2007.

［21］戴文．电路理论［M］.北京：机械工业出版社，2005.

［22］范承志，江传桂，孙士乾．电路原理［M］.北京：机械工业出版社，2001.

［23］田学东，秦伟，伊开，等．电路基础［M］.北京：电子工业出版社，2005.

［24］范世贵．电路基础［M］.2 版．西安：西北工业大学出版社，2001.

［25］李裕能，夏长征．电路：上［M］.武昌：武汉大学出版社，2004.

［26］于歆杰，朱桂萍，陆文娟．电路原理［M］.北京：清华大学出版社，2007.